Der Iran und die Atombombe

Michael Frank

www.michael-frank.eu

Impressum

Titel: Der Iran und die Atombombe
Autor: Michael Frank, www.michael-frank.eu, PND 142082090, http://d-nb.info/gnd/142082090

Verlag und Druck: Lulu Inc.

Ort und Jahr: Berlin, 2011

ISBN 978-1-291-41283-3

© 2011, Lulu Inc.
Alle Rechte vorbehalten.

Inhaltsverzeichnis

1. Einleitung..5
2. Zum politischen System..10
3. Lebensumstände und Gesellschaft..25
4. Historie des Iranischen Atomprogramms...35
5. Die Raketenarsenale des iranischen Militärs..47
6. Die Reichweite der Raketen..58
7. Weitere militärische Kapazitäten..61
8. Die iranischen Atomanlagen...76
9. Über die Funktionsweise von Kernwaffen...83
10. Die militärische Strategie der Mullahs...91
11. Sabotage-Versuche gegen das Atomprogramm..106
12. Der Antisemitismus des Mullah-Regimes...125
13. Politische Positionen zur iranischen Rüstungspolitik....................................133
14. Fazit..148
15. Quellenverzeichnis...151

1. Einleitung

Im Berliner Kurier vom 08. November 2011 konnte man einen Artikel mit der Überschrift „Mullah-Hitler – In 6 Monaten hat er die Bombe" lesen.[1] Eine extrem schockierende Information für mich und deshalb möchte ich mich mit diesem Thema, den nuklearen Ambitionen der Iranischen Führung etwas näher auseinandersetzen. Hier stand zu lesen:

„Neue Satellitenaufnahmen sollen beweisen, dass iranische Experten Spezial-Stahlkörper bauen, in denen hochexplosiver Sprengstoff zur Zündung von Atombomben getestet wird. Dabei schwören die Mullahs, Kernenergie nur für friedliche Zwecke nutzen zu wollen."[2]

Nun gut, wie es mit dem schwören so ist. Ich gehe davon aus, dass das iranische Regime Angst um die eigene Macht hat und aufgrund ihrer Moraltheorie auch um die Sicherheit der eigenen Gesellschaft angesichts der US-amerikanischen Kriegsführung in Afghanistan und im Irak. Weiterhin wurde hier ausgeführt:

„Zudem liefert der IAEA-Bericht angeblich Beweise, nach denen der frühere sowjetische Atomwissenschaftler Wjatscheslaw Danilenko den Iranern Technik vermittelte, die nukleare Kettenreaktionen auslösen kann. Fünf Jahre lang soll Danilenko dem Iran entscheidend beim Bau der Atombombe geholfen haben. Dazu passen erschreckend gut die Drohungen, mit denen Russland auf Spekulationen eines israelischen Angriffs auf den Iran reagiert."[3]

Damit ist klar, dass der Iran nunmehr auch über das theoretische Wissen verfügt und möglicherweise auch bald das geschulte Personal besitzt, um Atomsprengköpfe selbst herzustellen. Auf die Reaktion der Regierung Russlands hierzu werde ich in Kapitel 13 noch zurückkommen. In der Online-Ausgabe der FAZ konnte man am 18. November 2011 unter der Überschrift „Atomenergiebehörde – IAEA fordert Aufklärung von Iran" lesen:

„Die Internationale Atomenergiebehörde IAEA fordert vom Iran die unverzügliche und vollständige Aufklärung aller offener Punkte zu seinem Atomprogramm. Teheran soll alle offenen Fragen zu seinem vermuteten geheimen Atomwaffenprogramm beantworten. Die entsprechende Resolution wurde am Freitag in Wien von einer Mehrheit der 35 im Gouverneursrat der IAEA vertretenen Mitgliedsländer angenommen. Auf ein angestrebtes Ultimatum bis März konnte sich die IAEA indes nicht einigen.

China und Russland haben die Resolution gemeinsam mit den Vereinigten Staaten, Frankreich, Großbritannien und Deutschland verfasst. 32 der 35 IAEA-Mitgliedstaaten des IAEA-Gouverneursrat stimmten dem Text am Freitag zu. Kuba und Ecuador stimmten gegen den Text, Indonesien enthielt sich."[4]

Daher scheint weltweit Einigkeit darüber zu bestehen, dass das Atomprogramm, sowie die Möglichkeit der atomaren Bewaffnung des Irans eine extreme Bedrohung sind. Auch in der

---

1 Mullah-Hitler – In 6 Monaten hat er die Bombe, in: Berliner Kurier vom 08. November 2011, S. 3
2 Ebd.
3 Ebd.
4 Atomenergiebehörde: IAEA fordert Aufklärung von Iran, in: Frankfurter Allgemeine Zeitung vom 18. November 2011, faz.net, online unter: http://www.faz.net/aktuell/atomenergiebehoerde-iaea-fordert-aufklaerung-von-iran-11533600.html

Süddeutschen Zeitung wurde sich mit dieser Thematik befasst. So schrieb der Autor Hubert Wetzel in einem Kommentar dazu:

„Die interessanteste Seite des neuen Berichts zum iranischen Atomprogramm ist die letzte. Darauf ist in einer bunten Graphik anschaulich erklärt, welche Lasten mit einer neuen Raketenspitze transportiert werden könnten, an deren Entwicklung iranische Techniker gearbeitet haben. Die Fachleute der Internationalen Atomenergiebehörde (IAEA) kommen zu einem klaren Ergebnis: Wenn Irans Militär eines Tages eine solche umgebaute Geschossspitze verschießen sollte, dann kann es sich bei der Nutzlast nur um einen Atomsprengkopf handeln."[5]

Außerdem finden sich hier bereits weitergehende Informationen über die Herstellung von Atom-Technik:

„Seit Jahren schon reichert Iran Uran an, neben Plutonium einer der möglichen Spaltstoffe für eine Bombe. Die IAEA-Inspektoren haben Hinweise darauf gefunden, dass Teheran an der Herstellung von Halbkugeln aus Uran-Metall arbeitet, wie sie für den Bau von Atomwaffen benötigt werden. Zudem haben sich Irans Ingenieure Wissen über Sprengtechniken verschafft, die man für Atombombenzünder braucht.

Dem Bericht zufolge hat Teheran verdächtige Sprengversuche durchgeführt und - ein Indiz, das für die IAEA besondere schwer wiegt - einen Test vorbereitet, bei dem eine nukleare Explosion nachgestellt wird, um bestimmte Bauteile eines Sprengkopfes zu überprüfen. Sogar einen echten Atomtest soll Teheran geplant haben: Darauf weisen nach Ansicht der IAEA iranische Dokumente hin, in denen die nötigen Sicherheitsvorkehrungen erklärt werden."[6]

Auch der Journalist Michael Borgstede erläuterte in der Online-Ausgabe der Tageszeitung Die Welt am 08. November 2011 die Forschungsprogramme des Mullah-Regimes:

„Die Indizien wiesen darauf hin, dass der Iran „Aktivitäten, die für die Entwicklung eines Nuklearsprengkopfes relevant sind", durchgeführt habe. Bis 2003 habe der Iran demnach gezielt an der Produktion von Atomwaffen gearbeitet. Einige der Forschungsprogramme seien damals eingestellt worden, anderen könnten laut Einschätzung der Behörde bis heute weiterlaufen.

„Besonders beunruhigend" seien laut IAEA detaillierte Computermodelle von atomaren Explosionen aus den Jahren 2008 und 2009. Der Behörde sei „unklar", wie solche Studien zu einem anderen Zweck als der Entwicklung von Atomwaffen dienen könnten, schreibt die IAEA in dem Bericht. Außerdem habe die Regierung in Teheran versucht, sich die für den Bau einer Waffe notwendigen Bauteile auf verschiedenem Weg zu beschaffen."[7]

Demnach wird offensichtlich im Labor und an Computersimulationen bereits gearbeitet, um eigene Atomsprengköpfe herzustellen. Außerdem äußerte sich Borgstede über den Iran-Bericht des Generaldirektors der Internationalen Atomenergieorganisation (IAEO) Yukiya Amano und die Reaktionen der iranischen Regierung darauf:

---

5 Wetzel, Hubert: Irans Atomprogramm – Teherans Arbeit an der Bombe, in: sueddeutsche.de vom 10. November 2011, online unter: http://www.sueddeutsche.de/politik/iranisches-atomprogramm-teherans-arbeit-an-der-bombe-1.1185300
6 Ebd.
7 Borgstede, Michael: Nukleare Waffen: IAEA-Bericht Iran arbeitete an Atombombe, in: www.welt.de vom 08. November 2011, online unter: http://www.welt.de/politik/ausland/article13705986/IAEA-Bericht-Iran-arbeitete-an-Atombombe.html

„Amano veröffentliche Papiere, die ihm von Amerikanern vorgelegt würden, erklärte Ahmadinedschad mit Bezug auf einen IAEA-Bericht über Nuklearaktivitäten des Iran. Die USA verfügten selbst über 5000 Atomsprengköpfe und würden dem Iran „unverschämterweise" vorwerfen, eine Atombombe zu bauen, sagte Ahmadinedschad laut einem Bericht des iranischen Staatsfernsehens.

„Aber sie sollten wissen, dass wir keine Atombombe brauchen, um die Hand abzuschneiden, die sie der Welt entgegenstrecken", sagte der Präsident. „Wenn die USA das iranische Volk herausfordern wollen, werden sie unsere Antwort bereuen." Ahmadinedschad bekräftigte, sein Land sei nicht mit dem Bau einer Atombombe beschäftigt."[8]

Die iranische Führung findet also harte Worte gegenüber den Amerikanern und den internationalen Organisationen. Offenbar versucht man, wie seit Jahren, Zeit zu gewinnen, um mit der militärischen Aufrüstung weiter fortzufahren. Ebenfalls berichtet Borgstede über die Reaktionen aus den Reihen der US-Regierung:

„Die USA haben unterdessen weitere Sanktionen gegen Teheran angedroht. „Wir werden den Druck aller Voraussicht nach verstärken", sagte ein ranghoher US-Regierungsvertreter, der nicht namentlich genannt werden wollte, in Washington. „Wir schließen nichts aus, wenn es um Sanktionen geht", ergänzte er. Maßnahmen sollten aber mit anderen Staaten abgesprochen werden."[9]

In dieser Monografie möchte ich mich ausführlicher mit dem iranischen Atomprogramm und den militärischen Kapazitäten der iranischen Armee beschäftigen. Außerdem möchte ich Zusammenhänge zwischen dem Politischen System, der Gesellschaft und der Religion und die sich daraus ergebenden Folgen für das militärische Potential und die Strategie des Irans untersuchen.

Da ich Quellen zitiere und die Kriterien der formalen Logik beachte, halte dies für ein wissenschaftliches Werk aus dem Bereich der Politikwissenschaft und der Militärwissenschaft. Ich mache eine empirische Untersuchung, nutze dabei die Methoden der Statistik und Hermeneutik und gebe alle benutzten Quellen an. Ich gehe dabei davon aus, dass die These einer multipolaren Weltordnung, in der es Supermächte und regionale Mächte gibt, so wie sie etwa Samuel P. Huntington in seinem Werk „Clash of Civilizations" beschreibt, zutreffend ist. Die atomare Bewaffnung des Irans wäre in der Lage, die Machtverhältnisse zugunsten des islamischen Einflussbereiches zu verschieben. Für mich stellt dies eine enorme Gefahr dar, da ich das islamische Patriarchat, den Militarismus und die Menschenrechtsverletzungen im Iran mit den Werten des Humanismus und denen der Aufklärung und mit der UN-Charta der Menschenrechte für unvereinbar halte.

Die Abbildung 1 zeigt recht anschaulich auf der politischen Weltkarte die Zivilisations- bzw. Kulturkreise, die Huntington als Einteilung in seinem Werk beschreibt. Der islamische Kulturkreis erstreckt sich demnach vom Mittleren und Nahen Osten bis über die nordafrikanischen Staaten und bildet aufgrund von gemeinsamen kulturellen Gebräuchen, gemeinsamer Religion und intensiven ökonomischen und politischen Beziehungen untereinander eine Zivilisation.

---

8   Borgstede, Michael: Nukleare Waffen: IAEA-Bericht Iran arbeitete an Atombombe, in: www.welt.de vom 08. November 2011, online unter: http://www.welt.de/politik/ausland/article13705986/IAEA-Bericht-Iran-arbeitete-an-Atombombe.html
9   Ebd.

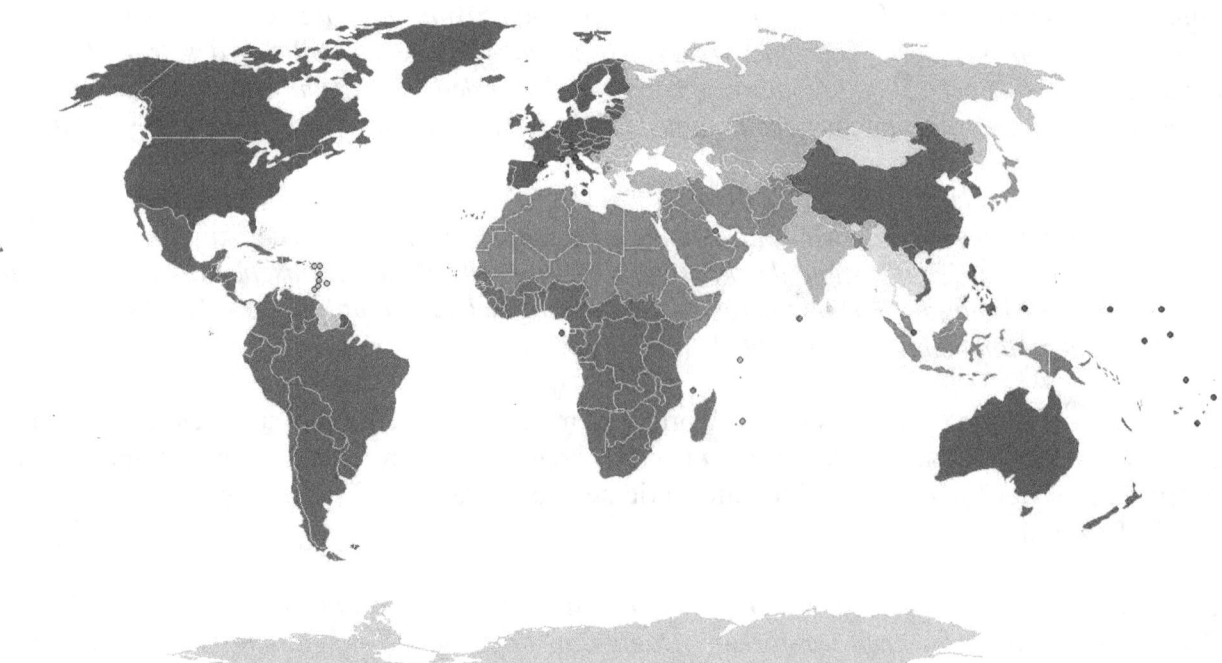

Abbildung 1: A map of civilizations, based on Huntington's "Clash of Civilizations". Western (dark blue), Hispanidad/Latin American (purple), Japanese (bright red), Sinic (dark red), Hindu (orange), Islamic (green), Orthodox (medium-light blue), African (Brown), Buddhist (yellow). Other colors should indicate (light green, turquoise) the cultural fault lines where the clash of civilizations will occur. Note on the Eastern European level; Transylvania (from Romania), Western Ukraine, northern Serbia and others are in the "Western world" according to the original work of Huntington., Quelle: http://upload.wikimedia.org/wikipedia/commons/c/ca/Civilizations_map.png

Kritik an Huntington halte ich für legitim, weil er zwar eine Strukturanalyse der Weltgesellschaft macht, jedoch im Grunde eben auch ein Anhänger der Schule des politischen Neorealismus in den Internationalen Beziehungen bleibt. US-Amerikanische Neorealisten fällen ihre Werturteile mit der vorausgesetzten Prämisse, dass man mit Moralismus und ethischen Argumenten zu wahrheitsanalogen Schlüssen gelangen kann. Ich halte derartige Schlüsse für zu unscharf, um Wahrheit für sich zu beanspruchen, weil man damit eben der gleichen „(Un-)Logik" folgt, wie die Islamisten selbst. Vielmehr gehe ich davon aus, dass alle aus ethischen Erwägungen gefällten Schlüsse autoritäre Handlungen nach sich ziehen, die unkalkulierbare Risiken bergen, deren Folgen schwer abschätzbar sind. Ich sehe mich durch die Resultate der Kriege gegen Afghanistan und gegen den Irak in dieser Annahme bestätigt.

Da das politische System in den USA von evangelikalen Gesinnungsethikern dominiert wird und demzufolge auch die Mitarbeiter im Pentagon ideologisch borniert autoritäre Parawissenschaftler sind, ist das die Ursache für gefährliche außenpolitische Alleingänge, die nicht zuletzt mit der Theorie von Huntington begründet wurden. Zwar wollte er sich nicht als Polarisator zwischen dem Westen und der islamischen Zivilisation verstanden wissen[10], wurde aber durch die Bush-Administration dazu wider Willen benutzt. Das ist das schwere Los eines großen Wissenschaftlers. Dennoch halte ich diese grobe Einteilung der Welt in Zivilisationen durch Huntington in diesem Punkt für sinnvoll und sie dient mir als Grundlage für diese meine strukturelle Analyse des iranischen Atomprogrammes und des militärischen Bedrohungspotentials. Ein wichtiges Zitat, das auch leider zur Rechtfertigung des Irak-Krieges missbraucht wurde, ist dieses:

---

10 Vgl. Geyer, Christian: Zum Tod von Samuel P. Huntington: Der Ohrwurm, in: faz.net vom 29. Dezember 2008, online unter: http://www.faz.net/aktuell/feuilleton/zum-tod-von-samuel-p-huntington-der-ohrwurm-1745797.html

„Es ist nämlich das Ziel von Osama bin Laden, aus diesem Krieg einer Terrororganisation gegen die zivilisierte Gesellschaft einen Kampf der Kulturen zwischen dem Islam und dem Westen zu machen. Es wäre ein Desaster, wenn ihm das gelänge."[11]

Bezieht man die häufigen (Selbstmord-)Anschläge der Hamas und der Hisbollah gegen israelische Zivilisten mit in seine Überlegungen ein und verordnet beide Organisationen als Handlanger des Mullah-Regimes, erlaubt sich meines Erachtens sogar die These, dass die Terrororganisation Al-Qaida eine von der iranischen Führung zumindest mitfinanzierte Stellvertreterorganisation der gesamten islamischen Zivilisation ist, die, um sich zu einem neuen Player in der Weltpolitik zu entwickeln, eigene Verluste in Kauf nahm, um dieses gemeinsame Ziel zu erreichen. Dabei ist der Iran offensichtlich der Staat, der die Schaltzentrale aller militärischen Aktionen ist, wie ich im Folgenden zeigen werde.

---

11 Geyer, Christian: Zum Tod von Samuel P. Huntington: Der Ohrwurm, in: faz.net vom 29. Dezember 2008, online unter: http://www.faz.net/aktuell/feuilleton/zum-tod-von-samuel-p-huntington-der-ohrwurm-1745797.html

2. Zum politischen System

Zum Verständnis der Militärischen Strategie des Irans ist es notwendig, die Grundzüge des Politischen Systems des Landes in kurzer Form etwas näher zu erläutern. In diesem Kapitel möchte ich daher den Staatsaufbau, sowie die politischen Machtverhältnisse erklären, damit die Lebensumstände der Menschen, sowie die Handlungsmöglichkeiten und die Denkmuster der iranischen Führung dem Leser besser verständlich gemacht werden.

Allgemein bekannt ist, dass es sich beim Iran nicht um einen demokratischen Staat im Sinne der Mitgliedsstaaten der Europäischen Union handelt, sondern um eine Theokratie, die von einer dominanten Gruppe mit einer allumfassenden Ideologie regiert wird. Meine Behauptung ist, dass man sich dem Mittel der Wahl hier lediglich bedient, um sich selbst zu rechtfertigen und es keine freien Wahlen gibt, weil es sich um eine exklusive Gesellschaft handelt, die weitestgehend homogen in Bezug auf Religion und Politik zu sein scheint. Diesen Zusammenhang werde ich nun erläutern und dazu das Totalitarismus-Konzept der Politologen Carl Joachim Friedrich und Zbigniew Brzezinski aus ihrem 1956 erschienenen Werk „Totalitarian Dictatorship and Autocracy" verwenden. Hier werden im Wesentlichen sechs Merkmale aufgeführt:

1. eine alle wichtigen Lebensbereiche umfassende, auf Schaffung einer neuen Gesellschaft ausgerichtete Ideologie mit allgemeinverbindlichem Wahrheitsanspruch
2. eine einzige, die gesamte formelle Macht innehabende, hierarchisch und oligarchisch organisierte Massenpartei (neuen Typs), die in der Regel von einem Mann (dem Diktator) angeführt wird und die der staatlichen Bürokratie entweder übergeordnet, oder mit ihr völlig verflochten ist.
3. ein physisches und/oder psychisches Terrorsystem: Kontrolle und Überwachung der Bevölkerung, aber auch der Partei selbst, durch eine Geheimpolizei. Nicht nur tatsächliche, sondern auch potentielle Feinde werden bekämpft.
4. Monopol der Massenkommunikationsmittel beim Staat
5. Monopol der Anwendung der Kampfwaffen beim Staat
6. eine zentrale, bürokratisch koordinierte Überwachung und Lenkung der Wirtschaft[12]

Der Iran ist ein islamischer Gottesstaat, der seine Grundsätze in einer Verfassung niedergelegt hat. Man könnte auch von einem Führerstaat sprechen, weil ein Patriarch als religiöse Autorität die Islamische Revolution von 1979 fortführt. In der Präambel der Verfassung heißt es:

„The Constitution of the Islamic Republic of Iran advances the cultural, social, political, and economic institutions of Iranian society based on Islamic principles and norms, which represent an honest aspiration of the Islamic Ummah. This aspiration was exemplified by the nature of the great Islamic Revolution of Iran, and by the course of the Muslim people's struggle, from its beginning until victory, as reflected in the decisive and forceful calls raised by all segments of the populations. Now, at the threshold of this great victory, our nation, with all its beings, seeks its fulfillment.
The basic characteristic of this revolution, which distinguishes it from other movements that have taken place in Iran during the past hundred years, is its ideological and Islamic nature."[13]

Demnach ist der Islam die leitende Ideologie des gesamten Staates. Das ergibt sich auch durch die ideologische Durchdringung aller relevanten Staatsorgane mit der islamischen Theorie, was man

---
12 Vgl. http://de.wikipedia.org/wiki/Totalitarismus
13 Verfassung der Islamischen Republik Iran, Iran – Constitution, online unter:
   http://www.servat.unibe.ch/icl/ir00000_.html

genauer in der iranischen Verfassung analysieren kann, hier aber nur soweit.

In Abbildung 2 wird das Regierungssystem des Irans schematisch dargestellt. Hier kann man erkennen, das es zwar gewählte Institutionen gibt, die dem gewachsenen Anspruch der Bevölkerung nach Mitsprache Rechnung tragen sollen, jedoch letztlich relativ machtlos im Vergleich zu den durch die Religion dominierten nicht gewählten Institutionen sind.

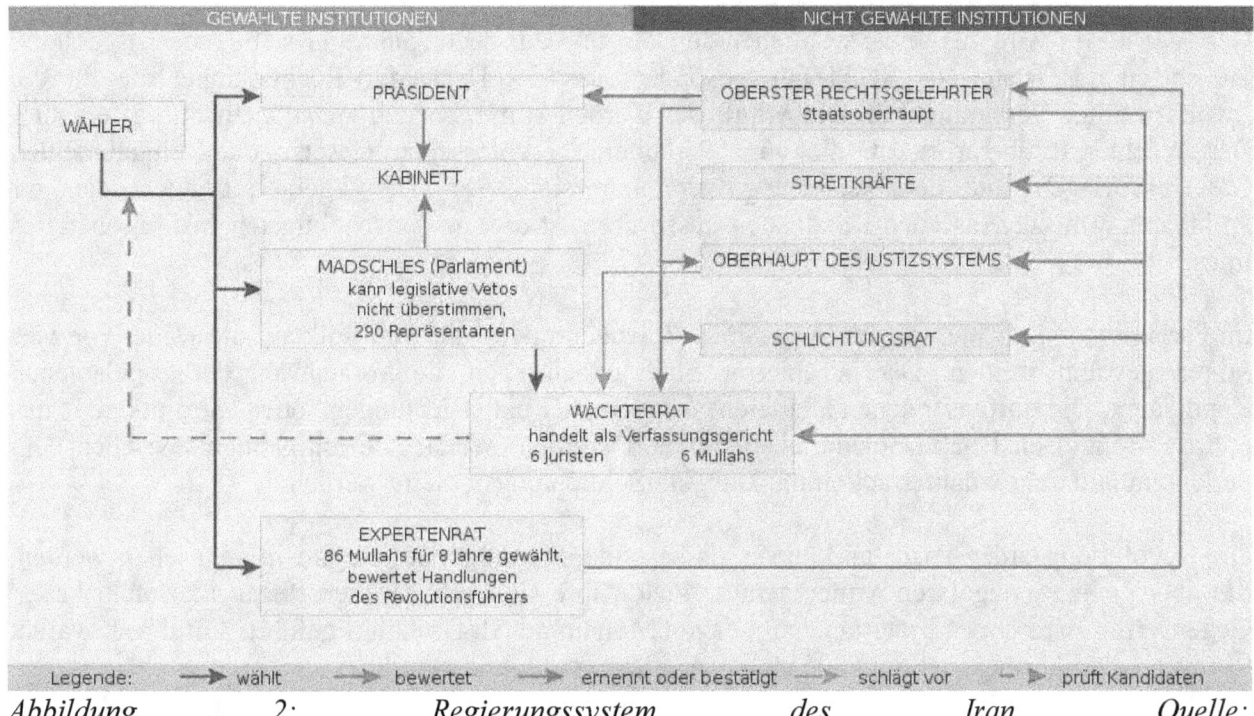

Abbildung 2: Regierungssystem des Iran, Quelle: http://upload.wikimedia.org/wikipedia/commons/thumb/5/52/Regierungssystem_Iran.svg/1000px-Regierungssystem_Iran.svg.png

Ich möchte nun kurz die Institutionen im Groben erläutern und beziehe mich dazu auf die Ausführungen von Wolfgang Günter Lerch aus einem Artikel der Frankfurter Allgemeinen Zeitung. Dabei gehe ich ein auf den Obersten geistlichen Führer, den Staatspräsidenten, den Expertenrat, den Wächterrat, das Parlament, die Armee, die Theologenschule von Ghom, die Basidschi und die Revolutionsgarden Pasdaran.

In der Islamischen Republik Iran ist der Oberste Geistliche Führer oder Revolutionsführer die höchste Autorität des Staates. Der von Ajatollah Chomeini geschaffene „Gottesstaat" wird derzeit von Ajatollah Ali Chamenei repräsentiert. Die Herrschaft des obersten Religionsgelehrten ist ein von Chomeini im irakischen Exil ausgearbeitetes Prinzip. Die „Richtlinien der Politik" werden vom obersten geistliche Führer bestimmt. Er ist auch Oberbefehlshaber sowohl der Armee, als auch der Revolutionsgardisten (Pasdaran).[14]

Das iranische Volk wählt das Staatsoberhaupt für eine Periode von vier Jahren. Aber der Expertenrat muss einen Kandidaten vorher als würdig befunden haben, bevor er antreten darf. Der Präsident kann Minister vorschlagen, sie müssen jedoch vom Parlament bestätigt werden.[15]

---

14 Vgl. Lerch, Wolfgang Günter: Irans Institutionen: Wer im Iran das Sagen hat, in: faz.net vom 15. Juni 2009, online unter: http://www.faz.net/aktuell/politik/irans-institutionen-wer-in-iran-das-sagen-hat-1812734.html
15 Vgl. Ebd.

Der Expertenrat besteht aus 86 Mitgliedern aus dem schiitischen „Klerus" und wird alle acht Jahre vom Volk gewählt. Zur Wahl werden nur Kandidaten zugelassen, die zuvor der fast noch einflussreichere Wächterrat zugelassen hat. Der Expertenrat wählt auf Lebenszeit den Obersten Geistlichen Führer oder Revolutionsführer. Vorsitzender des Expertenrats ist derzeit Hodschatoleslam Ali Akbar Haschemi-Rafsandschani, der frühere Staatspräsident Irans. Rafsandschani gehört zu einer reichen Händler-Familie des Landes und ist, wie andere Mullahs auch, eng mit den einflussreichen Bazaris verbunden.[16]

Der Wächterrat wird aus sechs weltlichen Juristen und aus sechs Sakraljuristen (fuqaha) gebildet. Sie setzen das islamische Recht um, besonders das der Dschaafari-Rechtsschule, die für die Zwölferschiiten verbindlich ist. Die Mitglieder werden vom Obersten Geistlichen Führer ernannt. Der Wächterrat überprüft, ob die vom Parlament beschlossenen Gesetze oder eingebrachten Gesetzesvorlagen mit der Verfassung vereinbar sind. Da der Wächterrat auch die zur Parlamentswahl zugelassenen Kandidaten aussortiert, ist er eine der mächtigsten Institutionen des Irans.[17]

Im Parlament (Madschles) sitzen insgesamt 290 Abgeordnete, die vom Volk auf die Dauer von vier Jahren gewählt werden. Der Wächterrat trifft jedoch eben die Vorauswahl der zugelassenen Kandidaten. Die dort vertretenen „Parteien" können eher als „Richtungen" oder „Strömungen" des politisch-religiösen Establishments charakterisiert werden. Wenn es Streitigkeiten zwischen dem Parlament und dem Wächterrat kommt, kann ein Schlichtungsrat tätig werden.[18]

Die Revolutionsgarden Pasdaran können als besonders regimetreues Regiment angesehen werden, das aber nicht zur regulären Armee gehört. Viele Jahre lang war Mohsen Rezai ihr Befehlshaber. Gegenwärtig wird diese „Prätorianergarde" von Mohammd Ali Dschafari geführt. Auf ihre Loyalität kann sich die Führung auch im Falle innerer Unruhen voll verlassen.[19]

Die Basidschi bilden eine Art nur leicht bewaffneten Volkssturm, der als „Armee der Freiwilligen" an den Kämpfen im Krieg gegen den Irak teilnahm. Die fromme Provinzbevölkerung stellte einen hohen Anteil an dieser Truppe und auch heute noch kann das Regime auf diese „Freiwilligen" zurückgreifen.[20]

Die Armee Irans ist zwar stark aufgestellt und ausgerüstet, genießt aber innerhalb der politischen Führung noch immer weniger Vertrauen als die Garde der Pasdaran. Bei innerer und äußerer Bedrohung kann ein Nationaler Sicherheitsrat zusammengerufen werden, der sich aus den Spitzen der Armee, der Pasdaran, der Justiz, des Parlaments und Vertretern des Obersten geistlichen Führers zusammensetzt.[21]

Theologen sind allgemein anerkannte Autoritäten. Die wichtigsten theologischen Bildungsstätten der Schiiten liegen zwar eigentlich im Irak, in Nadschaf und Kerbela, jedoch hat die südlich von Teheran gelegene Stadt Ghom enorm an Bedeutung gewonnen. Neben dem ostiranischen Maschhad ist Ghom die wichtigste Pilgerstätte auf iranischem Boden. In den zurückliegenden Jahrzehnten hat sich die Theologenschule von Ghom zu einer der wichtigsten Ausbildungsstätten für schiitische Religionsgelehrte entwickelt - geradezu in Konkurrenz mit Nadschaf. Ajatollah Chomeini hat an

---

16 Vgl. Lerch, Wolfgang Günter: Irans Institutionen: Wer im Iran das Sagen hat, in: faz.net vom 15. Juni 2009, online unter: http://www.faz.net/aktuell/politik/irans-institutionen-wer-in-iran-das-sagen-hat-1812734.html
17 Vgl. Ebd.
18 Vgl. Ebd.
19 Vgl. Ebd.
20 Vgl. Ebd.
21 Vgl. Ebd.

beiden Stätten studiert und gelehrt.[22]

Auch in Abbildung 3 kann man erkennen, dass die Macht im Wesentlichen auf drei Institutionen konzentriert ist, dem religiösen Führer Ajatollah Ali Chamenei, dem mächtigen Wächterrat und dem Expertenrat. Die anderen staatlichen Institutionen sind im Grunde nur Folklore für das Volk, folgen aber dennoch nur der fundamentalistischen Auslegung des Islams, weil sie durch Selektion des Wächterrates auf diese gleichgeschaltet werden.

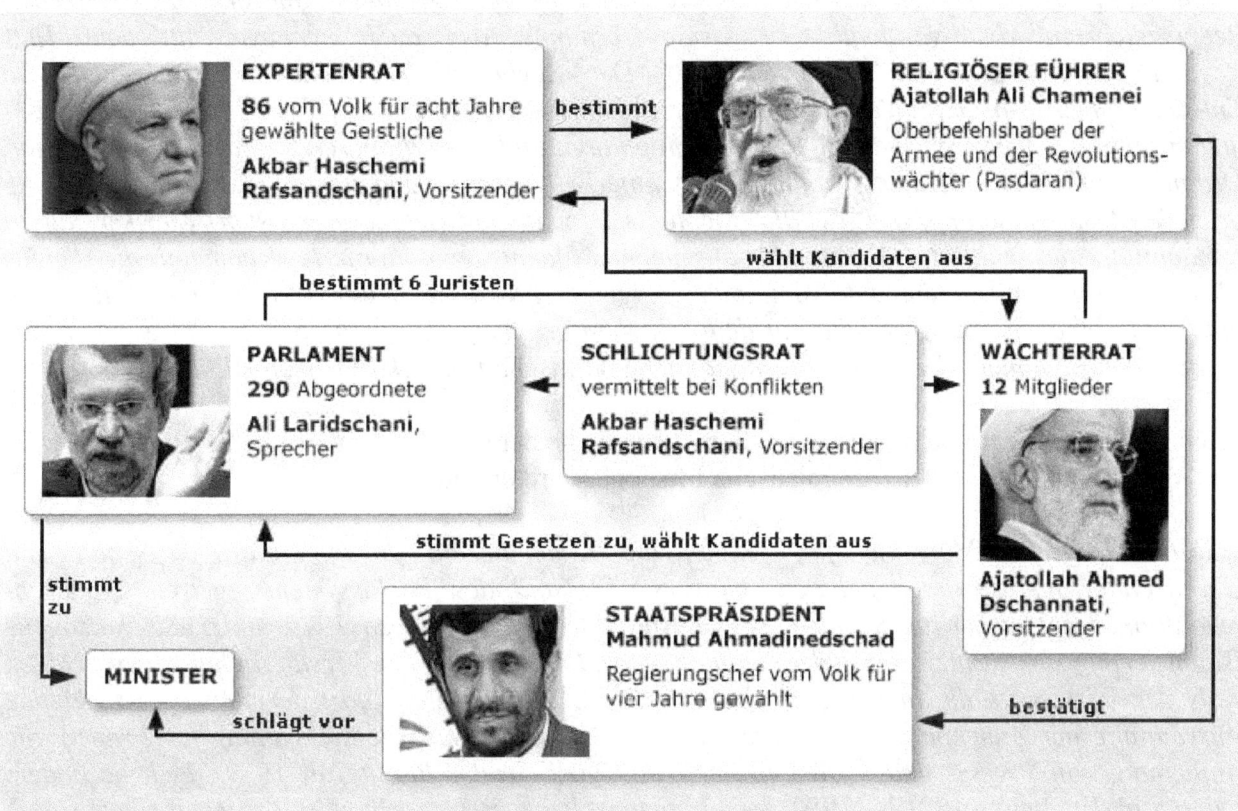

Abbildung 3: Die Macht der Mullahs im Iran, Quelle: http://www.spiegel.de/politik/ausland/0,1518,grossbild-1558035-631962,00.html

Der Autor Wilfried Buchta bietet in einer Publikation für die Bundeszentrale für Politische Bildung einen historischen Ablauf der politischen Geschehnisse im Iran seit der Islamischen Revolution von 1979. Hier kann man zum politischen System folgendes lesen:

„*[Die] Islamische Republik Iran (..) [ist], ein theokratisch-republikanisches Hybridsystems, das eine - gemessen an vielen Staaten des Nahen und Mittleren Ostens - beachtliche Stabilität gewahrt hat. Dies ist beileibe nicht selbstverständlich, schließlich leidet Irans System seit geraumer Zeit unter ideologischen Widersprüchen, einer bröckelnden Legitimationsbasis seines Revolutionsführers, heftigen Richtungskämpfen innerhalb seiner Machtelite und einer chronischen Wirtschaftskrise, die noch durch einseitige Handelsembargos der USA verstärkt wird. Dennoch hat Irans System bis zur Stunde die Kassandrarufe der Exilopposition, die seit 1979 seinen baldigen Untergang vorhersagen, widerlegt.*"[23]

---

22 Vgl. Lerch, Wolfgang Günter: Irans Institutionen: Wer im Iran das Sagen hat, in: faz.net vom 15. Juni 2009, online unter: http://www.faz.net/aktuell/politik/irans-institutionen-wer-in-iran-das-sagen-hat-1812734.html
23 Buchta, Wilfried: Die Islamische Republik Iran, in bpb.de vom 14. Mai 2009, online unter: http://www.bpb.de/themen/80FM5X,0,Die_Islamische_Republik_Iran.html

Demnach ist das politische System des Irans sehr stabil und die Mullahs sitzen fest im Sattel. Die Entstehung der ideologische Grundlage für den Staatsaufbau sowie die Machtbefugnisse des Revolutionsführers beschreibt Wolfgang Buchta wie folgt:

„Die theoretische Grundlage dieses Machtmonopols ist das von Khomeini im irakischen Exil in Najaf (1965 - 1978) entwickelte religiös-politische Konzept der "Herrschaft des islamischen Rechtsgelehrten" (velayat-e faqih). Khomeini gelang es, dieses Konzept gegen zahlreiche Widerstände als übergeordnete Staatsidee in der im November 1979 verabschiedeten Verfassung der Islamischen Republik Iran zu verankern. Dadurch wurde eine Theokratie in Iran etabliert, deren manifester Ausdruck das aus der velayat-e faqih abgeleitete Amt des "Herrschenden Rechtsgelehrten" (vali-ye faqih) ist - ein Terminus, der auch synonym mit dem Titel Revolutionsführer (rahbar) verwendet wird. Der Revolutionsführer hat die Vollmacht, die Entscheidungen von Exekutive und Legislative zu konterkarieren, er kann den Präsidenten absetzen und ernennt den Chef der Judikative und der regulären und revolutionären Streit-, Sicherheits- und Ordnungskräfte. Die velayat-e faqih bildet innerhalb des Doktrinengebäudes der Schia eine präzedenzlose Neuerung, da es die theologisch und politisch erfahrensten Kleriker allein ermächtigt, die politische Herrschaft auszuüben. Damit revolutionierte Khomeini die Schia-Theologie, da er mit der bis dato vom hochrangigen Schia-Klerus geübten Praxis der Abstinenz in politischen Fragen brach, welche auf dem Glauben gründet, dass während der Abwesenheit des verborgenen 12.Imams der Schia, des Mahdi, jede politische Herrschaft prinzipiell illegitim ist."[24]

Auch der Prozess der Gleichschaltung aller Teilbereiche der Gesellschaft auf die als für einzig wahr und immer gültig angesehene islamistische Ideologie wird erläutert:

„Gestützt auf ihr Machtmonopol gingen die Khomeinisten daran, Staat, Wirtschaft und Gesellschaft, inklusive der Schulen, Universitäten und des Rechtssystems, getreu islamisch-revolutionären Dogmen umzubauen. Das Resultat war die zwischen 1979 und 1982 vollzogene Islamisierung des Justizwesens, der Schulen und Hochschulen, die Verstaatlichung des größten Teils der Wirtschaft, die auf Gegnerschaft zu den USA und den Export der Revolution zielende Ausrichtung der Außenpolitik, die Durchsetzung der islamischen Kleiderordnung für Frauen, die Aufhebung von Presse- und Parteienfreiheit und vieles mehr. Bereits ab 1979, doch besonders gehäuft in den Jahren 1981 bis 1982, kam es zu gewaltsamen Exzessen beim Vorgehen gegen wahre und vermeintliche Abweichler und Feinde."[25]

Die für den Machterhalt des Revolutionsführers nötige Administration ist anscheinend auch linientreu. Wer Islamist ist und politisch nicht aktiv, stellt auch kein Problem für die Mullahs dar:

„Seit Etablierung der Islamischen Republik hat sich eine zahlenmäßig kleine, doch für die Führung des Staates ausreichende Minderheit des Schia-Klerus der Regierung angedient. Den Versuchungen der Macht erlegen, bildet sie heute eine mit politischen Privilegien ausgestattete Staatselite. Während sich ein Teil der Geistlichen zu einer Art Nomenklatura wandelte, steht der Großteil der Schia-Kleriker, der an der Tradition der politischen Enthaltsamkeit festhält und daher öffentliche Opposition vermeidet, dem Regime weiterhin in schweigender Ablehnung gegenüber."[26]

Der Wissenschaftler Wahied Wahdat-Hagh macht in seinem Buch „Die islamische Republik Iran. Die Herrschaft des politischen Islam als eine Spielart des Totalitarismus." eine detaillierte

---

24 Buchta, Wilfried: Die Islamische Republik Iran, in bpb.de vom 14. Mai 2009, online unter:
  http://www.bpb.de/themen/80FM5X,1,0,Die_Islamische_Republik_Iran.html
25 Ebd.
26 Ebd.

Untersuchung des Irans in verschiedenen Teilbereichen. Hier kann man insbesondere über die Position des geistlichen Führers Folgendes lesen:

„Die Voraussetzungen, die ein religiöser Führer erfüllen muss, sind in Artikel 5 festgelegt worden. Die richterliche Gewalt, die Exekutive und Legislative agieren unter der Aufsicht des religiösen Führers (Artikel 57), wobei der Präsident eine Verbindung zwischen diesen Gewalten darstellt. Der „Führer" ernennt sechs Mitglieder des Wächterrates. Solange der Wächterrat nicht vollständig ist, kann der Majless nicht arbeiten, da die Entscheidungen des Majless vom Wächterrat kontrolliert werden."[27]

Die Position des Revolutionsführers ist also durch die Verfassung an ein allumfassendes Normensystem gebunden, das für alle BürgerInnen des Staates verbindlich ist. Außerdem lenkt der Revolutionsführer den gesamten administrativen Apparat des Staates gemeinsam mit den vom ihm ausgewählten Vasallen im Wächterrat. Ebenso ist der Revolutionsführer die oberste Instanz im gesamten Justizapparat:

„Der Oberste Rat der richterlichen Gewalt kann nur dann arbeiten, wenn zwei seiner Juristen vom „Führer" gewählt werden. Daher kann der „Führer" auch die Arbeit eines gewählten Majless blockieren, wenn er die Wahlen des Wächterrates und des Obersten Rates der richterlichen Gewalt blockiert. (...) Der „Führer besetzt die höchste Position der Justiz. (...) Der „Führer" hat weiterhin einen starken Einfluss auf die Exekutive. Der gewählte Präsident muss die politischen Positionen des „Führers" ohne wenn und aber ausführen, schreibt der Verfassungsrechtler Madani. Der Präsident hat lediglich die Funktion, über die politischen Positionen und Meinungen des „Führers" zu berichten. Die Wahl des Präsidenten ist ohne die direkte Einmischung des „Führers" nicht vorstellbar. (...) Die Tatsache, dass der „Führer" den Oberbefehl über die bewaffneten Kräfte ausübt, liefert einen Nachweis für seine direkte Einmischung in die Aufgaben der Exekutive. Denn der Präsident übernimmt erst an zweiter Stelle die Verantwortung für die Exekutive (Artikel 113). (...) Der religiöse „Führer" kann den Vorsitzenden des „Gemeinsamen militärischen Stabes" sowie den Oberbefehlshaber der „Pusduran", den islamischen Revolutionswächtern, absetzen und ernennen, und einen „Obersten Nationalen Rat der Verteidigung" gründen (Artikel 110)."[28]

Die totale Macht des Irans liegt also beim Revolutionsführer, demnach ist es eine falsche Annahme, dass der iranische Präsident Ahmadinedschad derjenige wäre, der ein Diktator wie „Hitler" ist. Vielmehr ist der iranische Präsident eine Marionette, ein Sprachrohr des Führers selbst. Der Revolutionsführer tritt in der Öffentlichkeit seltener auf, möglicherweise um sich unangreifbarer zu machen und andererseits, um mit seiner Auslegung der islamistischen Ideologie als oberster Prediger und unbestrittener Gelehrter den gesellschaftlichen Diskurs zu bestimmen.

Über den Wächterrat kann man dem genannten Buch noch folgende Information entnehmen:

„Wie genauer zu zeigen sein wird, gehört der Wächterrat zur richterlichen Gewalt. Die sechs anderen Mitglieder des Wächterrates werden von Juristen, die zuvor vom Obersten Rat der richterlichen Gewalt dem Majless vorgestellt werden, benannt und damit indirekt auch vom „Führer" ausgewählt."[29]

Auch im Buch „Internet und Gesellschaft im Iran" von Aydin Nasseri findet man Informationen

---

[27] Wahdat-Hagh, Wahied: Die islamische Republik Iran. Die Herrschaft des politischen Islam als eine Spielart des Totalitarismus., S. 250, online unter: http://books.google.de/books?id=-6LcjA4OWs4C
[28] Ebd., S. 251ff.
[29] Ebd., S. 250

über die Machtbefugnisse des Wächterrates:

„Jedes Gesetz, das vom Parlament verabschiedet wird, muss vom Wächterrat auf die Vereinbarkeit mit der islamischen Rechtslehre innerhalb von zehn Tagen überprüft werden. (...) Dabei haben jedoch nur die sechs vom Revolutionsführer ernannten Mitglieder die Befugnis, die Vereinbarkeit des Gesetzes mit der islamischen Rechtslehre rechtskräftig zu beurteilen. Falls der Wächterrat einem Gesetz nicht zustimmt, wird es entweder endgültig abgelehnt oder dem Parlament nochmals zur Überarbeitung vorgelegt. Die Entscheidungen des Wächterrates im Gesetzgebungsverfahren sind daher ausschlaggebend für die Ratifizierung von Gesetzen."[30]

Demnach ist kein Gesetz im Iran unabhängig von dem Willen des Revolutionsführers und seinen Vasallen. Es kann davon ausgegangen werden, dass auch das Parlament von Oben durch eben diese beiden Instanzen politisch gesteuert wird, das heißt, dass ohnehin jedes Gesetz im Vorhinein eineindeutig formuliert wird. Außerdem muss der Eindruck bestehen, dass auch die politische Debatte im Parlament vom Führer und seiner Administration und dem Wächterrat gesteuert wird.

Einem Interview von Wahied Wahdat-Hagh mit dem Online-Magazin FreieWelt.net kann man auch weitere Informationen über das Wahlsystem entnehmen:

„Ansonsten ist das Wahlsystem im Iran eine Fiktion, da ein totalitäres Organ wie der Wächterrat im Vorfeld entscheidet, wer gewählt werden darf, d.h. die Wähler wählen im Iran nicht ihre Kandidaten, sondern die Kandidaten der Diktatur."[31]

Nun möchte ich noch kurz die Stellung des iranischen Präsidenten erläutern. Für das politische Tagesgeschäft hält sich der Revolutionsführer einen Präsidenten, der ihn selbst vor Angriffen anderer Rechtsgelehrter, der Bevölkerung oder der ausländischen Politik schützt. Folgendes Zitat kann diese Auffassung untermauern:

„Der Präsident wird für vier Jahren direkt von der Bevölkerung gewählt (Artikel 114). Der offizielle Sprachgebrauch „direkte Wahl", täuscht über das wirkliche Verfahren hinweg. Denn wie bei den Parlamentswahlen gelangen bei dieser Wahl die Kandidaten, nicht durch die Wahl der Bevölkerung ins Amt. Die Wahl durch die Bevölkerung findet erst in einem nachgeordneten Verfahren statt, nachdem eine Vorauswahl durch den Wächterrates getroffen wurde. Im eigentlichen Wahlakt kann die Bevölkerung also nur zwischen den vom Wächterrat gewählten Kandidaten auswählen. Mit dem Prinzip des Plebiszits ist an Wahlakt, bei dem das Volk lediglich zwischen den Marionetten des Wächterrates wählen darf, unvereinbar."[32]

Zwar sieht es also formal so aus, als wäre der Präsident aus demokratischen Wahlen hervorgegangen, tatsächlich aber ist es egal, wer die Wahl gewinnt, weil im Grunde jeder mögliche Kandidat der „Richtige" im Sinne des Revolutionsführers und seines Wächterrates gewesen wäre, denn:

„Entscheidend ist der Artikel 118, der die Verantwortung für die Aufsicht über die Präsidentenwahlen gemäß Artikel 99 dem Wächterrat überträgt. Die Kontrollfunktion des

---

30 Nasseri, Aydin: Internet und Gesellschaft im Iran, S. 32, online unter: http://books.google.com/books?id=PZNEYu9e7KQC
31 Daniel Leon Schikora interviewt Wahied Wahdat-Hagh: Wahlsystem in Iran eine Fiktion, in: FreieWelt.net vom 04. August 2009, online unter: http://www.freiewelt.net/nachricht-1675/wahlsystem-in-iran-eine-fiktion---interview-mit-dr.-wahdat-hagh.html
32 Wahdat-Hagh, Wahied: Die islamische Republik Iran. Die Herrschaft des politischen Islam als eine Spielart des Totalitarismus., S. 296, online unter: http://books.google.de/books?id=-6LcjA4OWs4C

Wächterrates ist verfassungsmäßig festgelegt und kann ähnlich wie die Funktion des „Führers" vom MSE nicht geändert werden."[33]

In der Verfassung von 1979 waren die heutigen Kompetenzen des Staatspräsidenten auf zwei Ämter verteilt: den Präsidenten der Republik und den Premierminister. Seit 1989 sind die Kompetenzen im Amt des Staatspräsidenten vereint. Das bedeutet eine Stärkung der Regierung gegenüber dem Parlament und der Bevölkerung. Damit zeigt sich, dass der Revolutionsführer die Regierung enger an seine Entscheidungen binden will und gleichzeitig das Parlament zu einer völlig machtlosen Institution geworden ist, das lediglich dazu dient, das Volk auf die islamistische Ideologie zu konditionieren. Ein inszenierter Diskurs durch kritische Abgeordnete ist ein Mittel des „Führers" und des Wächterrates zur Stabilisierung der eigenen Macht.

Ein entscheidender Teilbereich jeder Gesellschaft ist ihre Wirtschaft. Die Abbildung 4 zeigt einige Wirtschaftsdaten des Irans im kurzen Überblick.

Wachstum des BIP (Bruttoinlandsprodukts) in % gegenüber dem Vorjahr

Jahr	2003	2004	2005	2006	2007	2008*	2009*	2010**	2011**
BIP (real)	7,2	5,1	4,7	5,9	7,8	2,3	1,8	3,0	3,2

Quelle: bfai[89] *Schätzung **Prognose

Staatsverschuldung in % des BIP

Jahr	2004	2005	2006	2007	2008	2009	2010
%	27	28,9	25,3	17,2	19,7	16,8	16,2

Quelle: indexmundi/CIA factbook[90]

Entwicklung der Inflationsrate (in % gegenüber dem Vorjahr)

Jahr	2007	2008	2009	2010
Inflation	18,4	25,4	10,3	8,5*

Quelle: bfai[91] *geschätzt

Entwicklung des Außenhandels (in Mrd US$ und in % gegenüber dem Vorjahr)

	06/07		07/08		08/09	
	Mrd.US$	% gg. Vj.	Mrd.US$	% gg. Vj.	Mrd.US$	% gg. Vj.
Einfuhr	50,0	+ 16,3	58,2	+ 16,4	68,5	+ 17,7
Ausfuhr	76,2	+ 18,5	97,7	+ 28,2	100,6	+ 3,0
Saldo	+ 26,2		+ 39,5		+ 32,1	

Quelle: bfai[92]

Abbildung 4: Wirtschaftszahlen, Quelle: http://de.wikipedia.org/wiki/Iran

---

33 Wahdat-Hagh, Wahied: Die islamische Republik Iran. Die Herrschaft des politischen Islam als eine Spielart des Totalitarismus, S. 296, online unter: http://books.google.de/books?id=-6LcjA4OWs4C

Man kann also erkennen, dass die iranische Regierung Maßnahmen ergriffen hat, die die wirtschaftliche Lage im Land verbessert haben. So gibt es ein zwar geringes, jedoch seit Jahren stetiges Wirtschaftswachstum. Die Staatsverschuldung wurde fast halbiert. Die vorher extrem hohe Inflationsrate wurde gesenkt. Außerdem hat der Iran seit Jahren eine positive Außenhandelsbilanz vorzuweisen, die sich nicht zuletzt durch die umfangreichen Erdöl- und Erdgas-Exporte erklären lässt.

Es handelt sich um eine stark staatlich kontrollierte Wirtschaft, die ideologischen Vorgaben der Regierung folgen muss:

„Die iranische Wirtschaft ist weitestgehend zentralisiert und steht fast komplett unter staatlicher Kontrolle. So haben viele iranische Unternehmen neben wirtschaftlichen auch politische Ziele zu erfüllen. Durch regelmäßige staatliche Eingriffe über Preisregulierungen und Subventionen, die in aller Regel politische Ursachen haben, konnte sich bisher kaum eine eigenständige Wirtschaft entwickeln."[34]

Zwar gibt es einen starken staatlichen Wirtschaftssektor, jedoch halte ich es für einen Trugschluss, dass es keine eigenständigen Wirtschaftsakteure gibt. Das Regime scheint den Markt vor allem für Investitionen durch ausländische Konzerne zu öffnen.

„Trotz der vierten UN Sanktionsrunde gegen den Iran, die von den USA und der EU nochmals eigenständig verschärft wurden, floriert die iranische Wirtschaft und der Handel mit Europa.

Der iranische Präsident, Mahmoud Ahmadinejad, wies vor wenigen Tagen selbstzufrieden darauf hin, dass eine große Anzahl amerikanischer und europäischer Firmen den internationalen Sanktionen trotzen und darum wetteifern, eine Zusage für die größten wirtschaftlichen Projekte zu erhalten und den iranischen Markt zu erschließen."[35]

Diese Politik scheint ähnlich der Wirtschaftspolitik der Volksrepublik China zu sein. Einerseits gibt es einen staatlichen Sektor, in der es Monopole gibt, die zentral geplant und gesteuert werden. Andererseits gibt es eine Reihe ausländischer Firmen, denen freie Hand gewährt wird.

„Trotz der Sanktionen stieg der Import aus dem Iran im Jahr 2010 um etwa 75% auf 917 Millionen Euro. Einem historischen Hoch. Obwohl die Summe an sich noch relativ niedrig ist, zeigt die Bilanz, wie viel Potential in den deutsch-iranischen Handelsbeziehungen steckt. Wohlmöglich ist es dieses Potential, das einige deutsche Grosskonzerne dazu veranlasst, unabhängig der Sanktionspolitik der Bundesregierung, ihre Geschäftbeziehungen mit dem Iran fortzusetzen. Dazu gehören unter anderem Bayer und BASF."[36]

Man sieht also, dass die politischen Appelle aus Europa und den USA, das Mullah-Regime durch Wirtschaftsboykotte in die Knie zu zwingen von privatwirtschaftlichen Akteuren aus rein egoistischem Gewinnstreben permanent unterlaufen werden.

Auf der Abbildung 5 sieht man die Ergebnisse der Handelsbeziehungen des Irans mit der Europäischen Union. Man kann erkennen, dass sowohl die Importe in die EU, als auch die Exporte des Irans aus der EU angestiegen sind.

---

[34] http://liportal.inwent.org/iran/wirtschaft-entwicklung.html
[35] Zarei, Alireza: Die iranische Wirtschaft und europäische Interessen, in: iranicum.com vom 16. März 2011, online unter: http://iranicum.com/2011/03/die-iranische-wirtschaft-und-europaische-interessen/711.html
[36] Ebd.

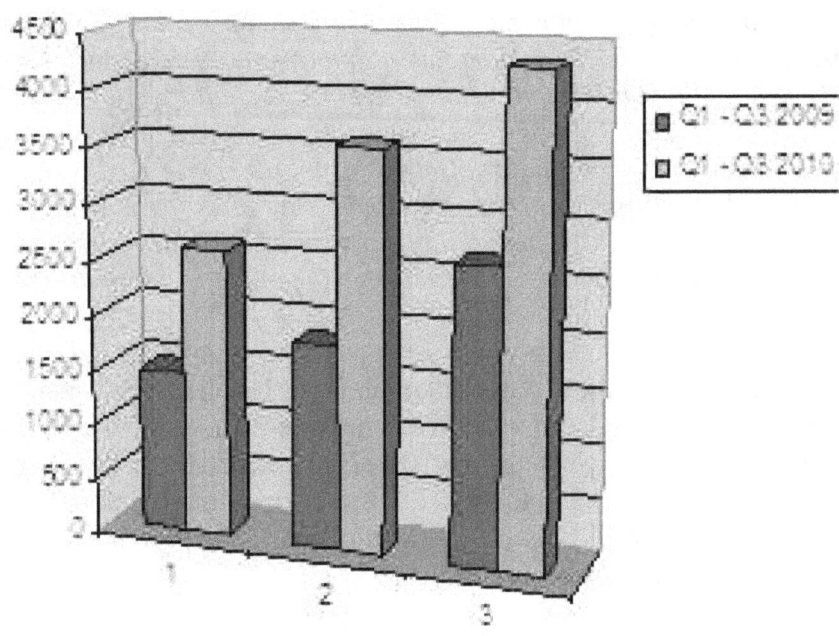

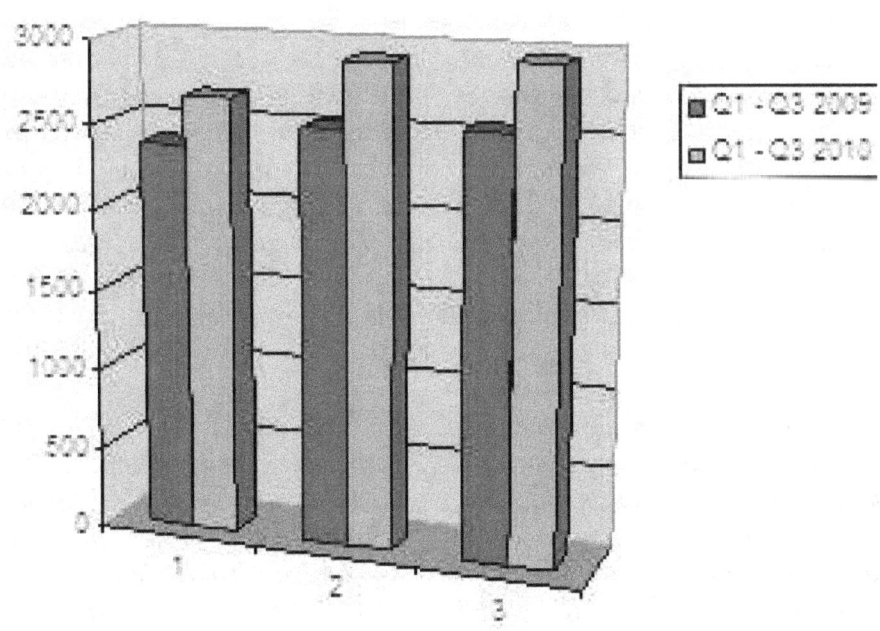

*Abbildung 5: Im- und Exporte EU-Iran, Quelle: http://iranicum.com/wp-content/uploads/Graphik4.png, siehe auch:
http://trade.ec.europa.eu/doclib/docs/2006/september/tradoc_113392.pdf*

Die durch die Investitionen eingenommene Gewinne des Staates durch Steuern und die Gewinne aus Exporten kann der Iran weiter in seine Rüstung, insbesondere sein Atomwaffenprogramm investieren. Die Rüstungsbranche im Iran boomt und es werden sogar gebaute Waffen exportiert:

„Der Sektor der iranischen Industrie, der in den letzten Jahren neben der Zement- und der Autoindustrie die größten Zuwachsraten verzeichnen kann, ist die Rüstungsbranche. (...) Einen entscheidenden Schub erhielt die iranische Rüstungsindustrie, als sie den Pasdaran unterstellt wurde. Selbst U-Boote und Kampfflugzeuge werden heute im Iran produziert. (...) Wohin iranische Waffen exportiert werden ist nicht geklärt, auch wenn immer wieder Indizien dafür sprechen, dass die libanesische Hezbollah und die palästinensische Hamas mit iranischen Waffen versorgt werden.

Ihre jüngsten Erfolge verzeichnet die iranische Rüstungsindustrie im Bereich der Entwicklung von Kurz-, Mittel-, und Langstreckenraketen sowie beim Bau einer unbemannten Drohne. Gerade mit der Entwicklung solcher Waffengattungen versucht die Islamische Republik, ihr Abschreckungspotential zu erhöhen, um einem potentiellen Angriff der USA oder Israels vorzubeugen."[37]

Einige Fakten sehen also so aus, als ob es ökonomische Probleme und auch Defizite gibt, dennoch steckt enormes Potential in der iranischen Wirtschaft, besonders, da es eine große Zahl von jungen Menschen unter 30 gibt und viele Wirtschaftszweige, besonders die Rüstungsindustrie, vollständig unter staatlicher Kontrolle stehen. Private Investoren und multinationale Konzerne helfen dem Regime, sich politisch zu stabilisieren und aufzurüsten. Es gibt keine Gewerkschaftsfreiheit und daher keine Vertretungen der Arbeitnehmer.

Fast alle Iraner sind Muslime (98%).[38] Die meisten davon (89%) Schiiten (9% Sunniten).[39] Nun möchte ich untersuchen, wie es mit der Religionsfreiheit aussieht. Es verwundert nicht, dass ein auf eine politisch-religiöse Ideologie gleichgeschalteter Führerstaat hier scharfe Sanktionsmechanismen für abweichendes Verhalten eingeführt hat. Anhänger anderer Religionen werden unterdrückt und müssen mit Verfolgung rechnen:

„Lange herrschte der Mythos, oder besser: die politische Lüge, die religiösen Minderheiten im Iran seien frei (...) Langsam dringt ins Bewusstsein, dass Konvertiten, Muslime, die Christen werden wollen, hingerichtet werden können, falls sie erwischt werden.
Inzwischen wird hier und dort über die massive Verfolgung der Anhänger der jungen Bahai-Religion berichtet, ein dunkles und kaum bekanntes Thema, das ein trauriges Drama darstellt."[40]

Wer nicht Muslim ist und möglichst linientreuer Islamist, muss also mit dem schlimmsten rechnen, denn:

„Für Apostasie gibt es im Iran die Todesstrafe. (...) Säkularisierung innerhalb des Systems? Nein, manche sprechen davon, dass die Pasdaran die Macht übernehmen könnten. Es ist erstaunlich, wie wenig bekannt die iranische Geschichte ist, denn der Revolutionsführer Khamenei, den man auch gerne Geistlichen Führer nennt, der er mitnichten ist, war ein Pasdar, ein Revolutionsgardist der ersten Stunde, und zwar als Front-Revolutionsgardist im Iran-Irak-Krieg.
Zudem steht der Revolutionsführer Khamenei voll hinter Präsident Ahmadinejad. Heute am Montag hat er den Präsidenten zum zweiten Mal offiziell in das Präsidentenamt gehoben.
Es stehen weitere Jahre der Holocaustleugnung, der Unterstützung des Terrorismus der Hisbollah, der Hamas und der Jihade Islami, des staatlich verordneten Antisemitismus und des Anti-

---

37 http://liportal.inwent.org/iran/wirtschaft-entwicklung.html
38 https://www.cia.gov/library/publications/the-world-factbook/geos/ir.html
39 https://www.cia.gov/library/publications/the-world-factbook/geos/ir.html
40 Daniel Leon Schikora interviewt Wahied Wahdat-Hagh: Wahlsystem in Iran eine Fiktion, in: FreieWelt.net vom 04. August 2009, online unter: http://www.freiewelt.net/nachricht-1675/wahlsystem-in-iran-eine-fiktion---interview-mit-dr.-wahdat-hagh.html

Bahaismus und eine Zuspitzung der totalitären khomeinistischen Diktatur an."[41]

Der gesamte öffentliche Diskurs ist ein autoritärer ethischer Diskurs auf der Grundlage eines politisch-religiösen Kreationismus, der letztlich vom Revolutionsführer und dem Wächterrat von oben aufoktroyiert wird. Auch elementare Menschenrechte werden vom Regime mit den Füßen getreten:

„*Aber es gibt auch weitere massive Menschenrechtsverletzungen im Iran. Bei den letzten Unruhen soll es etwa 700 Tote gegeben haben. Tausende sollen verhaftet worden sein. Zynischerweise entlässt die Regierung nun etwa 150 Gefangene, als ob die staatlichen Verbrechen mit politischen Lügen aufhören würden. Auch die geschlechtsspezifische Unterdrückung der Frauen, die Zwangsverschleierung sind Probleme.*"[42]

Hiermit habe ich meines Erachtens relativ übersichtlich dargestellt, welche politischen Verhältnisse im Iran vorherrschen. Zuletzt möchte ich noch untersuchen, ob es auch kritische Töne im Iran gibt. Liest man einige Pressemeldungen aus den letzten zwei Jahren, könnte man fast den Eindruck gewinnen, dass sich die politischen Verhältnisse verbessern. So heißt es zum Beispiel in einem Artikel von Katajun Amirpur auf Spiegel Online:

„*Er ist der Präsident eines Gottesstaats, doch viele Geistliche wenden sich von ihm ab: Irans Präsident Ahmadinedschad verliert Rückhalt unter den Ajatollahs - manche halten Widerstand gegen ihn gar für eine religiöse Pflicht[.]*"[43]

Doch man sollte vor allzu großen Hoffnungen meines Erachtens warnen, denn wie ich oben bereits erläutert habe, ist der iranische Präsident ohnehin nur ein ausführendes Organ des Revolutionsführers. Man sollte auch beachten aus welchem Lager der politische Widerstand kommt:

„*Heute prangern Geistliche wieder die ungerechte Herrschaft an. Großajatollah Jussuf Sanei erklärte am Sonntag, er werde eine Regierung, die sich auf Lügen stützt, nicht akzeptieren. Für ihn sei Mahmud Ahmadinedschad nicht der rechtmäßige Präsident. Wie er haben sich viele Geistliche in den letzten Jahren von der iranischen Theokratie abgewandt.*

Dabei handelt es sich nicht nur um die Ikonen der Reformbewegung unter den Theologen wie Mohsen Kadivar, Hassan Jussefi und Mohammed Schabestari, die sich für Demokratie und Menschenrechte einsetzen. Auch unter den eher konservativ orientierten mehrt sich schon länger der Widerspruch."[44]

Es handelt sich also um eine religiöse Kritik an der Regierung. Die Protagonisten sind hauptsächlich Teil des politischen Systems. Aber wie ich oben erläutert habe, sind doch alle Personen die im System sind, etwa im Parlament, bereits vom Wächterrat geprüft und „zugelassen" worden. Es scheint sich hier um ein Manöver des Wächterrates selbst zu handeln. Viel mehr als ein Kampf um Ansehen und Posten dürfte das meines Erachtens nicht sein.

---

41 Daniel Leon Schikora interviewt Wahied Wahdat-Hagh: Wahlsystem in Iran eine Fiktion, in: FreieWelt.net vom 04. August 2009, online unter: http://www.freiewelt.net/nachricht-1675/wahlsystem-in-iran-eine-fiktion---interview-mit-dr.-wahdat-hagh.html
42 Ebd.
43 Amirpur, Katajun: Geistliche in Iran: „Eine Regierung, die sich auf Lügen stützt", in Spiegel Online vom 24. Juni 2009, online unter: http://www.spiegel.de/politik/ausland/0,1518,631962,00.html
44 Ebd.

„Im Juni 2005 erobert der frühere Bürgermeister Teherans und konservative Hardliner Mahmud Ahmadinedschad das Amt des Präsidenten. Außenpolitisch sorgt er vor allem durch Vorantreiben eines Atomprogramms und harsche verbale Angriffe gegen Israel für Ärger.
So schrieb Montaseri beispielsweise im Jahre 2001 angesichts der Verhaftung mehrerer Dutzend Mitglieder der oppositionellen Freiheitsbewegung, die auch heute wieder Opfer von Verhaftungen geworden sind: "Ich rate den Herrschaften, mit ihren gewalttätigen Aktionen aufzuhören und - bevor es nicht zu spät ist - ihre Methoden zu überdenken, den Wünschen der Bevölkerung nachzugeben und nicht mehr länger die Ordnung zu schwächen, indem sie sich hochmütig auf ihre äußerlichen Kräfte stützen. Auch dem vorherigen Regime standen diese Kräfte zu Verfügung und zusätzlich noch die Unterstützung der Großmächte.""[45]

Die islamistische Ordnung des Staates und die Position des Revolutionsführers soll demnach nicht angezweifelt werden. Vielmehr ist es ein religiöser Ruf nach einer Veränderung der politischen Rhetorik nach Außen und die Hoffnung auf eine sozialere und humanere Innenpolitik. So werden in der Bevölkerung durch Demagogie Anhänger für einen neuen Präsidenten gesucht, nicht aber für eine freie Demokratie.

In einem Interview von Semiramis Akbari mit der Tagesschau bedauert diese den repressiven Umgang des Mullah-Systems mit der Protestbewegung:

„Besonders der gewaltsame Umgang des Staates mit den friedlichen Protestierenden macht mich sehr traurig und wütend, die Bilder gehen mir auch als Wissenschaftlerin sehr nahe."[46]

Das klingt verständlich. Derartige Bilder und auch schlimmere Greueltaten scheinen im Iran keine Seltenheit zu sein. Wer aber zu emotional mit dem Thema umgeht, der versperrt sich möglicherweise den Blick für die Ursachen der Gewalt der Herrschenden. Hier heißt es weiter:

„Zumal diejenigen, die im Iran protestieren, nicht nur zivilgesellschaftliche Akteure sind, sondern auch Repräsentanten des politischen Systems - also auch die pragmatischen Konservativen, beispielsweise der Parlamentspräsident oder der Bürgermeister Teherans. Diese kommen eigentlich aus dem Kernzirkel der Konservativen. Das ist ein Indiz dafür, dass die Proteste nicht vom Westen gesteuert werden, sondern aus dem Inneren des Staates kommen."[47]

Nun ja, da aber das Parlament nicht frei ist, sondern es eine Vorauswahl gibt, scheinen selbst die Proteste nur eine Ablenkmanöver des Wächterrates zu sein. Wo ernsthafte Systemkritiker vermutet werden, wird Gewalt eingesetzt, wo es sich um unzufriedene Mitläufer des Protestes handelt, wird versucht diese Personen wieder mit Ideologie an das politische System zu binden.

„Sowohl die staatlichen als auch die zivilgesellschaftlichen Akteure in der Protestbewegung lehnen Gewalt ab. Das ist das Verbindende. Beide Akteurstypen wollen einen friedlichen Wandel und demokratische Wahlen. Was sie unterscheidet ist, dass die nichtstaatlichen Kräfte viel progressiver sind als die pragmatischen Konservativen. Die Zivilgesellschaft will eine breitere Öffnung und weit mehr Demokratie."[48]

---

45 Amirpur, Katajun: Geistliche in Iran: „Eine Regierung, die sich auf Lügen stützt", in Spiegel Online vom 24. Juni 2009, online unter: http://www.spiegel.de/politik/ausland/0,1518,631962,00.html
46 Patrick Gensing im Interview mit Semiramis Akbari: Expertin zu den Protesten im Iran: "Der Machtkampf in Teheran tobt hinter den Kulissen", in: tagesschau.de vom 25. Juni 2009, online unter: http://www.tagesschau.de/ausland/iran582.html
47 Ebd.
48 Ebd.

Das mag wohl sein, aber es scheint bis auf einen fundamentalen Umsturz der politischen Ordnung unter Umständen auch mit ausländischer Hilfe keine andere Möglichkeit zu geben, das Regime zum Einlenken zu bewegen. Das ist schwer vorstellbar, weil das Militär und auch die Pasdaran vollständig absolute regimetreue Kaderorganisationen sind, die jeden Befehl des Revolutionsführers bedingungslos ausführen.

Aber hier ergibt sich folgendes Problem:

„Je mehr sich der Westen einschaltet, desto öfter wird der Vorwurf erhoben, die Reformer seien Handlager des Westens. Gleichzeitig ist es richtig, dass der Westen die Gewalt verurteilt. Sinnvoll ist eine Doppelstrategie: Sich nicht in den Machtkampf einmischen, denn das ist eine innere Angelegenheit, gleichzeitig aber die Ereignisse genau beobachten und die Gewalt verurteilen."[49]

Das ist eben genau die richtige Vorgehensweise des Westens. Jedoch hat sie in der Vergangenheit auch nicht den gewünschten Erfolg einer politischen Öffnung gebracht. Letztlich ist es ein Resultat von Ratlosigkeit, ob der extremen Gewalt und Unterdrückung durch das Mullah-Regime.

Am Ende bleibt folgendes Fazit über den iranischen Präsidenten bestehen, wie Jan Kuhlmann es im Deutschlandfunk beschreibt:

„Irans Präsident Mahmoud Achmadinedschad gehört zu den Holocaustleugnern und fordert die Auslöschung Israels. Besonders gefährlich erscheint das Land, seit die IAEA Belege für den Atombombenbau im Iran vorlegt."[50]

Über die Islamische Republik Iran kann man diesem Werturteil nur zustimmen:

„Vielleicht ist der Iran das im wahrsten Sinne des Wortes unfassbarste Land der Welt. Unfassbar, also schwer zu greifen, weil es so voller Widersprüche ist. Da ist zum einen der Iran, wie ihn die Welt heute vor allem wahrnimmt: als ein von Mullahs gelenkter Schurkenstaat, der die Atombombe bauen will, regiert von dem radikalen Präsidenten Mahmud Ahmadinedschad. Seit dem Sturz Saddam Husseins im Irak gilt er neben dem Nordkoreaner Kim Jong-il als größter anzunehmender Bösewicht. Iranische Frauen, so heißt es allgemein, werden im Namen Allahs unterdrückt."[51]

Es kann zwar sein, dass es eine Oppositionsbewegung gibt, aber es scheint mir, dass selbst diese Kritiker, ebenso wie das gesamte Parlament vom „Führer" und dem Wächterrat gesteuert werden, mit dem Ziel, einerseits demokratisch zu wirken, aber dennoch das System des islamistischen Gottesstaates mit Führerkult zu stabilisieren. Das System involviert selbst den Protest zu seinen eigenen Gunsten.

In Bezugnahme auf die am Anfang dieses Kapitels genannten sechs Kriterien des Totalitarismus-Modells von Carl Joachim Friedrich und Zbigniew Brzezinski, komme ich nach der Untersuchung der genannten Quellen zu folgendem Fazit:

Im Iran ist der Islamismus, das heißt der Politische Islam, die alle wichtigen Lebensbereiche umfassende Ideologie. Diese Erkenntnis ergibt sich aus dem Verfassungstext, Daten über die

---

49 Patrick Gensing im Interview mit Semiramis Akbari: Expertin zu den Protesten im Iran: "Der Machtkampf in Teheran tobt hinter den Kulissen", in: tagesschau.de vom 25. Juni 2009, online unter: http://www.tagesschau.de/ausland/iran582.html
50 Kuhlmann, Jan: Achmadinedschad ist nicht allein der Iran, in: dradio.de vom 14. November 2011, online unter: http://www.dradio.de/dlf/sendungen/andruck/1604744/
51 Ebd.

Religionszugehörigkeit und eine dominante Ideologie des politischen Islamismus, die alle vulgären Aspekte der Religion vereinnahmt und mit der die Gleichschaltung des gesamten Staates perfektioniert wurde.

Die Mullah-Regierung funktioniert wie eine Einparteiendiktatur, ähnlich der NSDAP oder der KPdSU unter Stalin. Das Regime ist oligarchisch organisiert in Form von mehreren gleichgeschalteten staatlichen Institutionen, die letztendlich aber alle dem religiösen Führer und dem Wächterrat unterstellt sind und funktionieren wie eine gigantische Terror-Maschine. Wer der Ideologie nicht folgt, hat keinerlei Chance im Politischen System eine Funktion auszuüben, sondern wird vielmehr von der Führung aussortiert. Zwar gibt es Wahlen, diese sind aber nicht frei, weil letztendlich der Wächterrat und der „Führer" alle Kandidaten absegnet.

Es gibt hunderte Beispiele von Menschenrechtsverletzungen im Iran. Sie dokumentieren die Überwachung, Kontrolle und Unterdrückung der Bevölkerung, was ich in Kapitel 3 noch genauer erläutern werde. Es herrscht religiöse Gerichtsbarkeit unter Kontrolle des Führers, Folter und Hinrichtungen. Die Wehrpflicht kann bis zu 25 Jahre für alle Männer dauern. Damit ist fast die gesamte Bevölkerung für Krieg mobilisierbar.

Es gibt keinen öffentlichen gesellschaftlichen oder politischen Diskurs, der frei wäre. Kommunikation verläuft weitestgehend nach dem Top-Down-Prinzip und wird vom religiösen Führer gesteuert.

Die gesamte Politik ist auf totale Machtausübung des Führers und seiner Vasallen ausgelegt. Die Militarisierung der Gesamtgesellschaft wird in extremster Form betrieben. Die religiöse Ideologie dient als Mittel, um für die Kriegsführung zu mobilisieren.

Eine auf Rüstung ausgelegte Kriegswirtschaft, die Gewerkschaften unterdrückt und zentral verwaltet wird, ist das Kerninstrument der Macht der Mullahs. Die Revolutionsgarden Pasdaran arbeiten im Rüstungssektor und kontrollieren die Produktion. Es gibt einen privaten Wirtschaftssektor nur dort, wo ausländische Konzerne zum Vorteil des Regimes investieren. Die Gewinne daraus und durch die Exporte werden wieder in die Rüstung investiert.

Demnach kann man eindeutig belegen, dass es sich beim Iran um eine religiöse Diktatur einer faschistischen Elite handelt. Alle sechs Merkmale einer totalitären Diktatur sind meines Erachtens zweifelsfrei belegbar.

3. Lebensumstände und Gesellschaft

Im vorangegangenen Kapitel wurden die politischen Verhältnisse des Irans untersucht. Jetzt möchte ich die Implikationen dieser Politik für die Gesellschaft des Irans darstellen, die Lebensumstände der iranischen Bevölkerung beschreiben und versuchen zu erklären, welche Probleme sich daraus für die individuellen Menschenrechte der iranischen Bürger ergeben.

Statistische Daten

Fläche	1.648.000 km²
Einwohner	72.904.000
Hauptstadt	Tehrān (Teheran)
Amtssprache	Persisch (Farsi)
BNE je Einwohner	4.530 US-$
Währung	1 Rial (Rl.) = 100 Dinars
Politische Führung	Staatsoberhaupt und Religionsführer: Sayed Ali Khamenei, Staats- u. Regierungschef: Mahmud Ahmadinedschad, Außenminister: Ali Akbar Salehi
Nationalfeiertag	11.2. (Tag der Revolution von 1979)
Landesstruktur	30 Provinzen
Politisches System	Verfassung von 1979 – Islamische Republik – Staatsreligion: Islam – Parlament: Versammlung des Islamischen Rates (Madschlis) mit 290 Mitgl. (5 für religiöse Minderh. reserviert), Wahl alle 4 J.; Expertenrat mit 86 gewählten Geistlichen; Wahl alle 8 J.; dieser ernennt das Staatsoberhaupt und Religionsführer auf Lebenszeit – Schlichtungsrat mit 20–30 Mitgl. (vom Religionsführer ernannt) – Wächterrat als Kontrollorgan für die Konformität von Gesetzen mit dem islamischen Recht (Scharia) mit 12 Mitgl. (je 6 von Parlament und Staatsoberhaupt ernannt) – Direktwahl des Staats- und Regierungschefs alle 4 J. (einmalige Wiederwahl) – Wahlrecht ab 16 J.

Abbildung 6: Statistische Daten, Quelle: http://www.weltalmanach.de/staaten/details/iran/

Die Abbildung 6 zeigt einige statistische Daten über den Iran im Überblick. Die gesellschaftlichen Umstände und die Lebensbedingungen der Menschen haben einen unmittelbaren Zusammenhang mit dem politischen System und der religiösen Ideologie des Islamismus.

Im Jahre 2007 gab es im Iran Proteste von Studierenden, die zum Teil heftige Kritik am iranischen Präsidenten Ahmadinedschad und der Regierung öffentlich äußerten. In der Tageszeitung Die Welt konnte man am 12. Oktober 2007 dazu lesen:

„Eigentlich wollte Präsident Ahmadinejad mit den Studenten diskutieren. Sein Vorgänger hatte dies auch gewagt, und es endete in einem Eklat. Ahmadinejad sagte seinen Dialog mit den iranischen Studenten kurzfristig ab. Das empörte die Studenten. Auf Plakaten schrieben sie: „Wir haben auch Fragen, warum nur Columbia?" An der Columbia Universität hatte der Präsident Journalisten Fragen beantwortet. Seine Antworten waren für die iranischen Studenten „einfache Lügen".

Wie BBC berichtete, riefen die Studenten der Teheraner Universität sogar „Tod dem Diktator", „Marg bar Diktator". Sie forderten auch die Freiheit der gefangenen Stundenten und protestierten gegen die Entlassung von kritischen Professoren."[52]

Da die Kritik der Studenten offenbar zu heftig war für das Regime, um in einen öffentlichen Diskurs mit ihnen zu treten, fand das Regime einen Ausweg nur dadurch, dass es eine linientreue Gruppe von Ja-Sagern um sich scharrte und mit ihnen die Predigten des politischen Islam fortführten und gleichzeitig den kritischen Studenten drohten.

„Statt Ahmadinejad traf sich gleich der Staatsführer, Ayatollah Khamenei, der „große Führer der islamischen Revolution" mit einigen Hundert auserwählten Studenten.

Khamenei weiß, dass viele Iraner das Konzept des Welayate Faqih, der Herrschaft des Klerus im Iran ablehnen, daher sagte er über „feindseliges Verhalten" scheinbar jovial: „Dagegen sein heißt Feindschaft, aber wenn jemand nicht an etwas glaubt, ist er nicht gezwungenermaßen dagegen." Studenten sollten sich nicht feindselig verhalten, riet der „Revolutionsführer" den Studenten seines Landes."[53]

Ich habe bereits im vorangegangenen Kapitel angedeutet, was es heißen kann, wenn man Widerstand gegen die islamistische Staatsmacht zu leisten gedenkt: politische Verfolgung, Folter oder gar Hinrichtung. Ich werde weiter unten noch einige Beispiele für Menschenrechtsverletzungen durch das Mullah-Regime aufführen.

Auch der Journalist Michael Backfisch berichtet in einem Artikel im Handelsblatt vom Juni 2009, dass es im Iran eine tiefe Spaltung der Gesellschaft gibt, die unüberwindlich scheint:

„Teheran steht auf der Kippe. Wahllos prügeln Sondereinheiten der Polizei auf Passanten ein. Sicherheitskräfte zielen in der iranischen Hauptstadt mit Tränengasbomben auf Demonstranten. Zornige Jugendliche werfen Steine und skandieren "Nieder mit dem Diktator!" Mülltonnen und Reifen werden angezündet. Es gibt Verletzte und angeblich auch Tote.

Derzeit sind die Proteste eher spontan und nicht zentral organisiert. Der Spitzenkandidat der Reformer, Mir Hussein Mussawi, ist auf Geheiß der Regierung von der Bildfläche verschwunden. Ihm fehlt es ohnehin an Charisma, Tatkraft und Kreativität. Ein Václav Havel oder ein Nelson Mandela ist er nicht.

Teheran ist von einem revolutionären Funken erfüllt, der schnell außer Kontrolle geraten kann. In jedem Fall hat sich die Spaltung der iranischen Gesellschaft vertieft. Und das Land ist für westliche Außenpolitiker und Unternehmer noch schwieriger geworden."[54]

---

52 Wahdat-Hagh, Wahied: Iran: Die zerrissene Gesellschaft, in: welt.de vom 12. Oktober 2007, online unter: http://www.welt.de/debatte/kolumnen/Iran-aktuell/article6061621/Iran-Die-zerrissene-Gesellschaft.html
53 Ebd.
54 Backfisch, Michael: Iran: Iranische Gesellschaft tief gespalten, in handelsblatt.com vom 15. Juni 2009, online unter: http://www.handelsblatt.com/iranische-gesellschaft-tief-gespalten/3197970.html?p3197970=all

Das alles zeigt, dass das Regime außer Durchhalteparolen auch auf Gewalt gegen Demonstranten setzt. Die mehrheitlich junge Bevölkerung hat einen Drang nach mehr Freiheit, aber das Regime will alles daran setzen, seine Macht zu zementieren, um letztlich die Aufrüstung und die Militarisierung auf allen Ebenen mit aller Härte durchzusetzen. Es wird hier auch genaueres über die Protestbewegung berichtet:

„Hinter den Kundgebungen der vergangenen Wochen, bei denen Millionen Menschen auf die Straße gingen, steckt ein gigantischer Durst nach Freiheit. Die Jugendlichen der 13-Millionen-Stadt Teheran stehen an der Spitze. Diese Bewegung rüttelt an den Grundfesten des islamischen Gottesstaates - deshalb die Angst und die Überreaktion des Regierungsapparates.

Der unbändige Wunsch nach einer gesellschaftlichen Liberalisierung ist da. Viele Leute wollen sich nach Gusto kleiden, sie wollen sich politisch artikulieren, sie verlangen ungehinderten Zugang zu Informationen. Gebildete und Unternehmer hoffen zudem auf ein Ende der internationalen Isolierung des Landes."[55]

Das ist starker demokratischer Gegenwind aus der Zivilgesellschaft. Jedoch scheint es, als würde dies im Wächterrat niemanden stören. Vielmehr sitzt das Regime dank strenger Kontrollmechanismen fest im Sattel. Daher kam es im Iran auch nicht zu politischen Veränderungen, wie sie sich in anderen arabischen Ländern andeuteten:

„Umgekehrt waren Anfang des Jahres 2011 viele – vor allem im Westen – davon überrascht, dass der Arabische Frühling nicht auf das iranische Hochland übergriff. Die erwartete Neubelebung der grünen Protestwelle, die sich im Sommer des Jahres 2009 gegen die umstrittene Wiederwahl von Präsident Mahmoud Ahmadinedschad erhoben hatte, blieb weitgehend aus. (...)

An potentiellen Gründen für ein iranisches Frühlingserwachen fehlte es somit nicht. Ungezählte Iraner, wahrscheinlich die Mehrheit, haben genug von ideologischer Gängelung, von kleinlichen Schikanen durch Kleidervorschriften, von Korruption, von der selbstherrlichen Unfähigkeit der Bürokratie und der eigenen politisch-kulturellen Isolation vom Ausland. Die Anhänger der Protestbewegung gegen Ahmadinedschad wollten auf sehr verschiedene Weise eine Wende. Über den Protest gegen die umstrittene Wiederwahl hinaus forderten sie politische Partizipation und Bürgerrechte; sie wollten andere Leute an der Spitze des Staates, und sie wollten ein Ende von Brutalität und Unterdrückung. Sie wünschen sich all dies immer noch. Aber kaum jemand träumt von einer neuen Revolution, und nur wenige sind derzeit bereit, dafür ihr Leben zu riskieren."[56]

Also ist es offensichtlich nur eine kleine Minderheit, die politische Reformen fordert, aber letztlich damit nicht erfolgreich sein kann, weil zwar individuelle Meinungen, die gegen die Staatsgewalt gerichtet sind, zum Teil toleriert wurden, die organisierte Gegenwehr jedoch in jedem Fall verhindert.

„Im Gegensatz zu jenen Tagen hatte die Grüne Bewegung im Sommer 2009 fast gar nichts, vor allem keine Organisation. Stets durften die Iraner unter der Islamischen Republik ungestraft schimpfen, so viel sie wollten, denn es blieb ohne Folgen. Der geringste Versuch jedoch, oppositionelle Strukturen zu schaffen, wurde gnadenlos zerschlagen. Als Folge konnte sich die Grüne Bewegung nur auf spontane Ausbrüche der Unzufriedenheit und des allgemeinen

---

[55] Backfisch, Michael: Iran: Iranische Gesellschaft tief gespalten, in handelsblatt.com vom 15. Juni 2009, online unter: http://www.handelsblatt.com/iranische-gesellschaft-tief-gespalten/3197970.html?p3197970=all

[56] Chimelli, Rudolph: Iran ist anders, in: bpb.de vom 10. Juni 2011, online unter: http://www.bpb.de/themen/BVLHFH,0,Iran_ist_anders.html

Überdrusses an den Verhältnissen stützen. Die andere Seite, das Regime, hatte für die Konfrontation alles: die Polizei, die Geheimdienste, die regulären Streitkräfte sowie die Parallel-Armee der Pasdaran, der Revolutionsgarden; das Regime hatte die Verwaltung, Fernsehen und Rundfunk, die meisten Zeitungen. Auf der einen Seite waren die Gewehre, auf der anderen nur ohnmächtige Wut"[57]

Das macht deutlich, auf welche Machtinstrumente das Regime für die Zerschlagung der Opposition setzt. Alles in Allem ist das vergleichbar mit dem chinesischen Regime und den Regierungen des ehemaligen Sowjetblocks.

„Die Parallelen zwischen der Grünen Bewegung Irans im Sommer 2009 und dem Arabischen Frühling in Ägypten und Tunesien wurden übereilt gezogen. Zwar waren hier wie dort die Protestbewegungen in hohem Maß eine Sache der Jugend. Da die Jugend die modernen Kommunikationsmittel beherrscht, fühlt sie sich überall als Anwärter auf die politische Zukunft. Der offensichtliche Mangel an Organisation, an Programmen und an charismatischen Führern konnte durch diesen Elan in Kairo und Tunis bis zum raschen Durchbruch überbrückt werden.

Doch der iranische Repressionsapparat war effizienter. Seine Internet-Polizei ist eine der stärksten der Welt. Schon am Vormittag nach Ahmadinedschads Wiederwahl, am 13. Juni 2009, wurden die Mobilfunk-Netze abgeschaltet und staatliche Kontrolleure übernahmen die zehn größten Internet-Provider. Die Übertragungsgeschwindigkeit im Internet wurde auf ein Dreißigstel der bisherigen Datenmenge herabgesetzt. Die staatlichen Überwacher sammelten eine ungeheure Menge persönlicher Daten und Kontakte von Regimegegnern im Netz und griffen erst danach ein. Nichts mehr entging der Zensur im Internet."[58]

Die Zensur im Internet ist in einer Zeit der digitalen Kommunikation ein mächtiges Instrument, um Opposition auszuschalten. Jede Vernetzung von regimekritischen Personen wird überwacht. Man kann also zu dem Schluss kommen, dass fast keine Möglichkeit besteht, über die Neuen Medien eine zivilgesellschaftliche Gegenwehr gegen die herrschende Regierung zu organisieren.

Ich möchte jetzt zur Veranschaulichung einige Beispiele für Menschenrechtsverletzungen, politischer Verfolgung und Gängelungen an der iranischen Bevölkerung angeben, um zu verdeutlichen, wie grausam und unmenschlich das Regime mit Dissidenten umgeht. Zunächst einmal wird der Kontakt der Bürger zu westlichen Medien verboten und bestraft:

„Drastische Maßnahme der Regierung Ahmadinedschad: Infolge der regierungskritischen Proteste hat die iranische Führung ihren Bürgern den Kontakt zu 60 westlichen Organisationen und Medien verboten. Das melden die Nachrichtenagentur AFP und der US-Fernsehsender CNN unter Berufung auf iranische Medienberichte.

Auf der verbotenen Liste stehen demnach unter anderem die Menschenrechtsorganisation Human Rights Watch, die US-Denkfabrik Brookings und die gemeinnützige George-Soros-Stiftung. Alle aufgelisteten Organisationen und Medien hätten eine Rolle bei den regierungskritischen Protesten gespielt, erklärte das zuständige Geheimdienstministerium den Berichten zufolge."[59]

---

57 Chimelli, Rudolph: Iran ist anders, in: bpb.de vom 10. Juni 2011, online unter:
http://www.bpb.de/themen/BVLHFH,0,Iran_ist_anders.html
58 Ebd.
59 Reaktion auf Massenproteste: Iran verbietet Bürgern Kontakt zu westlichen Medien, in: spiegel.de vom 05. Januar 2010, online unter: http://www.spiegel.de/politik/ausland/reaktion-auf-massenproteste-iran-verbietet-buergern-kontakt-zu-westlichen-medien-a-670210.html

Das ist eine eindeutige Unterdrückung der Meinungsfreiheit und Organisationsfreiheit, die letztlich dem Ziel der militärischen Aufrüstung dient.

„Irans Vizegeheimdienstminister legte der Bevölkerung nahe, zu diesen Gruppen sowie ausländischen Botschaften und Bürgern "keine Verbindungen über das normale Maß hinaus" zu unterhalten. "Es ist illegal, mit diesen Organisationen Verträge einzugehen", wird der Minister bei CNN unter Berufung auf die iranische Nachrichtenagentur Mehr zitiert. Außerdem sei es gegen das Gesetz, finanzielle Hilfen aus dem Ausland anzunehmen.

"Jeder Kontakt, Vertrag, jede Verwendung der Mittel dieser Gesellschaften, die an einem 'sanften Krieg' teilnehmen, sind verboten und illegal", zitiert AFP den Vizegeheimdienstminister. Die Bürger sollten "wachsam sein gegenüber den Fallen der Feinde und mit dem Geheimdienstministerium beim Schutz der Nation und der Neutralisierung der Pläne von Ausländern und der Verschwörer zusammenarbeiten".“[60]

Damit versucht das Regime jede ausländische Beeinflussung einzudämmen und Angst in der Bevölkerung zu verbreiten, um letztlich die mediale Deutungshoheit zu behalten und das Denken der Bürger zu manipulieren, um die totale Militarisierung der Gesellschaft zu betreiben.

Auch fundamentale Menschenrechte werden missachtet und Kritiker schikaniert und mit harten Strafen verurteilt:

„Die Schikane des iranischen Regimes gegen Menschenrechtler und Regierungskritiker gehen unvermindert weiter: Ein Gericht hat die bekannte Menschenrechtsanwältin Nasrin Sotudeh zu elf Jahren Haft verurteilt. Die Richter hätten dem Verteidiger seiner Frau am Sonntag mitgeteilt, dass gegen Sotudeh elf Jahre Haft sowie ein 20-jähriges Berufs- und Ausreiseverbot verhängt worden seien, sagte Sotudehs Ehemann, Resa Chandan, am Montag der Nachrichtenagentur AFP.

Der 45-Jährigen waren seinen Angaben zufolge "Angriffe auf die nationale Sicherheit", "Propaganda gegen die Staatsführung" sowie die Mitgliedschaft im "Zentrum der Verfechter der Menschenrechte", einer Menschenrechtsgruppe der Friedensnobelpreisträgerin Schirin Ebadi, zur Last gelegt worden. Sie sei in diesen Punkten schuldig gesprochen worden, sagte ihr Mann.

Sotudeh, die zwei Kinder hat, war Anfang September festgenommen worden. Die Anwältin vertrat minderjährige Straftäter in Todeszellen und Oppositionelle, die im Zusammenhang mit den Protesten gegen die Wiederwahl von Präsident Mahmud Ahmadinedschad im Juni 2009 festgenommen wurden. Nach den Massendemonstrationen wurden zahlreiche Journalisten, Menschenrechtsvertreter, Anwälte und politische Gegner der Regierung zu Haftstrafen verurteilt. Gegen Hunderte Demonstranten verhängten Gerichte lange Gefängnisstrafen. Einige wurden auch zum Tode verurteilt.“[61]

Das zeigt exemplarisch, dass alle Berichterstattung in Bezug auf Menschenrechtsverletzungen unterminiert werden sollen. Terror gegen Andersdenkende, Verfolgung, Verhaftung und sogar Hinrichtung von Menschenrechts-Aktivisten: All das sind klare Verstöße gegen die UN-Charta der Menschenrechte, die das Regime auch nicht anerkennt.

---

60 Reaktion auf Massenproteste: Iran verbietet Bürgern Kontakt zu westlichen Medien, in: spiegel.de vom 05. Januar 2010, online unter: http://www.spiegel.de/politik/ausland/reaktion-auf-massenproteste-iran-verbietet-buergern-kontakt-zu-westlichen-medien-a-670210.html

61 Iran: Menschenrechtsanwältin zu elf Jahren Haft verurteilt, in: spiegel.de vom 10. Januar 2011, online unter: http://www.spiegel.de/politik/ausland/iran-menschenrechtsanwaeltin-zu-elf-jahren-haft-verurteilt-a-738607.html

Auch Homosexualität, Andersartigkeit in der Sexualität wird aufgrund religiöser Gebote stigmatisiert und hart bestraft. Homosexuelle werden in Dilemma-Situationen gebracht und sind falscher Verdächtigungen, sowie Verfolgung ausgesetzt. Hier nur ein Beispiel des jungen 18-Jährigen Ebrahim Hamidi aufgeführt werden:

„Er soll versucht haben, einen Mann zu vergewaltigen - dafür wurde Ebrahim Hamidi am 21. Juni von einem Provinzgericht in Iran zu Tode verurteilt. Denn auf Homosexualität steht in Iran die Todesstrafe. Jetzt, da die Hinrichtung unmittelbar bevorsteht, versucht die britische Menschenrechtsorganisation Outrage und das Portal Gay Middle East den 18-Jährigen vor der grausigen Bestrafung zu retten."[62]

Hinrichtung für Homosexualität. Das ist barbarisch. Auch für geringfügige Vergehen und Kavaliersdelikte gibt es drakonische Strafen:

„Im Iran ist einem verurteilten Dieb die Hand amputiert worden. Der 32-jährige Mann sei bereits mehrfach verurteilt worden, berichtete die Agentur Mehr am Sonntag. Die Amputation wurde demnach vor den Augen von Mithäftlingen in einem Gefängnis in der Stadt Jasd vollzogen. Vor einer Woche war bereits ein Dieb, der aus einem Süßwarenladen gestohlen hatte, zu der drakonischen Strafe verurteilt worden. Ob sie vollzogen wurde, ist indes nicht bekannt.

Handamputationen als Strafe für Diebstahl sind in Iran seit der islamischen Revolution von 1979 möglich. Sie leiten sich aus einer strengen Auslegung der Scharia ab."[63]

Letztlich ist das alles Ausdruck von nicht-weltlichem Recht. Die Scharia gilt. Es gibt keine unabhängige Justiz, Das Rechtssystem dient zur Stabilisierung der islamischen Herrschaft und der Durchsetzung der Staatsideologie. Ein Unrechtsregime, das keinerlei Gnade kennt.

Auch die Unterdrückung von Frauen ist, aufgrund religiöser Dogmen, eine Selbstverständlichkeit:

„Iran steht in der westlichen Welt für ein politisches System, das sich durch die Unterdrückung der weiblichen Bevölkerung und durch allgemeine Rückständigkeit auszeichnet. Doch mitunter gibt es Medienberichte, die dem Bild der absoluten Rechtlosigkeit der iranischen Frau widersprechen."[64]

Es gab in der Tat Veränderungen in den gesellschaftlichen Normen seit der Islamischen Revolution von 1979. Das ist aber meines Erachtens deshalb noch lange nicht ein Indiz für eine positive Veränderung der gesellschaftlichen Realitäten oder gar ein Indiz für eine politischen Erneuerung. Ein Beispiel für die Unterdrückung von Frauen ist die Kopfbedeckungspflicht, die von vielen religiösen Patriarchen als religiöses Gebot angesehen wird.

„Die «Kopfbedeckungspflicht», die als plakatives Argument für die Begründung der Unterprivilegierung von Frauen stets herangezogen wird, ist im Gesetz über die öffentliche Ordnung kodifiziert. Nun sind es aber nach fast drei Jahrzehnten seit der Implementierung der Verfassung nicht nur Frauen und Frauenrechtlerinnen mit teilweise starker religiöser

---

[62] Homosexualität unter Strafe: Iran will 18-Jährigen trotz falscher Vorwürfe hinrichten, in: spiegel.de vom 08. August 2010, online unter: http://www.spiegel.de/panorama/justiz/homosexualitaet-unter-strafe-iran-will-18-jaehrigen-trotz-falscher-vorwuerfe-hinrichten-a-710753.html

[63] Drakonische Strafe in Iran: Dieb wird vor Publikum Hand amputiert, in: spiegel.de vom 14. Oktober 2010, online unter: http://www.spiegel.de/politik/ausland/drakonische-strafe-in-iran-dieb-wird-vor-publikum-hand-amputiert-a-725011.html

[64] Parhisi, Parinas: Frauenrechte - ein Dauerthema bei den Mutmassungen über Iran, in: nzz.ch vom 11. März 2006, online unter: http://www.nzz.ch/2006/03/11/zf/articleDMJ5Z.html

Verwurzelung, sondern auch männliche Geistliche, die den Zwang zur Hejab (sittsame Kleidung) zurückweisen. Sie argumentieren dabei islamisch: Jeglicher Glaubenszwang wird abgelehnt (Koran 2,256)"[65]

Das ist aber letztlich lediglich ein religiöser Diskurs, der meines Erachtens eher von nebensächlicher und untergeordneter Bedeutung ist. Dennoch ist er exemplarisch für die inneren Widersprüche der iranischen Gesellschaft.

„Gerade am Beispiel des Kopftuchs verdeutlichen sich gesellschaftliche Widersprüche. Erst durch den staatlich verordneten Kopftuchzwang wurde es möglich, dass eine breite Masse der jungen Frauen Zugang zu den Hochschulen bekam, da nach dem religiösen Verständnis ihrer Familienoberhäupter die Einhaltung der Sittlichkeit sozusagen von Staats wegen gewährleistet ist.

Die Kopftuchpflicht wie auch das frühere Kopftuchverbot (in den vierziger Jahren) im öffentlichen Raum sind die extremen Pole der Repräsentationspolitik des Staates, die auf einem Kontrollbedürfnis und auf der Missachtung des Selbstbestimmungsrechts und der Würde der Frauen beruhen und nicht tolerierbar sind. Iranische Frauenrechtlerinnen warnen jedoch davor, das Problem auf die Kopfbedeckungspflicht zu reduzieren und wichtigere Aspekte auszuklammern."[66]

Es gibt weitere Veränderungen, die die Rolle der Frau in der Gesellschaft neu definieren. Das ist eine Form der Liberalisierung, mit der das Regime eine neue Gesellschaftspolitik durchsetzen will und dabei beweist, dass es in der Lage ist, religiöse Gebote und Dogmen, Sitten, Normen und Gebräuche zentral vorzugeben und die Gesellschaft total anzuleiten.

„Das Gebot der Stunde ist, die vorsichtige Liberalisierung, die unter dem Staatspräsidenten Khatami (1997-2005) eingeleitet wurde, fortzuführen: Beispielsweise ist es Frauen seit dem Spätherbst 1997 erlaubt, wenn auch beschränkt auf spezielle Bezirks-Familiengerichte, als Richterinnen zu arbeiten. Zurzeit gibt es deren hundert. Der konservativ besetzte Wächterrat, dem die Überprüfung der Vereinbarkeit aller Gesetze mit islamischen Normen obliegt, hat das Gesetz zur Entsendung weiblicher Studenten ins Ausland durch staatliche Stipendien genehmigt, was bis dahin verheirateten Studentinnen vorbehalten war. Unlängst wurde in Teheran ein Freizeitpark eröffnet, in dem ausschliesslich Frauen verschiedenen Sportarten ohne Einhaltung von Kleidervorschriften nachgehen können.

Frauen werden neuerdings auch als Taxifahrerinnen zugelassen, während sie in akademischen Berufen bereits fast überall vertreten sind. Diese Entwicklung ist begrüssenswert und sollte nicht als unzureichend abgetan werden."[67]

Ich denke, dass selbst diese „Liberalisierung" dem Regime und seinen Zielen dienlich ist. Frauen werden für Berufe zugelassen, für die Männer nicht zwingend benötigt werden oder für zentrale Schlüsselpositionen im Staatsapparat benutzt, um die Staatsideologie als verbindlich für alle BürgerInnen durchzusetzen. Dazu dient die feministische Bewegung als ein Mittel zur Durchsetzung der männlichen Herrschaft.

„Die Islamisierung hatte in Iran also eine massive rechtliche Benachteiligung der Frauen und die

---

65 Parhisi, Parinas: Frauenrechte - ein Dauerthema bei den Mutmassungen über Iran, in: nzz.ch vom 11. März 2006, online unter: http://www.nzz.ch/2006/03/11/zf/articleDMJ5Z.html
66 Ebd.
67 Ebd.

Separierung der Geschlechter zur Folge, aber nicht den Ausschluss der Frauen aus der Gesellschaft. Frauen waren entgegen der landläufigen Meinung niemals völlig einflusslos. Sie waren nie von der Erwerbstätigkeit ausgeschlossen, und die Erwerbstätigkeit gilt gemeinhin als Voraussetzung für die Forderung nach politischen und bürgerlichen Rechten.

Allen Widerständen zum Trotz entstand so eine Frauenbewegung, die mit islamischen Argumenten für Gleichberechtigung eintritt und die stetig wächst. Die Frage, ob sie keinen Widerspruch zwischen ihren Forderungen und dem Koran sehen, verneinen diese Frauen. Wenn es in Iran frauenfeindliche Gesetze gebe, dann liege dies an den Männern, die den Koran interpretiert hätten, nicht am Koran selber, schreibt beispielsweise Shirin Ebadi, die Friedensnobelpreisträgerin des Jahres 2003. "Alles hängt davon ab, wie man den Islam interpretiert. Die Frauen müssen wissen, dass nicht etwa die Religion gegen sie ist, sondern die patriarchalische Gesellschaft", so Ebadi."[68]

Man mag die Frauenbewegung als einen gesellschaftlichen Fortschritt interpretieren. Gegen die Herrschaft der Männer in allen leitenden Staatsorganen ist sie jedoch in jeder Hinsicht machtlos. Die Argumentation von Shirin Ebadi läuft darauf hinaus, Frauen mehr Rechte innerhalb der islamischen Gemeinschaft zuzubilligen. Letztlich bleibt sie aber innerhalb der Grenzen der islamischen Ethik, die, wie alle Religionen, nur eine Ideologie ist. So konditionieren sich die Frauen nur selbst auf die Staatsideologie, greifen allenfalls mit Ideologie die Männer in ihrem persönlichen Umfeld an, aber nie die Staatsmacht selbst.

„*Deshalb interpretieren heute die Frauen selber den Koran; in einer islamisch geprägten Gesellschaft liegt ihre Hoffnung darin, am theologisch-juristischen Diskurs teilzunehmen und selbst festzulegen, was essentiell islamisch ist und was nicht, welche Gesetze dem Wandel unterliegen und welche nicht. Die Zeiten haben sich geändert, und auch die Auslegung des Koran muss sich ändern; dies ist der einfache, aber programmatische Slogan der neuen Bewegung islamischer Frauenrechtlerinnen.*

Den Beginn dieser Bewegung der islamischen Feministinnen kann man im Jahre 1992 ansetzen, dem Jahr als Shahla Sherkat die Zeitschrift Zanan, Frauen, gründete. Die Zeitschrift konnte sich entgegen dem Widerstand des Establishments über viele Jahre hinweg halten – bis zum Januar 2008, als sie schließlich verboten wurde. Hier fanden religiöse und weltlich argumentierende Frauenrechtlerinnen zusammen; hier arbeiteten sie gemeinsam, um gegen das iranische Patriarchat und für Frauenrechte zu kämpfen. Dabei schienen ihre Differenzen anfangs unüberbrückbar."[69]

Wie oben beschrieben, wird jede Organisation zerschlagen, die gegen die Staatsmacht, gegen das Regime agiert. Jedoch nicht die Frauenbewegung. Das zeigt, dass diese Organisationsform vom Regime nicht als gefährlich angesehen wird, sondern für die eigenen Interessen genutzt wird. Es wird also vom Regime nicht gegen die Frauenbewegung gearbeitet, die sich ohnehin auch noch nicht sehr stark institutionalisiert hat.

„*So bemängelt die Aktivistin Homa Zarafshan, dass sich die Frauenbewegung noch nicht landesweit und jenseits der Großstädte organisieren konnte. Gegenwärtig sei die Frauenbewegung hauptsächlich eine Bewegung von Intellektuellen. In eine ähnliche Richtung geht auch die Bewertung von Nayereh Touhidi: Das Problem der iranischen Frauen sei nicht nur die Regierung*

---

[68] Amirpur, Katajun: Frauen und Frauenbewegung in Iran: Zwischen Regierung, Religion und Tradition, in: bpb.de vom 20. Juli 2009, online unter:
http://www.bpb.de/themen/J2O8MM,0,0,Frauen_und_Frauenbewegung_in_Iran.html
[69] Ebd.

und die Religion, sondern "die Gewohnheiten, die Tradition und unsere allgemeine Kultur".

Doch die Frauenrechtlerinnen haben auch Erfolge zu verzeichnen: Etwa ein Jahr lang hatte kürzlich eine Gesetzesvorlage in Iran für öffentliche Empörung gesorgt. Sie sah vor, dass Ehemänner zur Heirat mit der zweiten Ehefrau nicht mehr länger die Erlaubnis der ersten Ehefrau benötigen. Der Ministerrat hatte die Gesetzesvorlage verabschiedet, nun debattierte das Parlament darüber und wollte es in zweiter Instanz verabschieden. Doch nach landesweiten Protesten der Frauenrechtlerinnen wurde die Gesetzesinitiative zurückgezogen. Ein Erfolg, der zeigt, dass Veränderung möglich ist – auch wenn sie hart erkämpft werden muss."[70]

Das, was also hier unter Frauenrechten verstanden wird, scheint also keine Gefahr für das Regime zu sein. Nicht in erster Linie weil es im Einklang mit islamischen Prinzipien interpretiert werden kann, sondern weil es letztlich für das Regime genutzt werden kann, insbesondere um Gewalt gegen junge Männer auszuüben. Letztlich handelt es sich bei vielen Fragen um religiöse Gesinnungsethik, die bestenfalls vielleicht Frauen etwas mehr an individuellen Freiheiten gewährt. Feminismus als religiöse Bewegung wird aber durch das Regime benutzt, um durch die Frauen hindurch gegen die jungen Männer vorzugehen und sie zum Militär zu zwingen. Die Frauenbewegung hilft dem Regime bei der Zementierung der überkommenen Rollenzuweisungen und hilft bei der Militarisierung der Gesamtgesellschaft.

Die iranische Führung lehnt die UN-Charta der Menschenrechte ab. Vielmehr wird in Bezug auf die unveräußerlichen Menschenrechte behauptet, dass allein die islamische Herrschaft bereits die Umsetzung der Menschenrechte wäre.

„Die wissenschaftliche Abteilung des iranischen Pseudo-Parlaments lehnt die Menschenrechte und westliche Demokratien ab. Das islamische Menschenrechtsverständnis geht prinzipiell davon aus, dass das islamische Gesetz als von Gott offenbartem Gesetz die Menschenrechte definiert. Die Allgemeine Erklärung der Menschenrechte vom 10. Dezember 1948 wird daher abgelehnt."[71]

Die Umsetzung der Scharia und des offenbarten göttlichen Gesetzes wären nach Ansicht des Mullah-Regimes fortschrittlicher als das westliche Verständnis individueller Rechte.

„Die Menschenrechte, so wie der Islam sie definieren würde, seien „fortschrittlicher" als die westliche Sichtweise, habe Ali Khamenei schon am 12. März 1990 hervorgehoben, heißt es in der Studie. Und ebenfalls im März 1990 habe Khamenei gesagt: „Die Menschenrechte sind ein Betrug. Amerika und viele der Großmächte glauben gar nicht an Menschenrechte. Sie lügen. Die Menschenrechte sind gut für die Überlistung von Menschen und als allgemeines Druckmittel. Wenn sie eine Regierung unter Druck setzen wollen, werfen sie ihr Menschenrechtsverletzung vor."[72]

Das hat zur Folge, dass Unterdrückung individueller Freiheiten die Regel sind und jegliche Individualität unerwünscht ist und, wie oben mit Beispielen belegt, mit barbarischen Strafen sanktioniert wird.

Zusammenfassend kann man sagen, dass die iranische Gesellschaft eine eingeengte, eine

---

70 Amirpur, Katajun: Frauen und Frauenbewegung in Iran: Zwischen Regierung, Religion und Tradition, in: bpb.de vom 20. Juli 2009, online unter:
http://www.bpb.de/themen/J2O8MM,0,0,Frauen_und_Frauenbewegung_in_Iran.html
71 Wahdat-Hagh, Wahied: Iran lehnt die Erklärung der Menschenrechte ab, in: spme.net vom 19. August 2011, online unter: http://www.spme.net/cgi-bin/articles.cgi?ID=8322 und http://europeandemocracy.org/media/european-media/iran-rejects-universal-declaration-german.html
72 Ebd.

geschlossene Gesellschaft ist, die ethnisch und religiös weitestgehend homogen ist. Menschenrechte werden durch das Regime mit Füßen getreten. Frauen und Homosexuelle werden unterdrückt. Das Regime versucht alles, um seine Macht zu erhalten und seine Ideologie durchzusetzen. Illegale staatliche Gewalt ist allgegenwärtig und es finden Hinrichtungen von Dissidenten, Homosexuellen, Menschenrechtsaktivisten und Journalisten statt.

Es gibt hunderte Beispiele für die Verletzung von Menschenrechten, die hier nicht im Einzelnen aufgeführt werden sollen, weil das Hauptaugenmerk der Monographie auf militärische Zusammenhänge gerichtet ist. Zwar gibt es Oppositionsbewegungen, diese werden aber durch die politische Selektion, wie in Kapitel 2 beschrieben und durch die in diesem Kapitel dargestellten staatlichen Drangsalierungen im Keim erstickt.

Es kann davon ausgegangen werden, dass die Angst vor politischer Verfolgung, Gewalt und Unterdrückung, Bevormundung, Ausbeutung und Hinrichtung so hoch ist, dass die Mehrheit der auch kritischen BürgerInnen keine Chance hat, irgendeine Veränderung durchzusetzen.

Im Iran gibt es eine zerrissene Gesellschaft. In der Bevölkerung liegt erheblich mehr Potential, aber das Mullah-Regime unterdrückt jede Kreativität und versucht alles für die Stabilisierung der eigenen Gewaltherrschaft zu nutzen und die Militarisierung und Aufrüstung voranzutreiben. Es handelt sich um einen total gleichgeschalteten islamistischen Gottesstaat, der sich so charakterisieren lässt, wie Hannah Arendt es in ihrem Werk „Elemente und Ursprünge totaler Herrschaft" beschreibt:

„Das Wesentliche der totalitären Herrschaft liegt also nicht darin, dass sie bestimmte Freiheiten beschneidet oder beseitigt, noch darin, dass sie die Liebe zur Freiheit aus den menschlichen Herzen ausrottet; sondern einzig darin, dass sie die Menschen, so wie sie sind, mit solcher Gewalt in das eiserne Band des Terrors schließt, dass der Raum des Handelns, und dies allein ist die Wirklichkeit der Freiheit, verschwindet."[73]

Das ist die politische und gesellschaftliche Realität im Iran: Ein totalitärer Gottesstaat. Ein permanenter Psycho-Terror, öffentliche Gehirnwäsche durch staatliche Medien und Unterdrückung der Menschenrechte durch das Mullah-Regime. Ein religiöses Terror-Regime, das die Bevölkerung unterdrückt.

---

73 Arendt, Hannah: Elemente und Ursprünge totaler Herrschaft, 1986, S. 958

4. Historie des Iranischen Atomprogramms

Ein Atomwaffenprogramm ist nicht ein Projekt, das man von Heute auf Morgen auf die Beine stellt. Ähnlich wie in Pakistan oder Indien sind dafür eine Reihe von institutionellen, wissenschaftlichen und technischen Voraussetzungen notwendig, die mindestens Jahre, wenn nicht Jahrzehnte in Anspruch nehmen. Außerdem erfordert diese Operation eine Reihe von Person, die auf höchstem Niveau geschult wurden und werden, um sie umzusetzen.

Da der Iran seit dem Sturz des Schah und der islamischen Revolution politisch im Westen relativ isoliert ist, abgesehen von den für den Westen notwendigen Ölexporten und den sich daraus ergebenen Handelsbeziehungen, ergibt sich für die iranische Regierung der Zwang, zur eigenen Sicherheit mit den anderen islamischen Ländern zu kooperieren. Außerdem ist das angesichts der leitenden Staatsideologie des politischen Islamismus auch angestrebt.

Im Jahre 2006 stellte Florian Rötzer in einem Artikel die Frage, ob es die CIA war, die dem Iran die Bauanleitung für die Atombombe gegeben habe. Hier heißt es:

„Nach einem Bericht mehrerer europäischer Geheimdienste, darunter auch vom BND, versucht der Iran heimlich notwendige Bestandteile zur Herstellung von waffenfähigem Plutonium auf den Märkten in Europa und den ehemaligen Ländern des Ostblocks zu beschaffen. IAEA-Mitarbeiter sagen jedoch, der Bericht enthalte keine Beweise dafür, dass der Iran Techniken erworben hat, die ausschließlich zur Herstellung von Atomwaffen benötigt werden.

Bekanntlich hatte US-Präsident Bush neben dem Irak und Nordkorea Iran zur Achse des Bösen gerechnet. Seit der Invasion in den Irak und dem Regimewechsel, der in einer Musterdemokratie münden und die gesamte Region nach der Dominotheorie umwandeln sollte, steht der Iran und sein Atomprogramm im Visier der Bush-Regierung. Die iranische Führung behauptet, sie wolle Uran nur anreichern, um es für friedliche Zwecke zu nutzen, aber sie treibt auch ein Spiel mit der IAEA und hat womöglich tatsächlich vor, Atomwaffen zu bauen."[74]

Es scheint, als ob die iranische Regierung offenbar das Ansinnen seit Jahren hat, neben der zivilen Nutzung der Kernenergie auch atomares Material für Waffentechnik zu verwenden. Die friedliche Nutzung der Kernenergie ist eine legale Option nach Artikel IV des Atomwaffensperrvertrages. Dort heißt es:

„1. Nothing in this Treaty shall be interpreted as affecting the inalienable right of all the Parties to the Treaty to develop research, production and use of nuclear energy for peaceful purposes without discrimination and in conformity with Articles I and II of this Treaty.

2. All the Parties to the Treaty undertake to facilitate, and have the right to participate in, the fullest possible exchange of equipment, materials and scientific and technological information for the peaceful uses of nuclear energy. Parties to the Treaty in a position to do so shall also cooperate in contributing alone or together with other States or international organizations to the further development of the applications of nuclear energy for peaceful purposes, especially in the territories of non-nuclear-weapon States Party to the Treaty, with due consideration for the needs

---

[74] Rötzer, Florian: Hat die CIA Iran die Bauanleitung zu einer Atombombe gegeben?, in: heise.de vom 05. Januar 2006, online unter: http://www.heise.de/tp/artikel/21/21717/1.html

of the developing areas of the world."[75]

Die Verbreitung von Nuklearwaffen oder Teilen, die für den Bau von Nuklearwaffen geeignet sind, sind jedoch nach dem Atomwaffensperrvertrag Artikel I und Artikel II untersagt. In Artikel I heißt es:

„Each nuclear-weapon State Party to the Treaty undertakes not to transfer to any recipient whatsoever nuclear weapons or other nuclear explosive devices or control over such weapons or explosive devices directly, or indirectly; and not in any way to assist, encourage, or induce any non-nuclear-weapon State to manufacture or otherwise acquire nuclear weapons or other nuclear explosive devices, or control over such weapons or explosive devices."[76]

Und in Artikel II wird ausgeführt:

„Each non-nuclear-weapon State Party to the Treaty undertakes not to receive the transfer from any transferor whatsoever of nuclear weapons or other nuclear explosive devices or of control over such weapons or explosive devices directly, or indirectly; not to manufacture or otherwise acquire nuclear weapons or other nuclear explosive devices; and not to seek or receive any assistance in the manufacture of nuclear weapons or other nuclear explosive devices."[77]

Ich komme zurück auf die bereits oben angesprochene Frage, ob die CIA dem Iran Hilfe geleistet hat bei dem Bau von Atombomben.

„Ähnlich wie man in den USA schon lange vor dem Einmarsch in den Irak dort einen Regimewechsel angestrebt, war dies auch beim Iran der Fall. Allerdings ging auch hier offenbar einiges schief, wie New York Times-Reporter James Risen, der auch an dem Artikel über den heimlichen Lauschangriff der NSA auf US-Bürger beteiligt war, in seinem Buch "State of War: The Secret History of the CIA and the Bush Administration" schildert. (...)

Nach Risen hat die CIA in einer verunglückten Operation dem Iran Dokumente in die Hände gespielt, mit denen sich Atomwaffen herstellen ließen. Bei dieser "Operation Merlin" schickte die CIA einen Ingenieur, der am sowjetischen Atomwaffenprogramm mitgearbeitet hatte und in die USA geflohen war, nach Wien. Dort sollte der jetzt für 5.000 US-Dollar Monatsgehalt für die CIA arbeitende Russe sich als arbeitslosen Wissenschaftler ausgeben und mit den iranischen Repräsentanten bei der IAEA Kontakt aufnehmen. Bei sich hatte er Dokumente für einen der wichtigsten Bestandteile von russischen Atombomben, nämlich den Zündmechanismus, der die atomare Kettenreaktion auslöst."[78]

Auf Seiten der US-Amerikaner wird das Iranische Atomprogramm ganz offensichtlich als eine extreme Gefahr wahrgenommen. Diese angesprochene Operation ist offenbar Teil einer gezielten Sabotage-Strategie:

„Die Dokumente waren von der CIA überarbeitet worden, so dass bei Umsetzung der

---

75 TREATY ON THE NON-PROLIFERATION OF NUCLEAR WEAPONS, in: iaea.org, online unter: http://www.iaea.org/Publications/Documents/Infcircs/Others/infcirc140.pdf
76 TREATY ON THE NON-PROLIFERATION OF NUCLEAR WEAPONS, in: iaea.org, online unter: http://www.iaea.org/Publications/Documents/Infcircs/Others/infcirc140.pdf
77 TREATY ON THE NON-PROLIFERATION OF NUCLEAR WEAPONS, in: iaea.org, online unter: http://www.iaea.org/Publications/Documents/Infcircs/Others/infcirc140.pdf
78 Rötzer, Florian: Hat die CIA Iran die Bauanleitung zu einer Atombombe gegeben?, in: heise.de vom 05. Januar 2006, online unter: http://www.heise.de/tp/artikel/21/21717/1.html

Bauanweisung die Atombombe nicht richtig explodiert wäre. Dadurch würde die Entwicklung von Atomwaffen, wie man bei der CIA hoffte, um Jahre zurück geworfen, während man über den Fehler den auch damals unbekannten Stand der Technik im Iran herauszubekommen konnte. Dem russischen Wissenschaftler ist der von der CIA eingebaute Fehler in den Dokumenten aber aufgefallen. Er wies die CIA darauf hin, aber er sollte natürlich trotzdem die Dokumente übergeben. Der Wissenschaftler hatte wohl Angst, dabei unter die Räder zu geraten, und legte einen Brief bei der Übergabe bei, in dem er auf mögliche Fehler in der Bauanleitung hinwies. Der Russe schaffte es dann, die Dokumente mit seinem Brief, ohne gesehen zu werden, in der iranischen Vertretung abzuliefern."[79]

Es scheint also, als wäre die Operation, dem Iran durch falsche Baupläne bei der Umsetzung seines Ansinnens Atomwaffen zu bauen, missglückt, da die gezielt eingebauten Fehler entdeckt wurden.

„Die Operation sei eine der geheimsten Operationen der Clinton- und der Bush-Regierung gewesen. Clinton soll den Plan befürwortet haben, die Bush-Regierung sei aber auch dahinter gestanden. Nach Aussage ehemaliger CIA-Mitarbeiter habe man solche Tricks auch schon früher oft ausgeführt, allerdings hatte es sich bei diesen Trojanischen Pferden bislang um traditionelle Waffen gehandelt. Risen bezeichnet Merlin als eine der "gewagtesten Operationen in der Geschichte der CIA", da sie möglicherweise dazu beigetragen hat, dem Iran die Herstellung von Atomwaffen zu erleichtern. Risen ist der Überzeugung, dass iranische Wissenschaftler die Fehler aufgrund ihres Wissensstandes auch alleine hätten entdecken können. Zudem hätten sie auch von dem pakistanischen Wissenschaftler Abdul Kann, dem "Vater der muslimischen Atombombe", Bauanleitungen erhalten. Im Vergleich damit und mit dem Erkennen der Fehler hätten sie nun womöglich über die CIA-Dokumente wichtige Informationen für den Bau von Atomwaffen erhalten."[80]

Es gab von Seiten der CIA offenbar noch weitere Sabotage-Versuche, die durch gezielte Falschinformationen oder geschicktes Handeln von Agenten durchgeführt wurden.

„Ein anderes Fiasko ist nach Risen im Jahr 2004 geschehen. Damals schickte ein CIA-Mitarbeiter vom Hauptquartier in Langley wichtige verschlüsselte Informationen an einen CIA-Agenten im Iran. Der aber war ein Doppelagent, der die Informationen gleich an den iranischen Geheimdienst weiter leitete. Mit den erhaltenen Informationen sei es dann möglich gewesen, praktisch alle CIA-Agenten im Iran zu enttarnen.

Manche der Agenten seien verhaftet worden, von anderen habe man seitdem nichts mehr gehört, haben CIA-Mitarbeiter Risen gesagt. Seitdem sei die CIA "praktisch blind" im Iran und habe keine Informationen mehr über das vermutete Atomwaffenprogramm liefern können. Das sei besonders peinlich für die Bush-Regierung, die nach dem Debakel mit angeblichen irakischen Programmen zur Herstellung von Massenvernichtungswaffen gerade dabei war, die Weltöffentlichkeit davon zu überzeugen, dass der Iran sich heimlich aufrüsten will. Im Frühjahr 2005 musste dann der neue CIA-Direktor Goss US-Präsident Bush mitteilen, dass man keine Ahnung habe."[81]

Daraus lässt sich ableiten, dass den US-Geheimdiensten heute weit weniger Informationen über den tatsächlichen aktuellen Stand des Iranischen Atomprogramms zur Verfügung stehen. Der iranischen

---

[79] Rötzer, Florian: Hat die CIA Iran die Bauanleitung zu einer Atombombe gegeben?, in: heise.de vom 05. Januar 2006, online unter: http://www.heise.de/tp/artikel/21/21717/1.html
[80] Rötzer, Florian: Hat die CIA Iran die Bauanleitung zu einer Atombombe gegeben?, in: heise.de vom 05. Januar 2006, online unter: http://www.heise.de/tp/artikel/21/21717/1.html
[81] Rötzer, Florian: Hat die CIA Iran die Bauanleitung zu einer Atombombe gegeben?, in: heise.de vom 05. Januar 2006, online unter: http://www.heise.de/tp/artikel/21/21717/1.html

Führung ist es offenbar gelungen, einige Agenten der CIA zu enttarnen und den Informationsstrom hin zu den US-Geheimdiensten abzuschneiden. Dies und die Tatsache, dass es im Iran keine freie Presseberichterstattung gibt, führt dazu, dass der Iran weitestgehend kritiklos sein Vorhaben fortsetzen kann. Daran ändern auch die IAEA-Kontrolleure nichts.

Anderen Berichten zufolge habe der Iran bereits ausreichend angereichertes Uran für den Bau von 1-2 Atombomben.

„Iran has stockpiled enough low-enriched uranium for 1-2 nuclear arms but it would not make sense for it to cross the bomb-making threshold with only this amount, a former top U.N. nuclear official was quoted as saying.

In unusual public remarks about Iran's disputed nuclear programme Olli Heinonen, the former chief of U.N. nuclear inspections worldwide, told Le Monde newspaper that Iran's uranium reserve still represented a "threat."

Until he stepped down earlier this month for personal reasons, Heinonen was deputy director-general of the International Atomic Energy Agency and head of its nuclear safeguards department, which verifies that countries' nuclear programmes are not being diverted for military use."[82]

Es lässt sich also feststellen, dass es in jedem Falle selbst produziertes angereichertes Uran in großem Maße im Iran gibt. Dies ist eine extreme Gefahr für die Sicherheit aller Kritiker des Mullah-Regimes. Wie oben bereits angedeutet, ist es schwer zu überprüfen, ob der Grad der Anreicherung bereits ausreichend ist, um eine Atombombe mit angereichertem Uran herzustellen. Es ist auch unklar, ob die Technik für den Zündmechanismus bereits ausgereift ist.

„A no-nonsense Finn, he was one of the U.N. agency's leading experts on Iran, which denies Western suspicions that its nuclear programme is aimed at making bombs despite intelligence indications to the contrary, which he investigated for years.

In the interview published on Thursday, Heinonen said the Islamic Republic now possessed three tonnes of low-enriched uranium, material which can be used to fuel nuclear power plants, or form the core of a bomb if refined much further.

"In theory, it is enough to make one or two nuclear arms. But to reach the final step, when one only has just enough material for two weapons, does not make sense," Heinonen said in the interview carried out just before he left office."[83]

Es ist also eine recht vage Vermutung, dass man im Iran bereits so weit ist, eine Atombombe mit angereichertem Uran herzustellen. Es gibt allerdings auch die Möglichkeit waffenfähiges Plutonium zu verwenden, was offenbar leichter herstellbar ist, als hoch angereichertes Uran.

Bei der Arroganz des Mullah-Regimes ist davon auszugehen, dass die Iranische Führung eine solche Errungenschaft offen verkündet hätte oder zumindest irgendwie verlautbaren lassen würde.

Der iranische Außenminister Ali Akbar Salehi übt sich derweil in Beschwichtigungen und streitet

---

[82] Iran has material for 1-2 atom bombs, in: army-base.us vom 26. August 2010, online unter: http://www.armybase.us/de/2010/08/iran-has-material-for-1-2-atom-bombs/

[83] Iran has material for 1-2 atom bombs, in: army-base.us vom 26. August 2010, online unter: http://www.armybase.us/de/2010/08/iran-has-material-for-1-2-atom-bombs/

alle Vorwürfe ab, wie hier in einem Interview mit Euronews:

„Euronews:

Wie reagieren Sie auf Anschuldigungen, dass der Iran den Besitz von Nuklearwaffen anstrebt?

Ali Akbar Salehi:

Das weisen wir zurück. Unser Präsident, der auch eine religiöse Position vertritt, hat ein Dekret erlassen, das sowohl religiös als auch politisch ist. Darin heißt es ausdrücklich, dass der Besitz, die Herstellung und der Gebrauch von Nuklearwaffen gegen die Prinzipien unserer Religion verstoßen.

Euronews:

Israel behauptet, der Iran könne in einem Jahr seine erste Atombombe bauen.

Ali Akbar Salehi:

Das haben sie schon oft gesagt, manche sprechen von einem Jahr, andere von zwei oder drei Jahren, da gibt es verschiedene Spekulationen und Interpretationen. Diese Aussagen sind nur dazu da, in anderen Ländern der Region die Furcht vor dem Iran zu schüren. Und das lehnen wir ab. Wenn wir tatsächlich eine Atombombe herstellen wollten, hätten wir es längst getan, warum hätten wir zögern sollen? Aber wir stehen weiterhin zum Atomwaffensperrvertrag, wir glauben an ihn und wir bestehen darauf, dass die Herstellung einer Atombombe gegen die Grundsätze des Islam verstößt.

Euronews:

Warum arbeitet der Iran nicht mit der Internationalen Atomenergiebehörde zusammen?

Ali Akbar Salehi:

Darüber spreche ich doch gerade. Wir haben sehr gute Beziehungen mit der Behörde und diese hat das in ihrem jüngsten Bericht ausdrücklich bestätigt. In meinem Land sind rund um die Uhr Inspektoren der IAEA tätig, Kameras laufen, es gibt auch permanente Inspektoren. Wir haben unsere Nuklearanlagen für Besucher aus aller Welt geöffnet."[84]

Es wird also behauptet, dass die Atombombe mit islamischen Prinzipien nicht vereinbar wäre, aber da das Revolutionsoberhaupt ja religiöser und politischer Führer zugleich ist, könnte eine solche ideologische Leitlinie ja jederzeit geändert werden, wenn es dem Regime dienlich ist.

Das iranische Atomwaffenprogramm ist bereits seit mehreren Jahrzehnten Gesprächsstoff im politischen Diskurs. Im Folgenden möchte ich kurz, zum Teil chronologisch, darstellen, wie der historische Ablauf der Ereignisse war, die dazu geführt haben, das der Iran ein ziviles Nuklearprogramm und ein Atomwaffenprogramm betreibt.

„1968 unterzeichnete der Iran das „Non-Proliferation Treaty" (NPT), welches zwei Jahre später

---

[84] Ali Akbar Salehi: "Eine Atombombe verstößt gegen islamische Prinzipien", in: de.euronews.com vom 03. März 2011, online unter: http://de.euronews.com/2011/03/03/ali-akbar-salehi-eine-atombombe-verstoesst-gegen-islamische-prinzipien/

ratifiziert wurde. Den Beginn des Atomprogramms kann man in den frühen 1970er Jahre verorten. Zunächst betrieb der Iran dieses Programm mit Unterstützung Deutschlands, Frankreichs und Südafrikas. Als Ziel wurden damals 20 Reaktoren angesetzt. Es gab darüber hinaus schon erste Stimmen, die die Möglichkeit zur Erlangung von Atomwaffen in Betracht zogen. So äußerte sich der damalige Außenminister Ardeshir Zahedi, dass der Iran in der Lage sein sollte, innerhalb von 18 Monaten eine Kernwaffe zu entwickeln und zu testen. Vor diesem Hintergrund erscheint der Entwurf, der die Schaffung einer nuklearfreien Zone im Mittleren Osten vorsah, den der Iran 1974 den Vereinten Nationen vorlegte, in einem unklaren Licht."[85]

Es sind also nunmehr rund 40 Jahre, seit dem der Iran sein Atomprogramm betreibt. Das freilich mit dem Ziel zunächst mit Kernkraft Energie zu gewinnen. Ganz offenbar aber auch, um eine Kernwaffe zu entwickeln, die zur Kriegsführung eingesetzt werden kann. Darauf deutet die Aussage von Ardeshir Zahedi unzweideutig hin. Insofern kann davon ausgegangen werden, dass anderslautende Äußerungen der jetzigen Führung im Iran lediglich dem Ziel dienen, den Bau einer Atomwaffe zu verheimlichen, um ungestörter forschen zu können und um Zeit zu gewinnen.

„Als es 1979 zur islamischen Revolution kam, die in der Gründung der Islamischen Republik Iran gipfelte, wurde das Atomprogramm gestoppt. Eine Begründung lieferte der damalige geistliche Führer Ayatollah Khameine'i, der nukleare Waffen aus religiösen und Vernunftsgründen ablehnte. Durch die Revolution wandelte sich der Iran von einem engen Verbündeten zu einem der größten Opponenten der USA, was im weiteren Verlauf zu einem ausschlaggebenden Punkt für die Überlegungen über ein nationales Atomprogramm werden sollte."[86]

Zwar kann davon ausgegangen werden, dass es von religiöser Seite hier Konflikte gibt, die Atomwaffe und die Atomkraft mit religiösen Geboten zu vereinbaren. Auf der anderen Seite kann angesichts der Kriege der USA in Irak und in Afghanistan die Gefahr aus Sicht der iranischen Führung als so hoch eingeschätzt werden, dass sich eine militärstrategische Notwendigkeit daraus ableiten lässt, die Atomwaffe zu besitzen. Das gilt bereits seit dem Iran-Irak-Krieg in den 1980ern:

„Im Zuge des Iran-Irak-Krieges, der von 1980-1988 beide Nationen in Atem hielt, wurde das Atomprogramm wieder aufgenommen. Dabei spielte vor allen Dingen, der Einsatz von chemischen und biologischen Waffen durch Saddam Hussein eine wesentliche Rolle. Gerade die USA waren stets bemüht, die iranischen Anstrengungen zu behindern. So übten sie wiederholt Druck auf die Staaten aus, die den Iran unterstützten. Zunächst stand Deutschland im Fokus. Die Bundesrepublik, wie bereits oben erwähnt, war einer von drei Staaten, der von Anfang an dem iranischen Atomprogramm mit „Know-how" unter die Arme griff. Als die USA nun Deutschland dazu bewegen konnten diese Hilfe zu unterlassen, sprang China in die Bresche. Doch auch China konnte nur kurz dem amerikanischen Druck standhalten. Aber wie zuvor konnten die Iraner einen Staat ausmachen, der den Ausfall Chinas als Unterstützer kompensierte. So war es Russland, dass nun die Hilfe anbot. Die Bush- und später die Clinton-Regierung waren daran interessiert, dass nun auch Russland die Hilfe einstellte. Nach einem kurzen Stopp der Unterstützung, begann Russland jedoch wieder, dem Iran Hilfestellung zu leisten."[87]

---

85 Schneeweis, Erik: Das iranische Atomprogramm und die Handlungsoptionen der USA, Norderstedt: GRIN, 2010, ISBN 978-3-640-80931-8, S. 2, online unter: http://books.google.de/books?id=4InbuyOTf_kC&printsec=frontcover&hl=de

86 Schneeweis, Erik: Das iranische Atomprogramm und die Handlungsoptionen der USA, Norderstedt: GRIN, 2010, ISBN 978-3-640-80931-8, S. 2, online unter: http://books.google.de/books?id=4InbuyOTf_kC&printsec=frontcover&hl=de

87 Schneeweis, Erik: Das iranische Atomprogramm und die Handlungsoptionen der USA, Norderstedt: GRIN, 2010, ISBN 978-3-640-80931-8, S. 2f., online unter: http://books.google.de/books?id=4InbuyOTf_kC&printsec=frontcover&hl=de

Es lässt sich also feststellen, dass die Hilfe für den Bau der Atombombe durch die Iranische Führung zunächst aus Deutschland, China und später aus Russland, in Form von Lieferung von Technik und von Know-How geschah. Wie oben bereits erwähnt, gab es, trotz des gegenläufigen Interesses der Regierung George Bush und später Bill Clintons, auch Hilfe aus den USA.

„Bereits in den 60er Jahren des letzten Jahrhunderts erklärte der damalige iranische Schah Mohammed Reza, dass das Öl zu kostbar sei, um es als gewöhnlichen Brennstoff zu verwenden und man sich deshalb bemühe so rasch wie möglich die Atomenergie als alternative Energiequelle zu nutzen. So unterzeichnete der Iran im Juli 1968 den Atomwaffensperrvertrag, der den Unterzeichnern einerseits das Recht zur friedlichen Nutzung der Atomkraft einräumt, sie aber andererseits verpflichtet die friedliche Nutzung in regelmäßigen Abständen kontrollieren zu lassen. Die Bemühungen zur zivilen Nutzung der Atomkraft blieben aber ohne Ergebnisse, da die Forschungsarbeit durch die Islamische Revolution 1979 unterbrochen worden sind. Tatsächlich erhielt der Iran die Technologie zur Anreicherung von Uran bis zur Waffenfähigkeit auf dem Schwarzmarkt. Der Anführer des „Khan-Netzwerkes", Abdul Kadir Khan, das in den späten 1980er Jahren nachweislich pakistanische Atomtechnik in Fremdländer verkauft hat, soll nach eigenen Angaben auch Technologie in den Iran verkauft haben."[88]

Durch die Nutzung der Kernenergie zur Energiegewinnung hat der Iran es geschafft, das Öl für den Export in westliche Länder zu verwenden, anstatt es als Brennstoff zu nutzen. Auf dem Schwarzmarkt wurde über ein illegales Schmuggler-Netzwerk nukleare Technologie erworben. Darüber berichtete der Spiegel[89] und man findet einschlägige Fachpublikationen bei der Bundeszentrale für Politische Bildung[90] und der Stiftung Wissenschaft und Politik.[91]

Den ersten Reaktor für die Stromerzeugung bekam der Iran aus den USA.

„Im Jahre 1967 kaufte der Schah von den USA einen Fünf-Megawatt Forschungsreaktor. Auf Grund des frühen Eintretens in- und der Ratifizierung des NPT 1968 wurden die iranischen Atomprogramm-Ambitionen von den westlichen Mächten gefördert und unterstützt. Dazu gehörten die von den USA, Frankreich und West-Deutschland zur Verfügung gestellten Reaktoren sowie technisches Training. Im Jahr 1974 gründete der Schah die iranische Atomenergiebehörde. Außerdem wurde mit der Planung des Aufbaus von Kernkraftwerken mit dem Potential zur Entwicklung eigener Technologien und Materialien begonnen."[92]

Es wurde also sukzessiv ein Netz von Atomkraftwerken aufgebaut und eine zentrale Behörde für die Planung, Durchführung und den Aufbau des zivilen Nuklearprogramms eingerichtet.

„Die Nutzung der Kernenergie ist für den Iran von großer Bedeutung. Wichtige Komponenten dafür

---

88 Hahnenkampf, Hans: Das Iranische Atomprogramm und der Einfluss der Vereinten Nationen, Norderstedt: GRIN, 2010, ISBN 978-3-640-75134-1, S. 3, online unter: http://books.google.de/books?id=KXnZ3wSXU-cC&printsec=frontcover&hl=de

89 Siehe hierzu: Dahlkamp, Jürgen/Mascolo, Georg/Stark, Holger: Das Vertriebsnetz des Todes, in: spiegel.de vom 13. März 2006, online unter: http://www.spiegel.de/spiegel/print/d-46236990.html

90 Siehe hierzu: Harnisch, Sebastian: Das Proliferationsnetzwerk um A. Q. Khan, in: bpb.de vom 25. November 2006, online unter: http://www.bpb.de/apuz/28661/das-proliferationsnetzwerk-um-a-q-kahn?p=all

91 Siehe hierzu: Heupel, Monika: Das A.Q.-Khan-Netzwerk: Transnationale Proliferationsnetzwerke als Herausforderung für die internationale Nichtverbreitungspolitik, SWP-Studien 2008, S. 14, Mai 2008, in: swp-berlin.org, online unter: http://www.swp-berlin.org/fileadmin/contents/products/studien/2008_S14_hpl_ks.pdf

92 Wagner, Elisabeth Maria: Die Sicherheitsstrategie / Sicherheitspolitik der Islamischen Republik Iran seit der Benennung ein Teil der "Achse des Bösen" zu sein mit besonderer Berücksichtigung der Atompolitik, Norderstedt: GRIN, 2007, ISBN 978-3-640-17576-5, S. 99, online unter: http://books.google.de/books?id=AQ7pZxyqU0cC&printsec=frontcover&hl=de

sind, dass damit die Energieversorgung langfristig gesichert werden kann und dadurch wichtige technologische Entwicklungen möglich sind, welche zu einer Modernisierung der iranischen Gesellschaft führen könnten. Auf Grund der limitierten Ölvorkommen hat der Iran ein legitimes Interesse daran, seine Energie durch andere Methoden zu gewinnen. Die iranische Führung sieht die Verweigerung des Westens, dem Iran den Zugang zu dieser Technologie zu ermöglichen als Diskriminierung an, da dieselben Länder während der Regentschaft des Schah dem Iran beim Aufbau einer zivilen Kernenergieindustrie geholfen haben."[93]

Damit hat die iranische Führung nach dem Aufbau ihres Nuklearprogrammes unmissverständlich klargestellt, dass sie zum Einen gewillt ist dieses Programm fortzuführen im eigenen Interesse und zum Anderen die Einmischung und Kontrolle der Länder des Westens in ihre innerstaatlichen Angelegenheiten als Diskriminierung ansieht. Das ist zwar eine Verweigerungshaltung gegenüber internationaler Kontrolle, hilft dem Regime aber auch dabei, weiterhin die Entwicklung einer militärischen Nutzung von atomarem Material voranzutreiben.

„Die Führung in Teheran besteht auf den Erwerb und die Nutzung von Technologien, welche für die Entwicklung eines angeblich „reinen" zivilen Programms keinen Sinn machen. Dazu gehören Technologien zur Urananreicherung, zur Wiederaufbereitung, Schwerwasserreaktoren sowie das Experimentieren mit Substanzen und Methoden, welche nur für die Herstellung von Atomwaffen prädestiniert sind. Das Streben nach speziellen Technologien kann als Indikator gesehen werden, dass ein Staat verbotene Aktivitäten betreibt. Infolgedessen wächst weltweit die Sorge um das iranische Atomprogramm. Generell muss an dieser Stelle hinzugefügt werden, dass die Politik des Iran eine Herausforderung für die internationale Gemeinschaft, vor allem für das nukleare Nichtverbreitungsregime darstellt."[94]

Durch die oben bereits erwähnte Verweigerung und Verhinderung internationaler Kontrolle, ist die Sorge vor allem in Israel und der Europäischen Union doch mehr als berechtigt. Es gibt eindeutige Bestrebungen von Seiten der Iranischen Führung, die Internationale Kontrolle zu unterlaufen.

„Im Januar 2006 begann der Iran 52 IAEA Siegel an den Zentrifugenanlagen von Natanz, Pars Trash und Farayand zu entfernen. In Isfahan wurde zudem eine Anlage zur Herstellung von Uranium Hexaflourid in Betrieb genommen. Im April 2006 verabschiedete das iranische Parlament eine Resolution, nach welcher der Iran aus dem Atomwaffensperrvertrag austreten soll. Am 10. August 2008 verliest der iranische Nuklear-Unterhändler Sirus Naseri eine Erklärung von Ayatollah Chamenei vor dem Direktorium der IAEA. (...)

Nur wenige Tage später gab Ayatollah Chamenei den Befehl aus, ein IRGC Research and Command Center zu gründen mit Mohammad Ali Jafari als Koordinator. Am 28. August 2008 gab der Iran bekannt sein nukleares Know-how mit Nigeria aus zu tauschen um dort die Elektrizitätsprobleme zu beseitigen."[95]

---

93 Wagner, Elisabeth Maria: Die Sicherheitsstrategie / Sicherheitspolitik der Islamischen Republik Iran seit der Benennung ein Teil der "Achse des Bösen" zu sein mit besonderer Berücksichtigung der Atompolitik, Norderstedt: GRIN, 2007, ISBN 978-3-640-17576-5, S. 101, online unter: http://books.google.de/books?id=AQ7pZxyqU0cC&printsec=frontcover&hl=de

94 Wagner, Elisabeth Maria: Die Sicherheitsstrategie / Sicherheitspolitik der Islamischen Republik Iran seit der Benennung ein Teil der "Achse des Bösen" zu sein mit besonderer Berücksichtigung der Atompolitik, Norderstedt: GRIN, 2007, ISBN 978-3-640-17576-5, S. 105, online unter: http://books.google.de/books?id=AQ7pZxyqU0cC&printsec=frontcover&hl=de

95 Zolfagharieh, Mehran: Das iranische Nuklearprogramm aus neorealistischer Sicht, Norderstedt: GRIN, 2009, ISBN 978-3-640-53978-9, S. 10, online unter: http://books.google.de/books?id=QAPnRkME-N8C&printsec=frontcover&hl=de

Somit wurde nicht nur eine staatliche Behörde zur Koordinierung und Sicherung des Atomprogramms geschaffen, sondern im Grunde auch eine militärisch-geheimdienstliche Behörde, die gezielt darauf angelegt ist, internationale Kontrollen zu unterlaufen und zu verhindern.

„Für den Bau einer Atomwaffe ist hochangereichertes Uran keine Voraussetzung, denn auch Plutonium eignet sich als Ausgangsmaterial für Kernwaffen. Dieses chemische Element lässt sich entweder in Schwerwasserreaktoren relativ leicht produzieren oder entsteht bei der Wiederaufbereitung von abgebrannten Brennelementen. Das Uranerz muss erst zu Yellowcake verarbeitet werden, bevor es in einer Konversionsanlage in Uranhexaflourid (UF_6) umgewandelt wird, um danach in eine Anreicherungsanlage eingespeist zu werden. Dort kann es, z.B. durch das Gaszentrifugenverfahren, im Prinzip so hoch angereichert werden, dass es sich zum Bau von Atomwaffen eignet. Folglich sind zum einen der sich im Bau befindliche Schwerwasserreaktor in Arak und zum anderen die Piloturananreicherungsanlage in Natant zwei Schlüsselelemente, die es Iran auf lange Sicht ermöglichen würden, waffenfähiges Material zu produzieren. Die Islamische Republik wäre nach Angaben des Generalsekretärs der IAEO El Baradei frühestens in drei bis acht Jahren technisch in der Lage, eine Nuklearwaffe zu bauen."[96]

Es wird also offenbar an verschiedenen Technologien geforscht, die zum Bau einer Atombombe verwendet werden könnten. Die von IAEO-Generalsekretär El Baradei veranschlagten drei bis acht Jahre dürften doch sehr beunruhigend sein, insbesondere für Israel und die Staaten der Europäischen Union. Ich werde im nächsten Kapitel die Raketenarsenale des Irans näher erläutern. An dieser Stelle soll darauf hingewiesen werden, dass es bereits Trägersysteme gibt, die einen Atomsprengkopf transportieren könnten.

„Eine weitere Voraussetzung für ein komplettes Kernwaffenprogramm, sofern Iran ein solches überhaupt anstrebt, wären passende Trägersysteme. Die Islamische Republik besitzt die eigenständig hergestellte Mittelstreckenrakete Shahab-3, die über eine Reichweite von 1300 km eine Nutzlast von 500 kg transportieren kann. Sie wurde im Juli 2000 erfolgreich getestet und soll nach iranischen Angaben schon stationiert sein. Eine Rakete vom Typ Shahab-4 mit 2000 km Reichweite und 1500 kg Nutzlast wird zurzeit entwickelt und getestet. Für ein geheimes Nuklearwaffenprogramm müsste Iran einen Sprengkopf entwickeln, der auf die ihm zur Verfügung stehenden Trägersysteme passt."[97]

Außer den eben genannten Raketen wird offenbar auch Waffentechnik aus Nordkorea erworben und nachgebaut, mit der die nordkoreanische Führung bereits Waffentests erfolgreich durchgeführt hat. Hier ist insbesondere die Taepodong-2-Rakete zu nennen. Ich werde im nächsten Kapitel darauf zurückkommen.

„Außer der IAEO führten auch die EU-3 (Großbritannien, Frankreich und Deutschland) zwischen 2003 und 2005 sowie ab 2004 der Hohe Vertreter für die Gemeinsame Außen- und Sicherheitspolitik der EU, Javier Solana, Verhandlungen mit Iran. Im Teheraner Abkommen vom Oktober 2003 verpflichtete sich Iran zur vollen Kooperation und willigte ein, alle Aktivitäten der Urananreicherung und der Wiederaufbereitung für die Dauer der Verhandlungen zu suspendieren. Dieses Abkommen brach die Islamische Republik allerdings im Juni 2004, indem sie wieder begann, Gasultrazentrifugen und Uranhexaflourid (UF_6) zu produzieren. Im November 2004

---

[96] Kheirallah, Samira: Das iranische Nuklearprogramm: Sicherheitspolitische Auswirkungen auf die Staaten des Golfkooperationsrates, Norderstedt: GRIN, 2007, ISBN 978-3-638-94493-9, S. 8, online unter: http://books.google.de/books?id=WPZzk6jLBQ8C&printsec=frontcover&hl=de

[97] Kheirallah, Samira: Das iranische Nuklearprogramm: Sicherheitspolitische Auswirkungen auf die Staaten des Golfkooperationsrates, Norderstedt: GRIN, 2007, ISBN 978-3-638-94493-9, S. 8, online unter: http://books.google.de/books?id=WPZzk6jLBQ8C&printsec=frontcover&hl=de

einigten sich die EU-3 und die iranischen Vertreter darauf, dass Iran alle zum Brennstoffzyklus gehörenden Tätigkeiten aussetzt, das Zusatzprotokoll ratifiziert und alle Materialien, Aktivitäten und Anlagen deklariert und von den IAEO-Inspektoren verifizieren lässt. Im Gegenzug wurde Iran eine Kooperation auf sicherheitspolitischer, ökonomischer und technischer Ebene zugesagt. Die EU-3 legten Iran im August 2005 ein umfassendes Angebot vor, welches kurze Zeit später von iranischer Seite abgelehnt wurde. Einige Tage vor Unterbreitung dieses Angebots entfernte Iran die IAEO-Siegel und begann im November 2005 wieder mit der Produktion von Uranhexaflourid (UF_6) und mit den Arbeiten zur Konversion."[98]

Trotz Verhandlungen mit den EU-3-Staaten und einem ratifiziertem Abkommen mit diesen, hat der Iran damit weiterhin Bestrebungen unternommen, sein Nuklearprogramm so fortzusetzen, dass Technik und atomares Material produziert wird, die für den Bau einer Atombombe geeignet sind. Es ist also in jedem Falle so, dass der Iran dreist gegen alle diplomatischen Versuche verstößt, die Aufrüstung durch Atomwaffen zu unterbinden oder zu beenden.

„Im August 2002 hatten iranische Exilgruppen, darunter der Nationale Widerstandsrat Iran (NRWI), die Geheimdienste darauf aufmerksam gemacht, daß das Atomprogramm des Iran umfangreicher sei als bisher vermutet. Die geheime Atomanlage Natans, 160 km südlich von Teheran, wurde durch Satellitenbilder Ende 2002 entdeckt. IAEO-Inspektoren entdeckten um Nuklearkomplex Natans, durch sogenannte Wischproben, Spuren von hoch angereichertem, waffenfähigem Uran. Eine schlüssige Antwort für die Kontamination konnte die iranische Führung nicht liefern."[99]

Die Iranische Führung belügt die ganze Welt. Nach der islamischen Revolution wurde unter Berufung auf religiöse Gebote das Atomprogramm zunächst kurzfristig eingestellt. Dann wendete sich alles drastisch. Auf der einen Seite wird heute erklärt, eine Atombombe würde gegen islamische Prinzipien verstoßen. Auf der anderen Seite wird eindeutig der Bau einer Atombombe forciert. Alle diplomatischen Schlichtungsversuche werden seit 20 Jahren konterkariert.

„Neben der mangelnden Transparenz der Anlagen von Natans und Arak sprechen weitere Indizien für ein mögliches militärisches Nuklearprogramm. Während iranische Repräsentanten 1992 heimlich über den Erwerb hochangereichen Urans mit Kasachstan verhandelten, kauften die USA diese Uran zum Preis von etwa 20 bis 30 Millionen US-Dollar auf. Nach Kenntnisstand des Bundesnachrichtendienstes (BND) hat die IRI in der Vergangenheit Versuche unternommen spezielle Zünder zu erwerben, die für Kernwaffen benötigt werden. Weitere Sorgen bereiten den Sicherheitsexperten und Politikern das ambitionierte iranische Raketenprogramm"[100]

Für die Geheimdienste der USA, Israels und der Staaten der Europäischen Union ist der Iran also ein Forschungsfeld von höchstem Interesse, weil die eigenen Sicherheitsinteressen durch das Handeln der Iranischen Führung aufs Gröbste beeinträchtigt werden.

Letztlich komme ich zu folgendem Fazit: Ich habe gezeigt, dass das iranische Atomprogramm und

---

[98] Kheirallah, Samira: Das iranische Nuklearprogramm: Sicherheitspolitische Auswirkungen auf die Staaten des Golfkooperationsrates, Norderstedt: GRIN, 2007, ISBN 978-3-638-94493-9, S. 11, online unter:
http://books.google.de/books?id=WPZzk6jLBQ8C&printsec=frontcover&hl=de

[99] Beljanski, Sascha: Das Nuklearprogramm der Republik Iran: Eine Analyse des Status Quo und seiner Auswirkungen auf Israel, Bremen: Salzwasser-Verlag, 2008, ISBN 978-3-86741-030-4, S. 24, online unter:
http://books.google.de/books?id=8A3o7_UeLH0C&printsec=frontcover&hl=de

[100] Beljanski, Sascha: Das Nuklearprogramm der Republik Iran: Eine Analyse des Status Quo und seiner Auswirkungen auf Israel, Bremen: Salzwasser-Verlag, 2008, ISBN 978-3-86741-030-4, S. 26, online unter:
http://books.google.de/books?id=8A3o7_UeLH0C&printsec=frontcover&hl=de

das Atomwaffenprogramm bereits seit ungefähr 50 Jahren forciert und schrittweise aufgebaut wurde. Es drängt sich der Eindruck auf, als hätte so ziemlich jeder Staat bzw. deren Politik- und Wirtschaftseliten, sei es aus der Europäischen Union, Russland und die USA, ebenso wie China aus eigenem Gewinnstreben heraus dem Iran geholfen eine Technologie aufzubauen, die die Sicherheit der Europäischen Union und anderer NATO-Staaten sowie Russland bedrohen. Ebenso gab es Unterstützung durch andere islamistische Regime, etwa Pakistan, aber auch durch Nordkorea und illegale Schmuggler und Schwarzmarkthändler.

Am Aufbau des Iranischen Atomprogramms waren westliche Firmen aus den USA und Deutschland, etwa Siemens[101] und Thyssen-Krupp[102] beteiligt. Heute helfen Siemens[103] und Thyssen-Krupp[104] zum Teil dabei, die Wirtschaftssanktionen gegen den Iran umzusetzen.

Außerdem gab es Hilfe für das Iranische Atomprogramm durch russische Wissenschaftler, etwa Wjatscheslaw Danilenko[105] und andere Ingenieure.[106]

Während die bisherigen Großmächte Russland und USA ihre Kapazitäten gerade abbauen, zumindest den Willen dazu bekunden, ist man im islamischen Raum offensichtlich bestrebt, neue Arsenale aufzubauen, um sich gegen Interventionen der USA und der NATO immun zu machen oder um andere Mitglieder der Vereinten Nationen zu bedrohen. Der Iran ist dabei, neben Pakistan, ein Schlüsselstaat. Deshalb liegt mein Hauptaugenmerk insbesondere auf dem iranischen Militärpotential und dem iranischen Atomprogramm. Das Opfer der Bedrohung des Irans ist vor allem Israel, aber auch die Europäische Union. Und durch mögliche Raketenangriffe und auch terroristische Attacken auch die USA, die EU und Russland. Der Iran ist dabei das Machtzentrum des islamischen Blocks.

Ich möchte an dieser Stelle auf weitere Monografien und Publikationen hinweisen, die sich mit der Geschichte des Irans und sowohl mit der Koordination der iranischen Sicherheits- und Verteidigungspolitik, als auch mit dem iranischen Atomprogramm im Speziellen beschäftigen.

Gronke, Monika: Geschichte Irans: Von der Islamisierung bis zur Gegenwart, München: C.H. Beck, 2003, ISBN 978-3-406-48021-8, 127 Seiten.
http://books.google.de/books?id=PZmhuRFtPS0C&printsec=frontcover&hl=de

---

[101] Siehe hierzu: Knop, Carsten/Peitsmeier, Henning: Siemens und die Kernkraft: Was bedeutet KWU?, in: faz.net vom 07. April 2011, online unter: http://www.faz.net/aktuell/wirtschaft/wirtschaftspolitik/energiepolitik/siemens-und-die-kernkraft-was-bedeutet-kwu-1623666.html

[102] Siehe hierzu: German companies enable Iran's nuclear program and infrastructure, in: honestly-concerned.info vom 14. Januar 2010, online unter: http://honestlyconcerned.info/bin/articles.cgi?ID=IR75910&Category=ir&Subcategory=19

[103] Siehe hierzu: Closing Ranks on Tehran: No More Business With Iran, Says Siemens, in: spiegel.de vom 27. Januar 2010, online unter: http://www.spiegel.de/international/world/closing-ranks-on-tehran-no-more-business-with-iran-says-siemens-a-674320.html

[104] Siehe hierzu: Druck vom Pentagon: Thyssen-Krupp löst Iran-Connection, in: spiegel.de vom 20. Mai 2003, online unter: http://www.spiegel.de/wirtschaft/druck-vom-pentagon-thyssenkrupp-loest-iran-connection-a-249381.html

[105] Siehe hierzu: Irans vermeintliche Bombe von Sowjetgelehrtem gebaut?, in: aktuell.ru vom 07. November 2011, online unter: http://www.aktuell.ru/russland/politik/irans_vermeintliche_bombe_von_sowjetgelehrtem_gebaut_4247.html

[106] Siehe hierzu: Erstes Atomkraftwerk im Iran eröffnet: Russische und iranische Ingenieure bestücken Kraftwerk, in: abendblatt.de vom 21. Oktober 2010, online unter: http://www.abendblatt.de/politik/ausland/article1606933/Russische-und-iranische-Ingenieure-bestuecken-Kraftwerk.html

Klimas, Mirko: Das iranische Atomprogramm: Energie- vs. Sicherheitspolitik, Norderstedt: BoD, 2007, ISBN 978-3-8370-2875-1, 168 Seiten.
http://books.google.de/books?id=XaOzM9NQKx0C&printsec=frontcover&hl=de

McKowski, Kuba: Der Iran – Eine Bedrohung für Israel?, Norderstedt: GRIN, 2010, ISBN 978-3-640-93591-8, 52 Seiten.
http://books.google.de/books?id=wTjV6_aTugkC&printsec=frontcover&hl=de

Neufeld, Johannes: Der Atomkonflikt mit Iran - Lösungsansätze und Perspektiven aus neorealistischer Sicht, Norderstedt: GRIN, 2006, ISBN 978-3-638-75531-3, 44 Seiten.
http://books.google.de/books?id=zE-5xAXFrrIC&printsec=frontcover&hl=de

Schwarzkopf, Christopher: Teherans Griff nach der Bombe – Die drohende Eskalation? Der Konflikt um das iranische Atomprogramm als vorläufiger Höhepunkt der krisenhaften Beziehung zwischen den USA und dem Iran, Norderstedt: GRIN, 2007, ISBN 978-3-638-73312-0, 80 Seiten.
http://books.google.de/books?id=k4eZqp1JqnIC&printsec=frontcover&hl=de

Steiner, Stefan: Die geostrategische Bedeutung des Nahen Ostens, Norderstedt: GRIN, 2010, ISBN 978-3-656-01517-8, 352 Seiten.
http://books.google.de/books?id=BnivTxRilt8C&printsec=frontcover&hl=de

Wett, Gunnar: Der Iran: Hegemon im Nahen Osten?: Anwendung der Theorie der Hegemonialen Stabilität auf den Iran, Norderstedt: GRIN, 2008, ISBN 978-3-656-02300-5, 28 Seiten.
http://books.google.de/books?id=L19HPAH2DeQC&printsec=frontcover&hl=de

5. Die Raketenarsenale des iranischen Militärs

Atomwaffen bzw. atomare Sprengkörper zu besitzen ist die eine Sache, sie gegen den Gegner einsetzen zu können ist eine andere. Hierfür benötigt es weiteres militärisches Gerät für den Einsatz, etwa für Abwürfe per Flugzeug, wie die US-Amerikaner es im Falle von Hiroshima und Nagasaki getan haben oder es wird hierfür eine Trägerrakete genutzt. In diesem Kapitel möchte ich darstellen, welche Raketentypen der Iran besitzt, um seine wahrscheinlich in kurzer Zeit verfügbaren Atomsprengköpfe einsetzen zu können. Dabei fokussiere ich mich hauptsächlich auf Raketen der Typen Scud, Rodong, Shahab, Ghadr und Taepodong und werde versuchen kurz zu erklären, woher diese Raketen kommen und welche Eigenschaften sie haben. Ich nutze grafische Darstellungen.

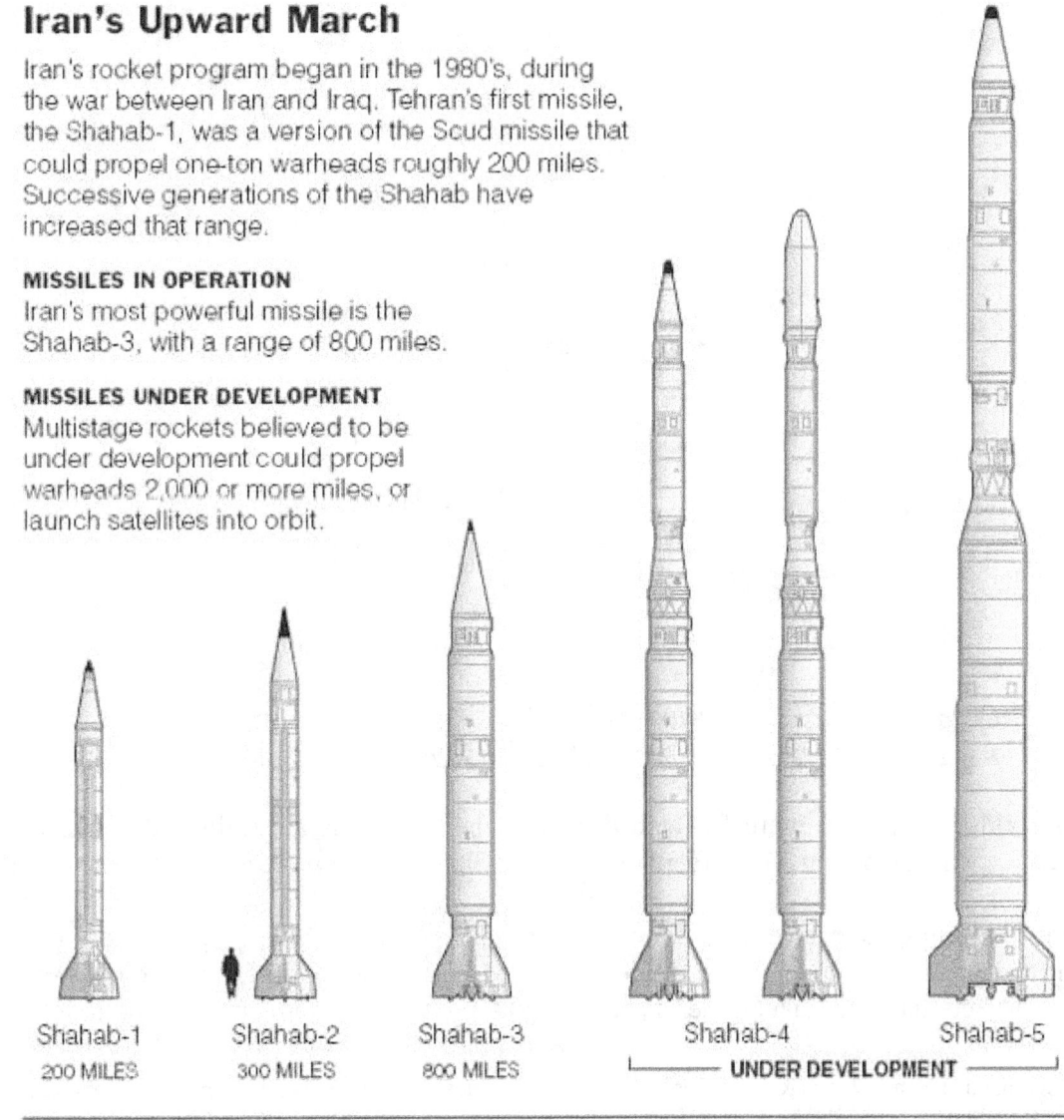

Abbildung 7: Die Entwicklungsstufen der Shahab-Rakete, Quelle:
http://1.bp.blogspot.com/-aJiRoV6OFtk/TWMQS_oGsYI/AAAAAAAApg/hapg82fZbJw/s1600/Iran%2527s+upward+march.jpg

Der Anfang des Iranischen Raketenprogramms geht auf das Jahr 1977 zurück, als der Schah noch das Land regierte. Hier wurde mit Israel ein Abkommen geschlossen, das das „Projekt Flower" besiegelte, nach dem Spezialisten aus dem Iran und Israel eine Raketenfabrik und eine Testanlage im Iran bauten.[107]

Die Abbildung 7 zeigt die Entwicklungsschritte der Shahab-Rakete. Die Typen Shahab-1 und Shahab-2 sind Derivate bzw. Kopien der sowjetischen SS-1c/Scud-B und SS-1d/Scud-C.[108] Es handelt sich bei beiden Typen um Kurzstreckenraketen mit einer Reichweite von bis zu 350 km bzw. 750 km, die auch als taktische Waffe eingesetzt werden können.[109] Diese wurden bereits im ersten Golfkrieg eingesetzt[110] und könnten wohl theoretisch auch einen Atomsprengkopf transportieren, jedoch ist fraglich, ob dies in diesem Zielspektrum für den Iran viel Sinn macht.

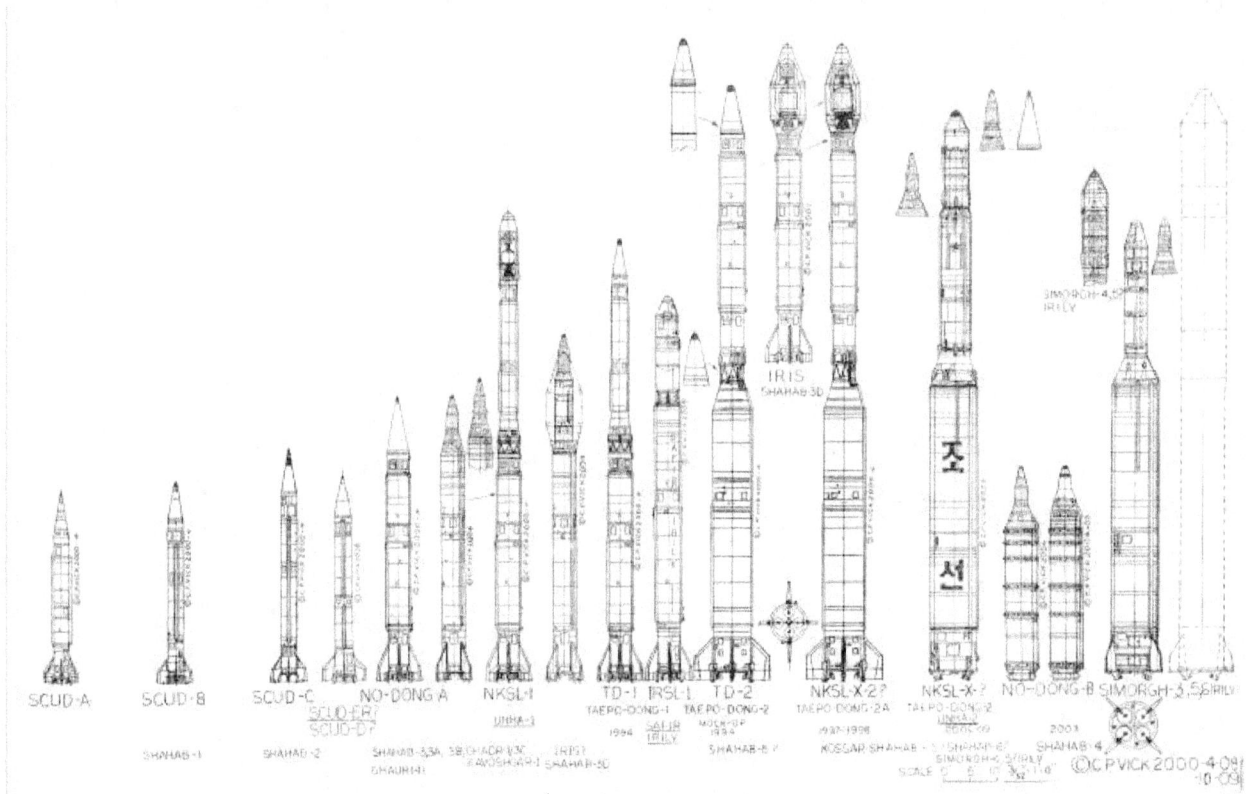

Abbildung 8: Das gesamte Raketenarsenal im Überblick, Quelle:
http://www.globalsecurity.org/wmd/world/iran/shahab-4.htm

Auf der Abbildung 8 sind weitere Raketen des iranischen Arsenals abgebildet, darunter auch die Raketen der Typen Taepodong 1 und Taepodong 2 und Ghadr, sowie weiterer SCUD-Modelle.

Ich möchte nun einige kurze Informationen über die Trägerrakete Shahab geben, die es, wie in Abbildung 7 dargestellt, in mehreren Ausführungen und Variationen gibt. Eine weitere Entwicklung der Shahab-Rakete und der Raketen der Typen Taepodong-1 und Taepodong-2 würden den Iran zu

---

107 Vgl. Speckmann, Thomas: Israel & Iran: Der Feind meines Feindes, in: zeit.de vom 19. April 2010, online unter: http://www.zeit.de/2010/16/GES-Iran-Israel/komplettansicht
108 Siehe hierzu: http://de.wikipedia.org/wiki/Shahab-1 und http://de.wikipedia.org/wiki/Shahab-2
109 Siehe hierzu: Vick, Charles P.: SCUD B Shahab-1, in: globalsecurity.org vom 01. Februar 2007, online unter: http://www.globalsecurity.org/wmd/world/iran/shahab-1.htm und Vick, Charles P.: Shahab-2, in: globalsecurity.org vom 01. Februar 2007, online unter: http://www.globalsecurity.org/wmd/world/iran/shahab-2.htm
110 Siehe hierzu: Perrimot, Guy: The Threat of Theatre Ballistic Missiles, 2002, S. 6, online unter: http://web.archive.org/web/20071016094525/http://www.ttu.fr/site/english/endocpdf/24pBalmissileenglish.pdf

einer Supermacht machen.

Die Abbildung 9 zeigt die technischen Details der Rakete SCUD-B Shahab-1. Sie besitzt eine Reichweite von bis zu 330 km und kann mit Sprengköpfen bis zu 1000 kg bestückt werden.

Vermutlich verfügt der Iran über mehr als 300 Raketen dieses Typs, die er auch selbst produzieren kann, nicht nur für die Verwendung im Kampf sondern etwa auch für den Export.

„*According to the 1995 Jane's Intelligence Review - Special Report No. 6 on Iran's weapons, Iran's present missile inventory includes 15 transporter-erector-launchers and 250-300 Scud-Bs, all of which were bought from North Korea. Special Report No. 6 also concluded that North Korea helped build a "Scud Mod B" (280-330 km/1,000-700 kg) assembly plant in Iran in 1988, but that the plant apparently never manufactured any missiles. According to Flight International, of Nov. 20 1994 indicates Iran had become self sufficient in manufacturing its own Scud-B's. With---"production sites in Shiraz, Khorrambad, Parchin and Semnan."*"[111]

Damit wird deutlich, dass für den Einsatz im Kurzstreckenbereich jederzeit für Nachschub für das Iranische Militär gesorgt werden kann. Außerdem könnte es sein, dass SCUD-B Shahab-1-Raketen zukünftig an Hamas und Hisbollah abgegeben werden, die für die Iranische Führung mit terroristischen Attacken einen asymmetrischen Stellvertreterkrieg gegen Israel führen. Sie könnten die alten Stalin-Orgeln ablösen, mit denen Hamas, Hisbollah und Islamischer Dschihad momentan gegen Israel schießen.

Technical Details

Range (km)	285-330
CEP (m)	450
Diam. (m)	0.885
Height (m)	11.184
Launch Weight or Mass (kg)	5,860
Stage Mass (kg)	~4,873
Dry Weight Mass (kg)	~1,100-1,110
Thrust (Kg f)	Effective: 13,160 Actual: 13,300-13,380
Burn time (sec.)	62-64
Isp. (sec.)	Effective: 62 - SL due to vanes steering drag loss of 4-5 sec. Actual: 230 Vac.: 271
Thrust Chamb.	1
Stages	1
Fuel	TM-185 20% Gasoline 80% Kerosene
Oxidizer	AK-27I 27% N_2O_4 73% HNO_3 Iodium Inhibitor
Propellant Mass (kg)	3,771-3,760
Warhead (kg)	987-1,000
Type	Tactical

Abbildung 9: Technische Daten der SCUD-B Shahab 1, Quelle: http://www.fas.org/nuke/guide/iran/missile/shahab-1.htm

---

111 SCUD-B Shahab-1, in: fas.org, online unter: http://www.fas.org/nuke/guide/iran/missile/shahab-1.htm

Die Abbildung 10 zeigt die technischen Details der SCUD-C Shahab2-Rakete. Diese hat je nach Ausführung eine Reichweite von 300-700 km und kann Sprengköpfe mit einem Gewicht von 750-989 kg transportieren.

„*In 1990, Iran is reported to have arranged for delivery of Scud-Cs, as well as North Korean assistance in setting up an assembly and manufacturing facility. Syria may also have received shipments of the Scud-C along with launchers, beginning in April 1991. A North Korean freighter in the Spring of 1992 shipped from the "North Korea port of Dae-Hung-Ho to the port of Bandar Abbas (Iran where they were then flown) to Syria", the missile parts to Iran. This was one of the documented shipments of Scud based parts to Iran. The initial launch in May of 1991 of a North Korean, Scud-C took place from a launch center near "Qom" south east of Teheran, Iran and impacted about 310 miles east of there in an impact zone south of Shahroud.*"[112]

Offenbar verfügt der Iran also bereits seit 1990 über diese Waffe und hat in Zusammenarbeit mit Nordkorea auch eine Anlage zur Herstellung dieser Raketen aufgebaut. Ebenso hat wohl auch Syrien einige dieser Raketen und Abschussvorrichtungen erworben. Diese Rakete hat der Iran also bereits erfolgreich getestet.

„*North Korea also aided Iran in converting a missile maintenance facility into an assembly plant for the Mod-Cs. According to some estimates Iran's total inventory of missiles may be as great as 450 Scud-B and Scud-C missiles, though other [perhaps more reliable] estimates place the inventory at approximately 200 missiles. The U.S. Air Force listed "fewer than" 100 Scud B and C launchers deployed as of March 2006.*"[113]

Die Angaben über die Menge der Raketen diesen Typs, die der Iran besitzen soll, sind nicht verlässlich. Es kann aber davon ausgegangen werden, dass es mindestens 100 Stück sind.

Technical Details

Range (km)	300-500-700
CEP (m)	50
Diam. (m)	0.885
Height (m)	11.37-12.29
Launch Weight Mass (kg)	6,370-6,500
Stage Mass (kg)	?
Dry Weight Mass (kg)	?
Thrust (Kg f)	Effective: ? - SL due to vanes steering drag loss of 4-5 sec. Actual: ? - SL
Burn time (sec.)	?
Isp. (sec.)	Effective: 231 - SL Actual: 235 - SL Vac.: 270
Thrust Chamb.	1
Stages	1
Fuel	Tonka-250 50% Triethylamine 50% Xylidine/T-1 Kerosene
Oxidizer	AK-20P (IRFNA) 27% N_2O_4 73% HNO_3 Different Inhibitor
Propellant Mass (kg)	?
Warhead (kg)	750-989
Type	Tactical

Abbildung 10: Technische Daten der SCUD-C Shahab-2, Quelle: http://www.fas.org/nuke/guide/iran/missile/shahab-2.htm

---

[112] SCUD-C Shahab-2, in: fas.org, online unter: http://www.fas.org/nuke/guide/iran/missile/shahab-2.htm
[113] SCUD-C Shahab-2, in: fas.org, online unter: http://www.fas.org/nuke/guide/iran/missile/shahab-2.htm

Der nächste Entwicklungsschritt der Shahab-Rakete ist die Version Shahab-3, auch unter dem Namen Zelzal-3 bekannt.

Diese Rakete gibt es in mehreren Ausführungen. Die einfache Ausführung hat eine Reichweite bis zu 1280 km, die erweiterte Ausführung offenbar eine Reichweite von 1900 km und mehr. Dabei kann ein Sprengkopf mit einer Masse zwischen 760 und 1158 kg transportiert werden.

„Iran was slated to receive the first shipment of the missiles late in 1993. However the delivery was halted due to American pressure on North Korea. According to some reports, as of 1995 Iran had not received the missiles. However Israeli press reports in 1996 cited intelligence reports which claimed that at least a dozen No-dong missiles had been delivered to Iran from North Korea. But General Peay, USCINCCENT, claimed during a spring 1996 interview that attempts by Iran to buy No-dong missile from North Korea had failed for financial reasons. The Washington Times, on September 11, 1997 reported that Iran had received from China's, Great Wall Industries Corporation, "guidance, and Solid propellant motor technology as well as general missile testing technology. The Shahab-3 and 4 programs appear to be getting considerable assistance from China and Russia."[114]

Für das Programm zur Herstellung von Shahab-3-Raketen erhält der Iran offenbar seit Jahren Hilfe aus China und Russland.

Technical Details

Range (km)	Basic: 1,280 km (800 miles)
	Variant: 1,903+ km (1,200 miles)
CEP (m)	190
	(Previously thought to be several thousand meters)
Diam. (m)	1.32-1.35
Height (m)	15.852-16
L.W. (kg)	15,852-16,250
Stage Mass (kg)	15,092
D.W. (kg)	1,780-2,180
Thrust (Kg f)	Effective: 26,051 (-709)
	Actual: 26,760-26,600
Burn time (sec.)	110
Isp. (sec.)	Effective: 226 - SL due to vains steering drag loss of 4-5 sec.
	Actual: 230
	Vac.: 264
Thrust Chamb.	1
Fuel	Liquid (TM-185)
	20% Gasoline
	80% Kerosene
Oxidizer	AK-27I
	27% N_2O_4
	73% HNO_3
	Iodium Inhibitor
Propellant Mass (kg)	12,912
Warhead (kg)	760-987-1,158
Type	MRBM

Abbildung 11: Technische Daten der Shahab-3 / Zelzal-3, Quelle: http://www.fas.org/nuke/guide/iran/missile/shahab-3.htm

„Daneben haben Teherans Techniker offenbar daran gearbeitet, die Nutzlastkammer einer Shahab-3-Rakete so umzubauen, dass sie einen Atomsprengkopf heil ins All und wieder zurück zu einem Ziel auf der Erde transportieren kann. Die Shahab-3 fliegt etwa 1500 bis 2000 Kilometer weit, kann also Israel erreichen.

---

[114] Shahab-3 / Zelzal-3, in: fas,org, online unter: http://www.fas.org/nuke/guide/iran/missile/shahab-3.htm

Als letzten verdächtigen Hinweis führt der Bericht Forschungsarbeiten an einem Zündmechanismus an, durch den es ermöglicht werden soll, die Nutzlast der Raketen hoch in der Luft über dem Ziel explodieren zu lassen. Fachleute nennen das einen air burst. Diese Art der Detonation ist bei Nuklearwaffen üblich, weil die Druckwelle so besonders zerstörerisch wirkt."[115]

Diese Rakete kann ebenfalls atomar bestückt werden, wäre in der Lage, Israel zu erreichen und ist eine der wichtigsten Waffen des Irans. Weitere Angaben zur Shahab-3-Rakete finden sich hier[116] und hier.[117]

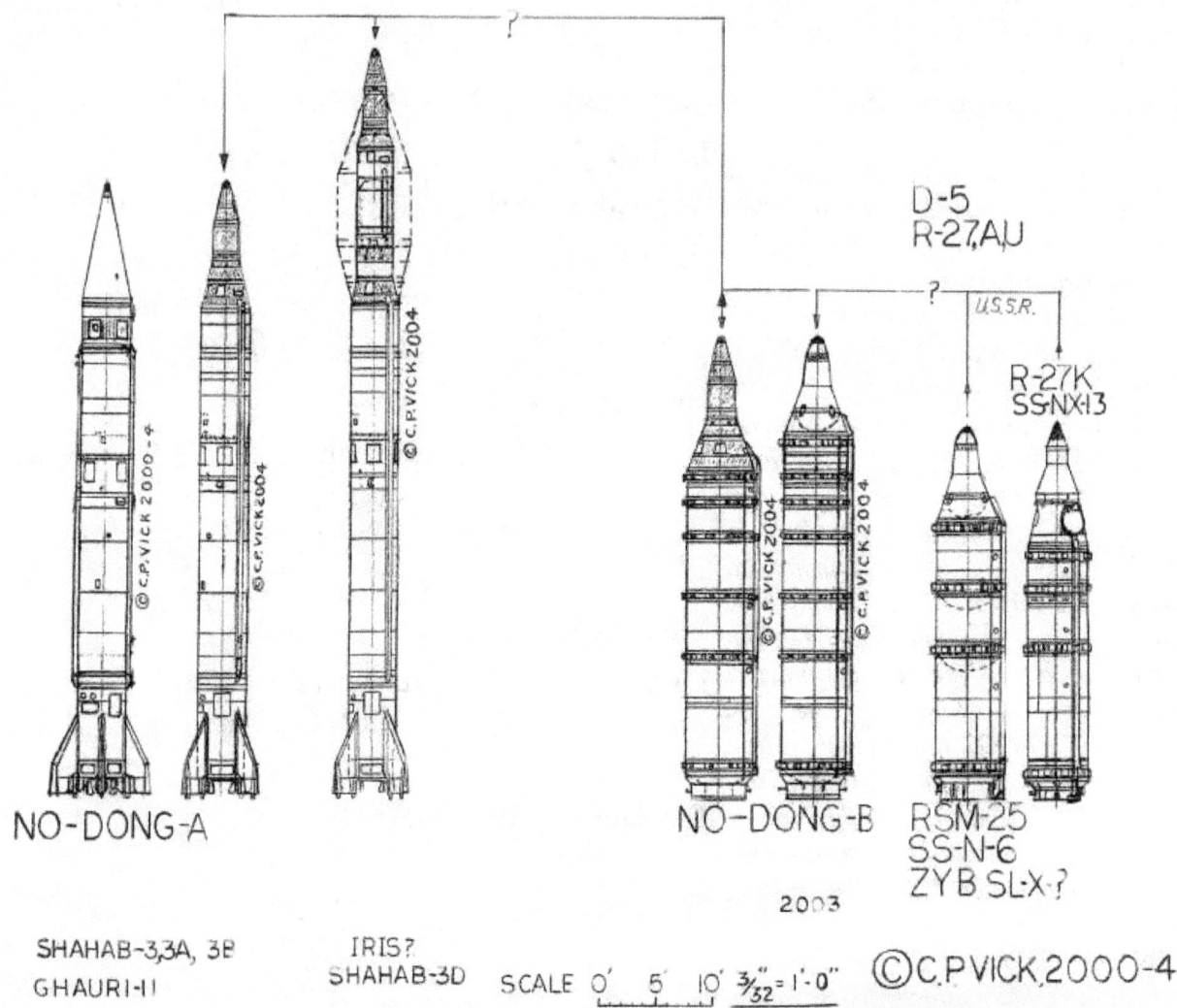

Abbildung 12: Raketen des iranisches Arsenals, Quelle: http://www.globalsecurity.org/wmd/world/iran/shahab-4.htm

Die Abbildung 12 zeigt einige Ausführungen der Shahab-3, 3A, 3B und 3D und ebenfalls die NO-DONG-B. Hier kann man schematisch die Entwicklung dieser Rakete sehen. Diese Rakete wird auch unter dem Namen Ghauri-1 und Rodong-1 genannt.[118]

---

115 Wetzel, Hubert: Irans Atomprogramm – Teherans Arbeit an der Bombe, in: sueddeutsche.de vom 10. November 2011, online unter: http://www.sueddeutsche.de/politik/iranisches-atomprogramm-teherans-arbeit-an-der-bombe-1.1185300
116 Siehe hierzu: http://de.wikipedia.org/wiki/Shahab_3 und http://en.wikipedia.org/wiki/Shahab-3
117 Siehe hierzu: Vick, Charles B.: Shahab-3, 3A/ Zelzal-3, in: globalsecurity.org vom 21, Mai 2010, online unter: http://www.globalsecurity.org/wmd/world/iran/shahab-3.htm
118 Siehe hierzu: http://de.wikipedia.org/wiki/Rodong-1

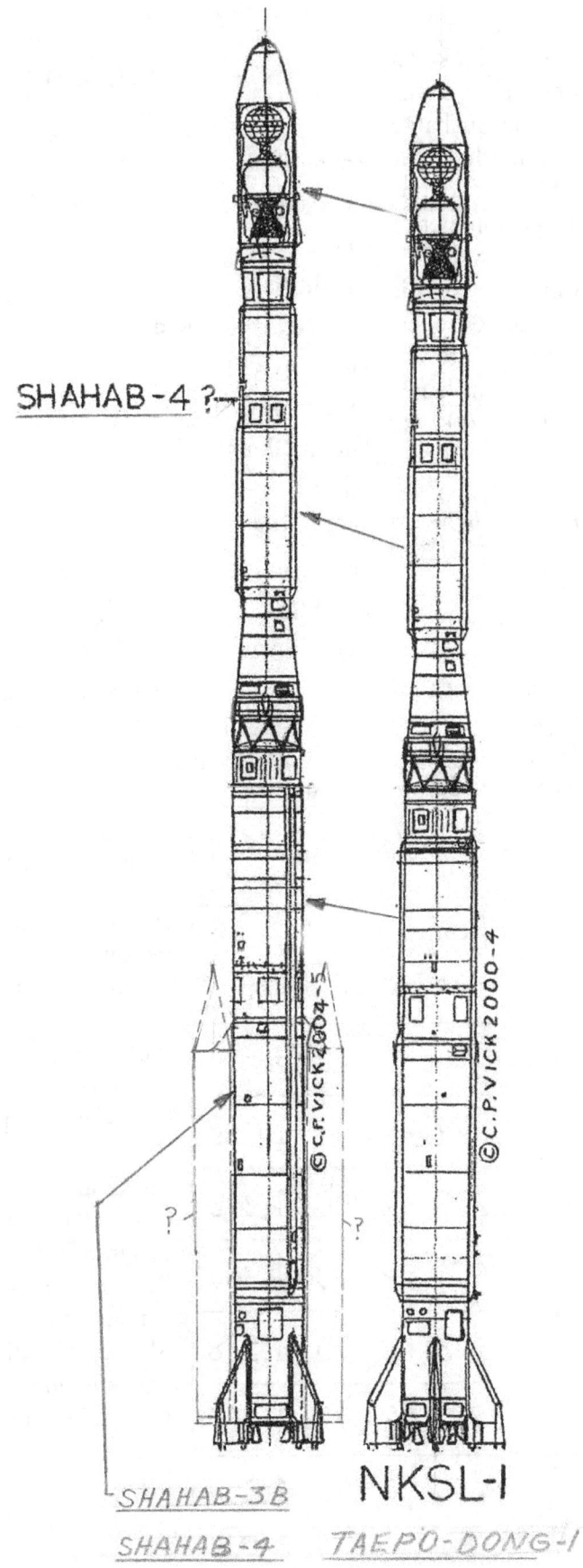

Abbildung 13: Shahab-3/4 und Taepodong-I,
Quelle:
http://www.globalsecurity.org/wmd/world/iran/shahab-4.htm

Die Abbildung 13 zeigt die Shahab-4-Rakete, die offenbar an die Technik der Shahab-3 anschließt. In der Entwicklung befinden sich die Shahab-4, die Shahab-5 und die Shahab-6, die vermutlich die Technik der nordkoreanischen Taepodong 1 + 2 in abgewandelter Form beinhalten.

Auf Abbildung 14 kann man die technischen Daten dieser Rakete sehen. Die Shahab-4 besitzt eine Reichweite von 2200 bis 2896 km und kann einen Sprengkopf von bis zu 1000 kg transportieren.

„*The Iranian Shahab-4 missile is believed to be a derivation of the 1,350-1,500 kilometer range North Korean No-dong missile delivering a 1,000-760 kg warhead and the follow on Taep'o-dong-1/Paeutusan-1 launch vehicles. The first indications of the development of the Shahab-4 came in The Washington Times on September 11, 1997 when it stated the following: "The Shahab-3 and 4 programs appear to be getting considerable assistance from China and Russia."*"[119]

Technical Details

Range (km)	2,200-2,896
CEP (m)	unknown
Diam. (m)	1.3/.88
Height (m)	25
Launch Weight Mass (kg)	22,000
Thrust (Kg f)	26,000
Burn time (sec.)	293
Thrust Chamb.	1, 1, 1
Stages	2, 3
Fuel	Heptyl
Oxidizer	IRFNA
Third Stage	Solid Motor*
Type	IRBM

* May have been derived from existing Chinese designs.

Abbildung 14: Technische Daten der Shahab-4, Quelle: http://www.fas.org/nuke/guide/iran/missile/shahab-4.htm

Taep'o-dong-1 / Shahab-4 Range to Payload/Throwweight Trade-offs				
Stages	Payload		Range	
	kg	Pounds	km	Miles
Two-Stage	1,000	2,205	2,000	1,243
	750	1,654	2,200	1,367
Three-Stage	500	1,103	2,475	1,538
	380	838	2,672	1,660
	290	640	2,896	1,800

Abbildung 15: Reichweite der Shahab-4, Quelle: http://www.fas.org/nuke/guide/iran/missile/shahab-4.htm

Auch für den Bau dieser Rakete bekommt der Iran offenbar Hilfe aus China und Russland.

Auf Abbildung 15 kann man das Verhältnis von Reichweite und Gewicht des Sprengkopfes sehen.

Es kann davon ausgegangen werden, dass der Iran ein weitreichendes Programm aufgelegt hat, um nicht nur Raketen des Typs Shahab-4 zu bauen, sondern auch die Typen Shahab-5 und Shahab-6, die die Technik der nordkoreanischen Taepodong-2-Rakete beinhalten.

---

[119] Shahab-4, in: fas.org, online unter: http://www.fas.org/nuke/guide/iran/missile/shahab-4.htm

Technical Details

Payload (kg)	100-500 700-1,000	**Stage 2**	
		Height (m)	~14
Range (km)	3,500-4,300 (2-stages) 4,000-4,300 (3-stages)	Diameter (m)	~1.32-1.35
		Launch Weight (kg)	~15,200
CEP (m)	unknown	Thrust (Kg f)	Effective: ~13,160 Actual: 13,300-13,380
Diam. (m)	2.2/1.3		
Height (m)	32	Burn Time (sec.)	110 max
L. W. (kg)	80-85,000	Isp. (sec.)	Effective: 226 - SL Due to vanes steering drag loss of 4-5 sec. Actual: 230 - SL Vac: 264
Thrust (Kg f)	Effective: 30,432 per chamber Actual: 31,260 per chamber or Effective: 104,204 Actual: 170,040		
		Thrust Chambers	1
Burn time (sec.)	<330?	Fuel	TM-185 (20% Gasoline + 80% Kerosene)
Launch Acceleration (g's)	~1.4-1.5 or 1.3	Oxidizer	AK-27I (27% N_2O_4 + 73% HNO_3 + Iodium Inhibitor)
Thrust Chambers	4, 1, 1		
Stages	2, 3		
Type	LRICBM	Propellant Mass (kg)	12,912
	Stage 1		
			Stage 3
Height (m)	~16	Height (m)	~3-4 total package
Diameter (m)	~2.2	Diameter (m)	~1.3-2.0 flared skirt type design
Launch Weight (kg)	~60,000-61,000		
Launch Thrust (kg f)	~102,880-104,000	Launch Weight (kg)	unknown
		Launch Thrust (kg f)	unknown
Burn Time (sec.)	~120-130	Burn Time (sec.)	~100
Fuel	TM-185 (20% Gasoline + 80% Kerosene)	Propellant	Solid motor*
Oxidizer	AK-27I (27% N_2O_4 + 73% HNO_3 + Iodium Inhibitor)	* May have been derived from existing Chinese designs.	

Abbildung 16: Technische Daten der Shahab-5, Quelle: http://www.fas.org/nuke/guide/iran/missile/shahab-5.htm

Auf der Abbildung 16 kann man die Technischen Daten der Shahab-5-Rakete sehen. Sie hat eine Reichweite von bis zu 4300 km und kann auch mit Atomsprengköpfen bestückt werden. Diese Rakete wäre in der Lage auch Ziele in Europa zu erreichen und ist ein Mittel zur Abschreckung.

Ebenfalls ist die Rakete des Typs Ghadr-110 zu nennen, die eine Weiterentwicklung der Shahab-3-Rakete ist.[120] Einige Angaben kann man hier lesen.[121] Die Taepodong-Raketen aus Nordkorea werden offensichtlich von iranischen Technikern kopiert und weiterentwickelt. Das würde dann auch die Entwicklung der Shahab-6-Rakete erklären.

„The Shahab-6 is expected to have a range of 5,470-5,500 and 5,632-6,200 kilometers with a 1,000-750-500 kilogram warhead. This range capability will depend on the number of stages used in the launch vehicle and their performance. December 1996 news reports claimed that Iran is developing a 3,500-mile (5,632 kilometers) range missile called Shahab-6 that would be capable of reaching Europe. The technology for this system was cited as coming from Russia and North Korea. Reportedly the missile would become operational by the year 2,000, though others reports claim that Iran intends to complete the development of this system within five to ten years. Presumably this missile will turn out to be a totally redesigned Taep'o-dong-2/NKSL-X-2 Iranian first stage derivation with new redesigned shorter larger diameter second and third stages.

Quoting from the Oct. 1, 1998, The Washington Times, "Israeli, Prime Minister Mr. Benjamin Netanyahu said, "Iran is developing the Shahab-4 which can reach well into Europe, and the Shahab-5 and 6, which (will have the capacity) to reach the Eastern Sea board (of the United States)". The article went on to quote from the Blue-ribbon Congressional Commission --- headed by then former Defense Secretary Donald Rumsfeld. "[122]

Offenbar ist Shahab-6 also ein Neudesign der Taepodong-2. Die Reichweite der Shahab-6 wäre mit 6200 km so stark, dass quasi der gesamte europäische, asiatische und afrikanische Kontinent im Schussfeld dieser Waffe liegt. Weiteres zu den Reichweiten aller iranischen Raketen findet sich im nächsten Kapitel.

Ich komme letztlich zu folgendem Fazit: Mit den bestehenden Raketenarsenalen könnten durch den Iran Militäreinheiten der USA und der NATO in Afghanistan und im Irak angegriffen und vernichtet werden. Die Shahab-1 und Shahab-2 sind SCUD-Derivate, die ebenfalls nuklear bestückt werden könnten.

Der Iran betreibt eine intensive Zusammenarbeit mit Pakistan und Nordkorea. Über den Weg Chinas werden Raketen und Raketenteile importiert. Außerdem arbeitet der Iran mit Russland und China zusammen und hat von dort neben den Raketen auch weiteres militärisches Material importiert. Mehr dazu erläutere ich in Kapitel 7.

Die Raketen Shahab-3, Shahab-4, Shahab-5 und Shahab-6 könnten mit Atomsprengköpfen versehen werden und bis nach Europa, bis ins gesamte Asien und bis ins gesamte Afrika Ziele angreifen. Die Weiterentwicklung der Raketenarsenale scheint für den Iran ein Programm von äußerster Priorität zu sein. Dazu wird auch weiterhin mit Nordkorea, China und Russland zusammengearbeitet.

In welchem Umfang Arsenale bestehen, ist nicht immer voll bekannt. Einige der Raketen können selbst produziert werden, andere wiederum werden noch importiert. Es wird jedoch mit Hochdruck daran gearbeitet, eigene Fabriken aufzubauen, die eine Serienproduktion dieser Raketen ermöglichen. Diese könnten dann, wie bisher schon andere Waffen, in den gesamten arabischen Raum und den gesamten Mittleren Osten exportiert werden.

---

120 Vgl. Iran Shows Home-Made Warfare Equipment at Military Parade, in: farsnews.com vom 22. September 2007, online unter: http://english.farsnews.com/newstext.php?nn=8606310435
121 Siehe hierzu: http://en.wikipedia.org/wiki/Ghadr-110
122 Shahab-6 IRSL-X-4, in: fas.org, online unter: http://www.fas.org/nuke/guide/iran/missile/shahab-6.htm

Ebenfalls verfügt der Iran über Kurzstreckenraketen, die geeignet sind, die terroristische asymmetrische Kriegsführung weiter zu unterstützen. Mittelstreckenraketen könnten, mit genauer Steuerung per Satellit, auch geeignet sein, um gegen stehende Kampfschiffe und Flugzeugträger eingesetzt zu werden. In jedem Falle stellen sie ein Bedrohungspotential für die Gegner des Irans dar und sind ein Mittel für die psychologische Kriegsführung.

Ich habe gezeigt, dass der Iran über ein enormes Arsenal an Raketen verfügt, die größtenteils mit einem Atomsprengkopf bestückt werden können und alle einsatzbereit im Inland stehen. Es ist sowohl die Technik für die Abschussvorrichtungen, sowie geschultes Personal vorhanden, das in der Lage ist, diese Raketen einzusetzen. Über einen Einsatz von Shahab-3 und Taepodong für ein anderes wichtiges strategisches Ziel werde ich in Kapitel 7 zurückkommen.

6. Die Reichweite der Raketen

Nachdem ich belegt habe, dass außer Zweifel steht, dass der Iran über ein bedrohliches Raketenpotential verfügt, das für den Abschuss von Atomsprengkörpern benutzt werden kann, möchte ich zur Veranschaulichung der Gefahrenlage für andere Staaten, insbesondere für die Mitgliedsstaaten der Europäischen Union und die mit Ihnen in engen freundschaftlichen Beziehungen stehenden Staaten Israel und die Türkei, aber auch für Russland zeigen, wie die Reichweite dieser Raketen ist. Ich berufe mich dabei auf Bildquellen, die die in Kapitel 5 genannten Reichweiten der im Iran vorhandenen Raketen veranschaulichen. Diese Quellen sind politisch heikel, weil die plakative Zurschaustellung in der Lage ist, die Bevölkerung in Angst zu versetzen. Ich gehe davon aus, dass Angst immer ein schlechter Berater in Bezug auf Sicherheitsinteressen ist und würde daher davon abraten, sie unkommentiert im politischen Diskurs zu verwenden, aber dennoch ernst zu nehmen.

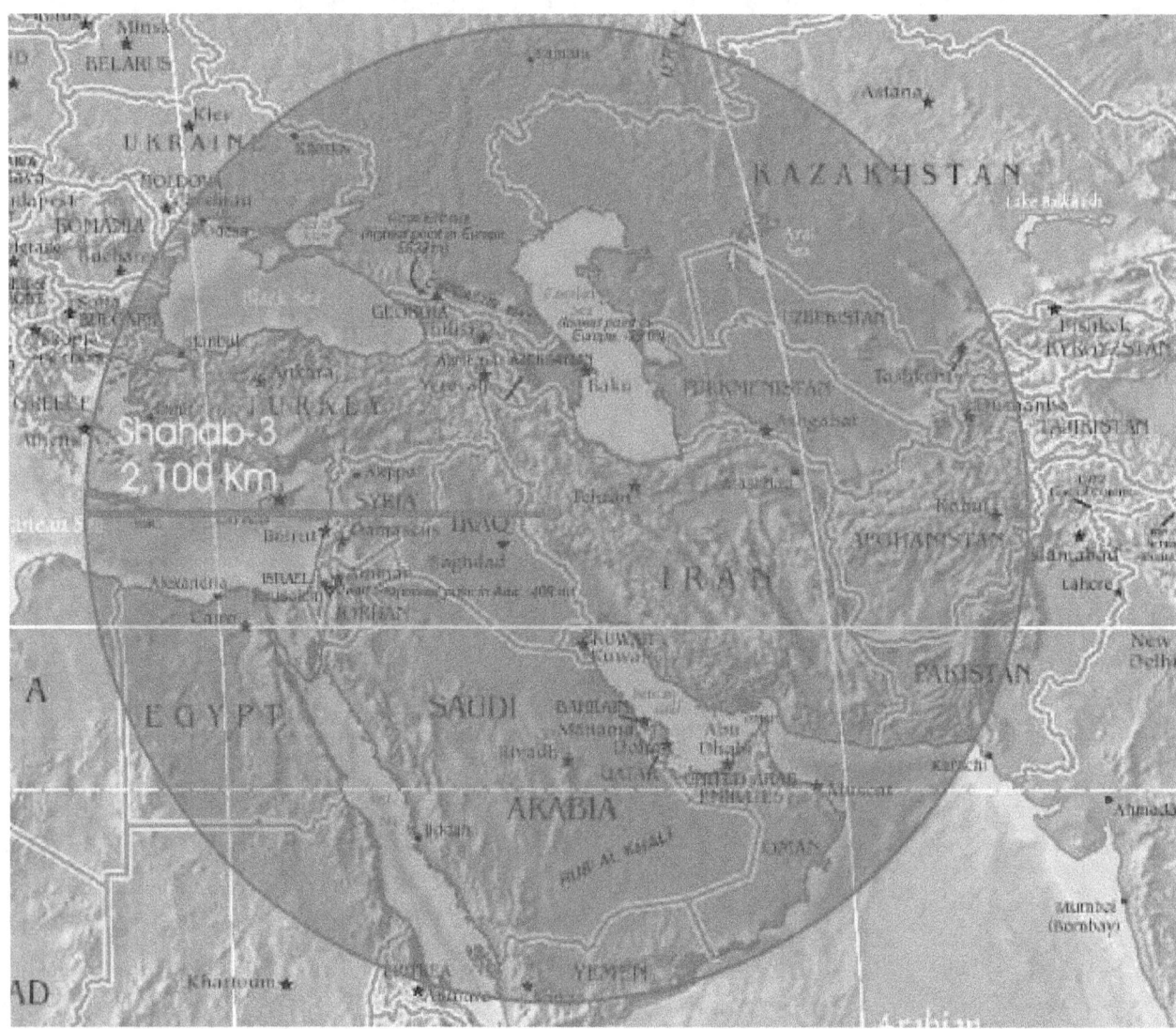

Abbildung 17: Der Radius der Rakete Shahab-3 in der geografischen Ansicht, Quelle:
http://upload.wikimedia.org/wikipedia/commons/c/cb/Shahab-3_Range.jpg

Die Abbildung 17 zeigt die Reichweite der Shahab-3. Mit dieser Bedrohungspotential hat sich der Iran zur Schutzmacht der islamischen Welt gemacht. Im Angriffsfeld liegen die Staaten Afghanistan, Pakistan, Oman, Jemen, Saudi-Arabien, Syrien, Bahrain, VAE, Georgien, Armenien,

Türkei, Israel, Irak, Jordanien, Ägypten, Turkmenistan, Usbekistan, Kasachstan, Pakistan, Tadschikistan Sudan, Eritrea, Katar, Kuwait, Bulgarien, Rumänien, Griechenland, Moldawien, Ukraine, Aserbaidschan, Kirgisistan und Russland.

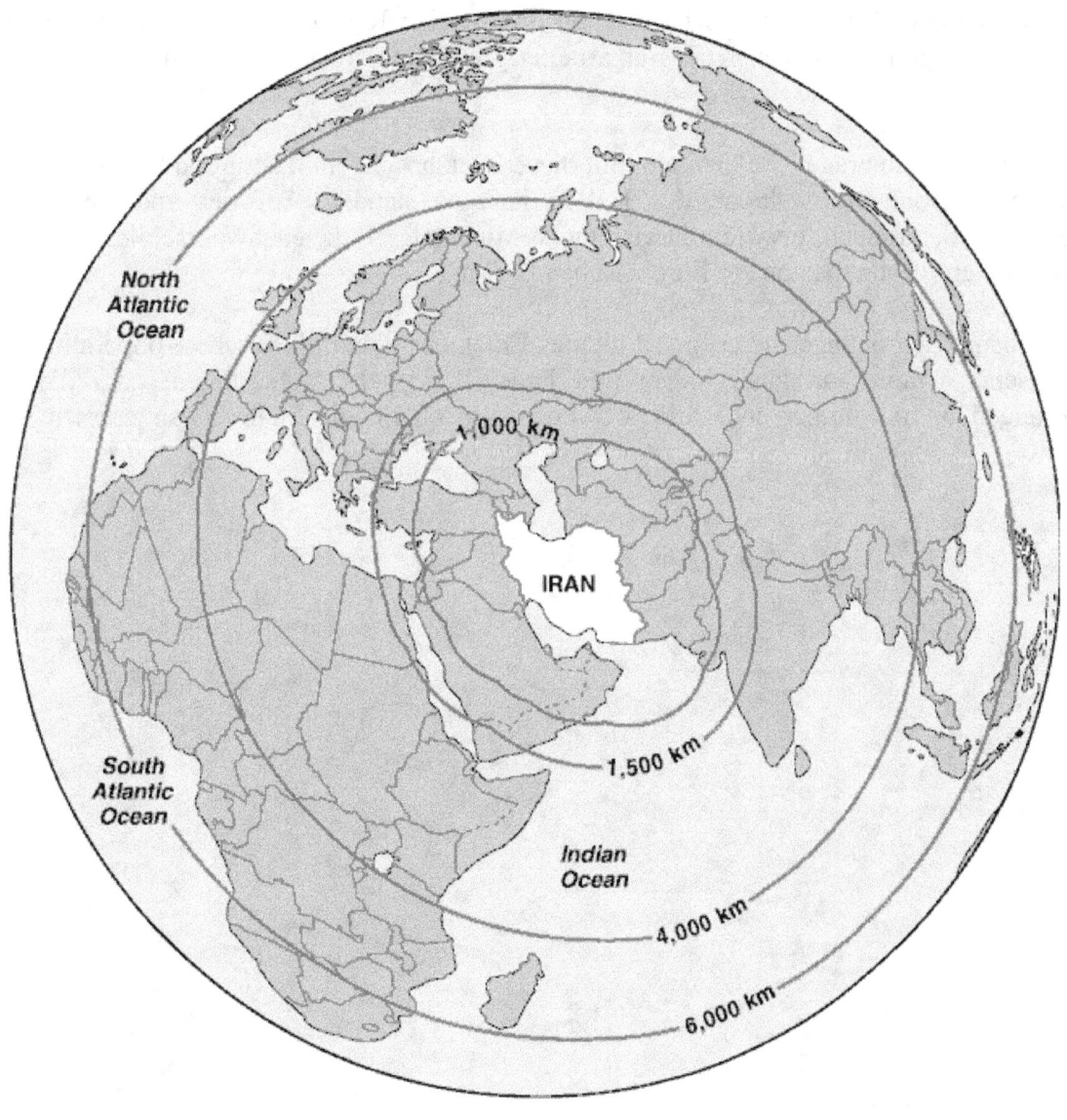

Abbildung 18: Reichweite der iranischen Raketen inklusive Taepodong, Quelle:
<u>*http://www.fas.org/nuke/guide/iran/missile/map-long.gif*</u>

Die Abbildung 18 zeigt die Reichweiten der Raketen inklusive der Shahab-4, Shahab-5 und Shahab-6 und der Taepodong-1 und Taepodong-2. Hiermit könnte der Iran nahezu den gesamten europäischen, asiatischen und afrikanischen Raum angreifen. Damit ist ein Bedrohungsszenario für den Weltfrieden durch den Iran absolut gegeben.

Da islamistische Staaten untereinander kooperieren, erhöht sich diese Gefahr. Es gibt eine Kooperation und diese verläuft immer nach dem Prinzip Zentrum-Peripherie und folgt dem militärischen und politischen Machtgefälle. Das heißt: der militärisch stärkste Staat versucht Anweisungen zu geben. Der Iran ist eine militärische Großmacht in der Region. Zwischen Iran und der Atommacht Pakistan gibt es eine rege Zusammenarbeit. Die militärische Strategie steht bisweilen im Konflikt mit religiösen Geboten und dem jeweils örtlichen Klerus in anderen islamischen Staaten, das heißt es wird nicht immer ohne Widerstand kooperiert. Auf der anderen Seite hat der Iran eine geschickte diplomatische Strategie entwickelt, um alle relevanten islamischen Staaten in seinen Einflussbereich zu bringen. Mehr dazu erläutere ich in Kapitel 10.

Die oben abgebildeten Schaubilder verdeutlichen sehr eindeutig das militärische Bedrohungspotential, das der Iran jetzt schon durch seine Raketenarsenale aufbringen kann. Die atomaren Sprengkörper, an denen der Iran arbeitet, sind kompatibel mit allen in Kapitel 5 genannten Raketen.

Daher stellt sich die Frage, wie man nun mit dieser Gefahr umgeht. In Europa lebte man in der Zeit der Blockkonfrontation während des Kalten Krieges ständig. Auf der anderen Seite wären Sicherheitsvorkehrungen, etwa durch ein interkontinentales Raketenabwehrschild, eine dringende Notwendigkeit für die Staaten der Europäischen Union.

Diese enorme Bedrohungslage erfordert meines Erachtens eine militärische Kooperation zwischen Europäischer Union, Russland, Indien und Israel. Leider ist festzustellen, dass die russische Regierung dem Iran immer noch hilft, obwohl das auch für die Sicherheitsinteressen Russlands keineswegs von Vorteil ist.

7. Weitere militärische Kapazitäten

In einer modernen Kriegskonstellation sind Raketen ein entscheidender Faktor, aber längst nicht der einzige. Deshalb möchte ich in diesem Kapitel die weiteren militärischen Kapazitäten des Irans untersuchen und im Hinblick auf die Stückzahl, Einsatzbereitschaft, Funktionsweise und Wirkung darstellen. Hier möchte ich unabhängig von den möglichen Kriegskonstellationen das Waffenarsenal des Irans und den Aufbau der iranischen Streitkräfte untersuchen. Im Falle eines atomaren Erstschlags durch Israel bzw. der USA und der NATO würde es durch den Iran sicher Vergeltung geben.[123]

Abbildung 19: Luft- und Seestützpunkte der US-Amerikaner in der Umgebung des Irans, Quelle: http://rt.com/s/tmp/i8d26b802545383c1793c0a31e2b8a868_map.jpg

Die Abbildung 19 zeigt die US-amerikanischen Luft- und Seestützpunkte, die sich in der Umgebung des Irans befinden. Aus Sicht der iranischen Führung ist dies eine enorme Bedrohungslage, zumal ein militärischer Angriff auf den Iran eine von israelischen und US-amerikanischen Politikern nicht

---

[123] Siehe hierzu: Iran droht Israel vorsorglich mit Vergeltung, in tagesanzeiger.ch vom 02. November 2011, online unter: http://www.tagesanzeiger.ch/ausland/naher-osten-und-afrika/Iran-droht-Israel-vorsorglich-mit-Vergeltung-/story/17653376

ausgeschlossene Handlungsoption ist.

Abbildung 20: Oil- und Gasressourcen, Quelle:
http://en.wikipedia.org/wiki/File:CIAIranKarteOelGas.jpg

Die Abbildung 20 zeigt die Öl- und Gasressourcen im Iran und in der Umgebung. Sie sind als Brennstoff für eine jahrelange Kriegsführung durch die iranische Armee mehr als ausreichend. Es gibt weiterhin einen regen Im- und Export mit anderen Ländern. Nach dem Aufbau atomarer Energieerzeugung als Stromquelle, könnten alle Öl- und Gasressourcen des Irans für die Kriegsführung verwendet werden. Wenn man sich weitestgehend autark und den Staatshaushalt unabhängig von den Geldern durch Öl- und Gasexporte macht, wäre der Iran die perfekte Schaltzentrale für die Militärstrategie des islamischen Blocks. Das ist in einer zentral gesteuerten Kommandowirtschaft auch leicht möglich.

Der Irakkrieg und die Invasion der NATO in Afghanistan hat die Gewaltspirale im Nahen und Mittleren Osten angeheizt. Daher war insbesondere die Intervention der USA im Irak ein schwerer Fehler. Die US-Administration und die Strategen im Pentagon haben immer noch nicht begriffen, dass man den Feind besser kennen muss und sich in ihn hineinversetzen können muss, um ihn zu besiegen. Insbesondere sollte man nur dann angreifen, wenn man auch gewinnen kann. Ein leichter militärischer Sieg gegen den Iran scheint mir unmöglich. Zu glauben, den Iran zu besiegen wäre eine Leichtigkeit, ist ein schwerer Irrtum, der auf falschen Zuschreibungen an den Feind und eigener Überheblichkeit basiert. Imperiale politische Systeme mit demokratischen Regimen tendieren offenbar dazu, sich selbst zu überschätzen.

Ich möchte nun zunächst den Aufbau der Iranischen Streitkräfte untersuchen. Die iranische Außen-, Sicherheits-, und Verteidigungspolitik gliedert sich in vier Teilbereiche: Die Revolutionsgarden Pasdaran, das iranische Heer, die iranische Marine und die iranische Luftwaffe. Zunächst untersuche ich die Revolutionsgarden Pasdaran genauer.

„Die Streitkräfte der Islamischen Republik Iran gliedern sich in reguläre Armeekräfte (Artesh) und den Revolutionären Garden (Pasdaran). Die Streitkräfte haben einen Umfang von ca. 540.000 Soldaten, darunter sind rund 220.000 Wehrpflichtige, die einen 18monatigen Wehrdienst ableisten müssen. Zu den Reservisten werden bis zu 350.000 ehemalige freiwillige Armeeangehörige gezählt. Als militärischer Oberbefehlshaber hat der Revolutionsführer die Vollmacht über Krieg und Frieden zu entscheiden, darüber hinaus beruft er den Generalstabschef und die Befehlshaber der Teilstreitkräfte. Oberstes sicherheitspolitisches Gremium ist der Hohe Nationale Sicherheitsrat, der im Bereich Sicherheitspolitik und Militärstrategie die Weisungen des Revolutionsführers umsetzt. Der Hohe Nationale Sicherheitsrat besteht aus dem Präsidenten, dem Premierminister, dem Verteidigungsminister, dem Generalstabschef, dem Kommandeur der Pasdaran und zwei vom Revolutionsführer ernannten Beratern. Der Aufgabenbereich des Verteidigungsministeriums beschränkt sich auf die Kampfbereitschaft und Organisation der Streitkräfte und der Revolutionären Garden. Strategische Entscheidungen unterliegen dem Aufgabenbereich des Hohen Nationalen Sicherheitsrats. Die Organisationsstruktur der Streitkräfte spiegelt die besondere Machtfülle und exponierte Stellung des Revolutionsführers wider."[124]

Hier werden noch einmal die Machtstrukturen und die Aufgabenbereiche beschrieben, also einerseits die des Hohen Nationalen Sicherheitsrates, des Revolutionsführers und andererseits die des Verteidigungsministeriums.

„The 125,000 strong Iranian Revolutionary Guard Corps (IRCG or Pasdaran) secures the revolutionary regime and provides training support to terrorist groups throughout the region and abroad. Both the regular military (the Artesh) and IRGC are subordinate to the Ministry of Defense and Armed Forces Logistics (MODAFL). This new ministry, established in 1989, was first headed by Akbar Torkan, a civilian and a former head of the defense industries establishment. MODAFL curtailed the institutional autonomy of the IRGC and brought it under the overall defense umbrella. The IRGC Ministry was scrapped, and its command structures were brought within the new MODAFL.

The IRGC was formed following the Islamic Revolution of 1979 in an effort to consolidate several paramilitary forces into a single force loyal to the new regime and to function as a counter to the influence and power of the regular military, initially seen as a potential source of opposition and

---

[124] Beljanski, Sascha: Das Nuklearprogramm der Republik Iran: Eine Analyse des Status Quo und seiner Auswirkungen auf Israel, Bremen: Salzwasser-Verlag, 2008, ISBN 978-3-86741-030-4, S. 27, online unter:
http://books.google.de/books?id=8A3o7_UeLH0C&printsec=frontcover&hl=de

loyalty to the Shah. From the beginning of the new Islamic regime, the Pasdaran (Pasdaran-e Enghelab-e Islami) functioned as a corps of the faithful. The Constitution of the Islamic Republic entrusted the defense of Iran's territorial integrity and political independence to the military, while it gave the Pasdaran the responsibility of preserving the Revolution itself."[125]

Hier wird noch einmal die verfassungsmäßige Stellung der Pasdaran unterstrichen, die die Revolution selbst schützt, während das Militär für den Schutz der territorialen Integrität da ist und die politische Unabhängigkeit schützen soll.

„Das Pasdaran-Korps, die sogenannten Revolutionswächter, wurden von Ayatollah Khomeini aufgestellt, um die innenpolitischen Widerstände sowie soziale Bewegungen nach dem Sturz des Schahs niederzuhalten. Die Revolutionswächter waren als „Schattenarmee" maßgeblich an der Konsolidierung der Revolution beteiligt und bildeten gleichzeitig ein Gegengewicht zu den regulären Streitkräften. Während des Golfkrieges gegen den Irak konnten sie erstmals ihre Kampfkraft unter Beweis stellen. In den 90er Jahren traten Pasdaran-Kämpfer als Militärausbilder in Sudan, Bosnien und Libanon auf, um die islamische Revolution in andere Länder zu tragen. Die Pasdaran-Einheiten sind wie die Armee in drei Teilstreitkräfte Heer, Luftwaffe und Marine gegliedert. Die Landkomponente umfaßt etwa 100.000 Mann mit 16-20 Divisionen, dabei handelt sich um 2 Panzer-, 5 mechanisierte Infanterie-, 10 Infanterie- und eine Spezialkräfte-Division. Diese Kräfte werden selbständig eingesetzt, können aber auch gemeinsam mit den Landstreitkräften operieren. Die Seestreitkräfte, in einem Umfang von ca. 10.000 Mann, sind für Küstenschutzaufgaben und maritime Kommandounternehmen ausgebildet."[126]

Soweit also zur Aufteilung der Pasdaran in drei Teilstreitkräfte und in Divisionen und zu ihren Aufgabenbereichen.

„Neben den clandestinen Aktivitäten bilden die Pasdaran jedenfalls die andere Hälfte der iranischen Landesverteidigung, mit besonderem Hinblick auf die asymmetrischen Aspekte des Krieges. Dazu sind sie in der Regel leichter bewaffnet und in kleinere Formationen aufgeteilt, die 20 „Infanteriedivisionen" der Revolutionswächter wie auch ihre zahlreichen unabhängigen Panzer-, Artillerie-, Luftabwehr-, Kommando- und Raketenbrigaden haben eher Bataillonsstärke. Die Aufstellung und Positionierung der Einheiten ist aber noch sehr viel undurchsichtiger als bei er regulären Armee, nicht nur wegen der fast schon paranoiden Geheimhaltung, sondern auch wegen der zahlreichen Polizei- und Grenzschutzaufgaben die die Pasdaran ebenfalls wahrnehmen."[127]

Die Pasdaran sind insofern eine Elite-Einheit, die durch eine besondere ideologische Bindung an die politische Führung verlässlicher ist, alle anderen Militäreinheiten anleitet und auf die Staatsideologie einschwört. Außerdem ist sie durch die Geheimhaltung noch weniger berechenbar und ihre innere Struktur für ausländische Wissenschaftler nicht so einfach zu überblicken. Ebenso besetzen Mitglieder der Pasdaran Schlüsselpositionen in der Rüstungswirtschaft.

Nun möchte ich das iranische Heer untersuchen. Das Heer ist von der Anzahl der Soldaten her die größte Teilstreitkraft der iranischen Armee und gliedert sich wie folgt:

---

125 Pasdaran - Iranian Revolutionary Guard Corps (IRCG), in: globalsecurity.org, online unter: http://www.globalsecurity.org/military/world/iran/pasdaran.htm

126 Beljanski, Sascha: Das Nuklearprogramm der Republik Iran: Eine Analyse des Status Quo und seiner Auswirkungen auf Israel, Bremen: Salzwasser-Verlag, 2008, ISBN 978-3-86741-030-4, S. 29, online unter: http://books.google.de/books?id=8A3o7_UeLH0C&printsec=frontcover&hl=de

127 von Bruchhausen, Philipp-Henning: Iranische Bedrohung oder bedrohter Iran?: Das neue Kräftegleichgewicht in der Region des Nahen Ostens nach dem Irakkrieg, Norderstedt: GRIN, 2009, ISBN 978-3-640-34215-0, S. 49, online unter: http://books.google.de/books?id=ayCEHxTPGGEC&printsec=frontcover&hl=de

„Die größte Teilstreitkraft bildet das Heer mit 350.000 aktiven und einer Reserve von ebenfalls 350.000 Soldaten. Danach folgen Luftwaffe und Marine mit jeweils 18.000 Soldaten; Die Luftabwehreinheiten haben eine Stärke von ca. 12.000 Soldaten. Das Heer gliedert sich in 4 Korps mit 32 Divisionen, das entspricht in etwa 87 Brigaden. Den Kern der Kampftruppen bilden vier gepanzerte, sechs mechanisierte und sechs Infanterie-Divisionen, eine Fallschirmjäger-Brigade, eine Division für Kommandoeinsätze und ein Luftunterstützungskommando. Dazu kommen eine Logistik- und eine Raketenbrigade sowie mehrere nicht genau zugeordnete Einheiten in Brigadestärke. Die gepanzerten Divisionen sind zumeist mit veraltetem Gerät aus der ehemaligen Sowjetunion und der USA vom Typ T-55, T-62, M 60, M 48 ausgestattet, moderne russische Panzer vom Typ T-72 sind geordert aber noch nicht ausgeliefert. Der Gesamtumfang beträgt etwa 1.600 Panzer."[128]

Soviel zur groben Einteilung des iranischen Heers und der gepanzerten Divisionen. Auf der Abbildung 21, Abbildung 22 und Abbildung 23 sieht man das Waffenarsenal des iranischen Heeres.

Iranian Ground Forces Equipment — Modernization

System	Source	Inventory 1990	1995	2000	2005	2010	2012	2015	2020	2025	2030
Personnel (In Thousands)		~850+	~820+	~800+	800+	800+	800+	800+	800+	800+	800+
Active		350	350	350	350	350	350	350	350	350	350
IRGC Land Forces		~150	~120	~100	100+	100+	100+	100+	100+	100+	100+
Reserve		350	350	350	350	350	350	350	350	350	350
Basij		+	+	+	+	+	+	+	+	+	+
Armor		1,338	1,538	1,623+	~1,723+	~1,723+	~1,773+	~1,783	~1,190	~1,160	1,160
Medium / Main Battle Tanks		1,258	1,458	1,543+	~1,643+	~1,643+	~1,693+	1,703+	~1,130	~1,130	~1,130
125mm Zulfiqar	RU / IRN	--	--	--	~100	~100	~150	~150	~250	~300	~350
125mm T-72S	RU / IRN	+	200	480	480	480	480	480	480	480	480
120mm Chieftain Mk 3/5	UK	250	250	140	100	100	100	100	--	--	--
115mm T-62 / Chonma-Ho	Various	150	150	75+	75+	75+	75+	75+	--	--	--
105mm M60A1	US	160	160	150	150	150	150	150	--	--	--
105mm T-72Z	IRN	--	--	--	--	10?	10?	10+	200	250	300
105mm Type 69	PRC / NK	200	200	200	200	200	200	200	100	50	--
100mm Type 59	PRC	220	220	220	220	220	220	200	100	50	--
100mm T-54/-55	LIB / SYR	110	110	110	110	110	110	100	--	--	--
90mm M47 / M47M	US	168	168	168	168	168	168	168	--	--	--
Light Tanks (> 20 tons)		80	80	80	~80+	~80+	~80+	~80+	~60	~60	~60
76mm Tosan	UK / IRN	--	--	--	+	+	+	+	~60	~60	~60
76mm Scorpion	UK	80	80	80	~80	~80	~80	~80	--	--	--
Infantry Fighting Vehicles		150+	400	440	750	750	750	750	740	750	700
73mm BMP-1 / WZ-501	Various	150+	300	300	210	210	210	210	100	50	--
30mm BMP-2 / BMT-2	RU / IRN	--	100	140	400	400	400	400	400	400	400
12.7mm Boragh	PRC / IRN	--	--	--	140	140	140	140	240	300	300
Armored Personnel Carriers		550	550	550	500	500	500	500	500	500	500
Tracked		250+	250+	250+	200+	200+	200+	200+	200+	200+	200+
12.7mm M113A1	US	250	250	250	200	200	200	200	200	200	200
7.62mm BTR-50P	USSR	+	+	+	+	+	+	+	+	+	+

Abbildung 21: Iranian Ground Forces Equipment, Quelle:
http://www.globalsecurity.org/military/world/iran/ground-equipment.htm

---

[128] Beljanski, Sascha: Das Nuklearprogramm der Republik Iran: Eine Analyse des Status Quo und seiner Auswirkungen auf Israel, Bremen: Salzwasser-Verlag, 2008, ISBN 978-3-86741-030-4, S. 27f., online unter: http://books.google.de/books?id=8A3o7_UeLH0C&printsec=frontcover&hl=de

Wheeled		+	+	+	+	+	+	+	+	+	+
14.5mm BTR-60PB	USSR	+	+	+	+	+	+	+	+	+	+
Light AFV		**130**	**35**	**35**	**35**	**35+**	**35+**	**35+**	**35+**	**35+**	**35+**
90mm EE-9 Cascavel	LIB	130	35	35	35	35	35	35	35	35	35
12.7mm Rakhsh	IRN	--	--	--	--	+	+	+	+	+	+
Artillery, Self-Propelled		**260**	**320**	**320**	**~320+**	**~320+**	**~312+**	**~312+**	**260**	**260**	**260**
203mm M110	US	30	30	30	30	30	30	30	30	30	30
175mm M107	US	30	30	30	30	30	22	22	--	--	--
170mm M-1978	DPRK	20	20	20	20	20	20	20	20	20	20
155mm Raad 2	US/IRN	--	--	--	+	+	+	+	160	160	160
155mm M109A1	US	180	180	180	~180	~180	~180	~180	--	--	--
122mm Raad 1	RU/IRN	--	--	--	+	+	+	+	50	50	50
122mm 2S1	RU	--	60	60	~60	~60	~60	~60	--	--	--
Artillery, Towed		**1,328+**	**2,035**	**2,125**	**2,010**	**2,010**	**2,010**	**2,010**	**2,010**	**2,010**	**2,010**
203mm M115	US	~30	20	20	20	20	20	20	20	20	20
155mm WAC-21/Type 88	PRC	--	15	15	15	15	15	15	15	15	15
155mm M-71	?	50	--	--	--	--	--	--	--	--	--
155mm FH-77B	?	18	--	--	--	--	--	--	--	--	--
155mm GHN-45	AUS/LIB	~130	120	120	120	120	120	120	120	120	120
155mm G-5	IRQ	~50	--	--	--	--	--	--	--	--	--
155mm M114	US	70	70	70	70	70	70	70	70	70	70
152mm D-20	USSR/PRC	--	30	30	30	30	30	30	30	30	30
130mm M-46/Type 59-1	USSR/PRC	200	1,000	1,100	985	985	985	985	985	985	985
122mm D-30	RU	550	550	540	540	540	540	540	540	540	540
122mm Type 60	PRC	100	100	100	100	100	100	100	100	100	100
105mm M101A1	US	130	130	130	130	130	130	130	130	130	130
105mm M-56	ITA	+	--	--	--	--	--	--	--	--	--
Artillery, Rocket		**174+**	**564+**	**664+**	**~774+**	**~774+**	**~1,474+**	**~1,474+**	**~1,474+**	**~1,474+**	**~1,474+**
333mm Fajr-5	IRN	--	--	--	+	+	+	+	+	+	+
333mm Shahin-1/-2	IRN	--	+	+	+	+	+	+	+	+	+
240mm M-1985/Fajr-3	DPRK/IRN	9	9	9	~19	~19	~19	~19	~19	~19	~19
230mm Oghab	IRN	+	+	+	+	+	+	+	+	+	+
122mm BM-21/BM-11/Noor/Arash	Various/IRN	165	155	155	155	155	155	155	155	155	155
107mm Type 63/Haseb/Fajr-1	PRC/IRN	+	500	600	700	700	1,300	1,300	1,300	1,300	1,300

Abbildung 22: Iranian Ground Forces Equipment, Quelle:
http://www.globalsecurity.org/military/world/iran/ground-equipment.htm

Der nächsten Quelle kann man entnehmen, wie der normale iranische Infanterist bewaffnet ist, nämlich mit dem G3 Sturmgewehr aus deutscher Entwicklung.

„Standardwaffe des iranischen Infanteristen ist das altbekannte G3 Sturmgewehr von Heckler&Koch, welches seit 1967 vom Iran in Lizenz produziert wird. Damit ist der durchschnittliche iranische Fußsoldat deutlich gefährlicher als seine arabischen Konterparts, die zumeist mit der im Nahen Osten fast schon obligatorischen AK-47 Kalaschnikow bewaffnet sind. Letztere ist nämlich aufgrund der verwendeten Kurzpatrone 7,62x39 eher eine schwere Maschinenpistole. Das G3 hingegen verschießt die alte Nato-Standardpatrone 7,62x51mm(.308 in Zoll), was sich in deutlich höherer Reichweite, Treffsicherheit und Durchschlagskraft niederschlägt. Vor allem letzteres ist für westliche Truppen gefährlich, denn deren ballistische Rüstungen widerstehen zwar recht oft Beschuss aus AK-47, aber Treffer aus einem G3 nur mit eingeschobenen Panzerplatten. Doch selbst die momentan gängigen Panzerplatten nach SAPI Standard für die amerikanische Interceptor-Rüstung halten höchstens 3 Treffer aus, aber nur wenn sie nicht auf die selbe Stelle erfolgen."[129]

Das G3 hat für den iranischen Soldaten also Vorteile im Vergleich zur AK-47, da die Durchschlagskraft des G3 höher ist.

---

[129] von Bruchhausen, Philipp-Henning: Iranische Bedrohung oder bedrohter Iran?: Das neue Kräftegleichgewicht in der Region des Nahen Ostens nach dem Irakkrieg, Norderstedt: GRIN, 2009, ISBN 978-3-640-34215-0, S. 50, online unter: http://books.google.de/books?id=ayCEHxTPGGEC&printsec=frontcover&hl=de

Artillery, Anti-Aircraft			1,500	1,700	1,700	1,700	1,700	1,622	1,622	1,622	1,622	1,622
57mm	ZSU-57-2	USSR	+	+	+	+	+	80	80	80	80	80
57mm	S-60	USSR	+	+	+	+	+	200	200	200	200	200
37mm	M-39 / Type 55	USSR / PRC	+	+	+	+	+	+	+	+	+	+
23mm	ZSU-23-4	USSR	+	+	+	+	+	100	100	100	100	100
23mm	ZU-23	USSR	+	+	+	+	+	300	300	300	300	300
14.5mm	ZPU-2 / -4	RU	--	+	+	+	+	942	942	942	942	942
Anti-Tank Missiles			+	+	+	+	+	+	+	+	+	+
	TOW / Toophan	US / IRN	+	+	+	+	+	+	+	+	+	+
	AT-5 Spandrel / Saeghe	RU / IRN	--	--	+	+	+	+	+	+	+	+
	Dragon	US	+	--	--	--	--	--	--	--	--	--
	AT-4 Spigot	RU / IRN	--	+	+	+	+	+	+	+	+	+
	AT-3 Sagger / HJ-73 / Ra'ad	Various	+	+	+	+	+	+	+	+	+	+
	ENTAC	FRA	+	--	--	--	--	--	--	--	--	--
	SS-12 / AS-12	FRA	+	--	--	--	--	--	--	--	--	--
	SS-11 / AS-11	FRA	+	--	--	--	--	--	--	--	--	--
Anti-Aircraft Missiles			~200+	+	+	+	+	+	+	+	+	+
	QW-11 / Misagh-2	PRC	--	--	--	+	+	+	+	+	+	+
	QW-1 / Misagh-1	PRC	--	--	--	+	+	+	+	+	+	+
	SA-15	RU	--	--	--	--	--	+	+	+	+	+
	SA-14	RU	--	--	--	+	+	+	+	+	+	+
	HQ-7	PRC	--	--	--	+	+	+	+	+	+	+
	RBS-70	Various	~200	--	--	--	--	--	--	--	--	--
	SA-7	USSR	+	+	+	+	+	+	+	+	+	+
SSM			+	+	+	+	+	+	+	+	+	+
	Shabab-1 / -2 (Missile)[1]	Various / IRN	210	210	210	--	--	--	--	--	--	--
	Shabab-1 / -2 (TEL)[1]	Various / IRN	10	10	10	--	--	--	--	--	--	--
	Tondar-69 (Missile)	PRC / IRN	200	200	200	175	175	175	175	175	175	175
	Tondar-69 (TEL)	PRC / IRN	25	25	25	30	30	30	30	30	30	30
	Mushak-120 / Nazeat 10	IRN	--	+	+	+	+	+	+	+	+	+

Abbildung 23: Iranian Ground Forces Equipment, Quelle:
http://www.globalsecurity.org/military/world/iran/ground-equipment.htm

Ebenfalls verfügt das iranische Heer über eine große Anzahl von Kampfpanzern, die aus verschiedenen Ländern importiert wurden.

„Im Jahr 2007 hatte der Iran nach Schätzung des Internationalen Instituts für Strategische Studien 1.613 Kampfpanzer verschiedener Typen. Diese an sich beeindruckende Zahl, schmilzt bei näherer Betrachtung der effektiv einsetzbaren Panzer aber beträchtlich zusammen. Denn da bis 1979 der Westen der hauptsächliche Waffenlieferant war und danach vor allem sowjetische Ausrüstung, oft aus chinesischer Fertigung, gekauft wurde, hat der Iran nun zwei inkompatible „Familien" von Waffensystemen, die zudem sehr alt sind. So haben sie 168 völlig veraltete Fahrzeuge der Typen M47 und M48, weitere 160 M60 A1, sowie an die 100 britische Chieftain Mark 3 und Mark 5."[130]

Einige der Fahrzeuge mögen veraltet sein, aber sie können dennoch als Waffe verwendet werden. Außerdem ist es zwar schwieriger Panzer aus zwei inkompatiblen Familien zu verwenden, aber durch die Logistik des Verteidigungsministeriums durchaus machbar.

„Um seine rund 500 T-72-S ausreichend mit mechanisierter Infanterie zu unterstützen, bräuchte der Iran mindestens die doppelte Anzahl an „neueren" BMP-2 und BTR-60. Zwar versucht der Iran seine Manöverfertigkeiten zu verbessern, aber es mangelt offenbar an Unterstützungsfahrzeugen wie Brückenlege- und Bergepanzern, so wie ganz allgemein an Feldreparaturkapazitäten. Außerdem hat der Iran keine kohärente Panzerdoktrin, sie scheint aus US-, UK- und Sowjetversatzstücken zu bestehen. Zudem sind die Fahrzeuge ziemlich gleichmäßig an alle

---

[130] von Bruchhausen, Philipp-Henning: Iranische Bedrohung oder bedrohter Iran?: Das neue Kräftegleichgewicht in der Region des Nahen Ostens nach dem Irakkrieg, Norderstedt: GRIN, 2009, ISBN 978-3-640-34215-0, S. 50, online unter: http://books.google.de/books?id=ayCEHxTPGGEC&printsec=frontcover&hl=de

Einheiten verteilt, wobei nur eine reguläre Division als „echte" Panzerdivision gelten kann, und die Prototypen der eigenständig gebauten Panzer gehen offenbar zur Erprobung an die Pasdaran. Für eine offensive Positionierung aber sollten Panzer möglichst massiert werden."[131]

Es ist also eine Tatsache, dass der Iran noch einige Panzer benötigt, um bestmöglich aufgestellt zu sein. Aber da auch eigene Panzer produziert werden können, ist es nicht ausgeschlossen, dass es in einigen Jahren zu bewerkstelligen ist, alle Divisionen vollständig auszurüsten.

„Auf der „Habenseite" der Iraner, steht jedoch ihre Artillerie und ihre Panzerabwehr. Mit 3.200 Rohren und Raketen aller Kaliber und bis zu 5.000 Mörsern hat der Iran die mit Abstand stärkste Artillerie der Region, doch sind davon die meisten altmodische gezogene Artillerie, nämlich 2000. Zudem sind viele der Systeme wie auch die Panzer schon bis zu 40 Jahre alt, und Artillerie hat einen besonders hohen Verschleiß, besonders bei überschweren Kalibern über 170mm nutzen sich die Rohre bereits nach wenigen hundert Schuss ab."[132]

Die Artillerie und die Panzerabwehr scheint also eine große Stärke des iranischen Militärs zu sein. Zwar sind auch diese zum Teil veraltet, aber das tut der Wirkungskraft sicher keinen Abbruch, zumal davon ausgegangen werden kann, dass die Soldaten ihr Gerät perfekt beherrschen.

„Der Iran verfügt aber nur über 310 Panzerhaubitzen, und davon sind 180 ältere amerikanische M109 155mm und 60 russische 2S1 122mm Haubitzen. Seit 1996 baut der Iran eigene Kopien dieser Geschütze auf dem Chassis des oben genannten Boragh-Panzers, genannt Ra'ad (Donner) 1 und 2."[133]

Das Arsenal an Haubitzen ist also noch sehr gering. Aber offenbar ist der Iran auch hier in der Lage für Nachschub an Waffen zu sorgen.

„Dazu kommen an die 900 Raketenwerfer diverser Kaliber, allein 800 davon sind altbekannte 107mm und 122mm „Stalinorgeln". Vor allem die Grad BM-21 122mm Raketen werden häufig von der Hisbollah und der Hamas einzeln abgefeuert. Israel schreibt die Lieferung dieser Waffen gemeinhin dem Iran zu, doch werden diese praktisch überall in der Region verwendet und produziert, auch von Ägypten."[134]

Diese Raketenwerfer bzw. „Stalinorgeln" wurden offenbar an die Hisbollah und die Hamas zum Zwecke der asymmetrischen Kriegsführung abgegeben, weil der Iran selbst über neuere Raketenwerfer verfügt.

„Der Iran hat verwirrend viele Varianten ungelenkter Kurzstreckenraketen. Seine Strategie ähnelt unverkennbar der der Volksrepublik China, die ihre traditionell qualitativ minderwertige Ausrüstung schon immer durch riesige Mengen billiger Raketen zu kompensieren suchte. Ohnehin

---

[131] von Bruchhausen, Philipp-Henning: Iranische Bedrohung oder bedrohter Iran?: Das neue Kräftegleichgewicht in der Region des Nahen Ostens nach dem Irakkrieg, Norderstedt: GRIN, 2009, ISBN 978-3-640-34215-0, S. 53, online unter: http://books.google.de/books?id=ayCEHxTPGGEC&printsec=frontcover&hl=de

[132] von Bruchhausen, Philipp-Henning: Iranische Bedrohung oder bedrohter Iran?: Das neue Kräftegleichgewicht in der Region des Nahen Ostens nach dem Irakkrieg, Norderstedt: GRIN, 2009, ISBN 978-3-640-34215-0, S. 53, online unter: http://books.google.de/books?id=ayCEHxTPGGEC&printsec=frontcover&hl=de

[133] von Bruchhausen, Philipp-Henning: Iranische Bedrohung oder bedrohter Iran?: Das neue Kräftegleichgewicht in der Region des Nahen Ostens nach dem Irakkrieg, Norderstedt: GRIN, 2009, ISBN 978-3-640-34215-0, S. 53, online unter: http://books.google.de/books?id=ayCEHxTPGGEC&printsec=frontcover&hl=de

[134] von Bruchhausen, Philipp-Henning: Iranische Bedrohung oder bedrohter Iran?: Das neue Kräftegleichgewicht in der Region des Nahen Ostens nach dem Irakkrieg, Norderstedt: GRIN, 2009, ISBN 978-3-640-34215-0, S. 53, online unter: http://books.google.de/books?id=ayCEHxTPGGEC&printsec=frontcover&hl=de

ist die Strategie beider Länder durchaus zu vergleichen; das beginnt bei den riesigen Volksmilizen, die gleichzeitig auch der gesellschaftlichen Repression dienen, der langjährigen Isolierung von westlichen Waffenmärkten, und der grundsätzlichen Taktik genug relativ günstige Raketen an der Küste aufzustellen, um die USA aus der Straße von Taiwan im Kriegsfall herauszuhalten."[135]

Insofern gibt es nicht nur eine Ähnlichkeit zwischen dem Iran und China im Hinblick auf die militärische Strategie, sondern auch bei der Ausrüstung mit Raketen.

„So verwundert es nicht, dass die meisten iranischen Raketen eine chinesisch/nordkoreanische Herkunft haben. Der Großteil davon sind Varianten der Katjuscha, wie die Haseb, Arash, Noor und die Fajr. Dazu kommen größere Raketen wie die Shahin 1 und 2, die Oghab und die Fajr 3 und 5, wobei die Nr. 5 mit 75km Reichweite und 333mm Durchmesser die größte ist. Von den Fajr 3 und Shahin wurden einige im Libanon 2006 auf Israel abgefeuert. Bei der Zelzal 2 dürfte es sich schon um eine ballistische Rakete handeln, weshalb diese später im Rahmen der Sondertruppen der Pasdaran und der möglichen Massenvernichtungswaffen diskutiert werden wird. Generell ist das ganze Raketenprogramm sehr undurchsichtig, zumal es im deutschen und persischen die Unterscheidung zwischen Rocket und (Ballistic) Missile so nicht gibt, fast alles läuft unter ungelenkter „Rakete" (Muschak oder Raket)."[136]

Insofern lässt sich also neben der noch verbesserungswürdigen Panzerausstattung ein Manko der iranischen Armee in der Artillerie ausmachen.

„Alles in allem ist die iranische Artillerie groß aber langsam, und eher für statisches Trommelfeuer im Stile des ersten Weltkriegs geeignet, weniger für moderne mobile Aufgaben. Die großen Raketen wie die Oghab und Fajr-5 dürften sich aufgrund ihrer minimalen Treffsicherheit nur zu psychologischen Terrorattacken auf Städte eignen, sie wurden ja auch als Vergeltung für irakische Angriffe auf Teheran entwickelt."[137]

Dahingegen scheinen die Panzerabwehrwaffen aber ein großer Vorteil der iranischen Armee zu sein.

„Die Panzerabwehrwaffen der iranischen Armee sind jedoch exzellent, solange man davon ausgeht, dass die Iraner über dieselben Waffen wie die Hisbollah im Libanon verfügen, und dürften daher jedem Angreifer auf dem Landweg einige Kopfschmerzen bereiten, ganz besonders, wenn man das generell bergige Terrain des Landes bedenkt. Die Quellenlage ist nicht ganz eindeutig, aber es scheint als besäße der Iran über Hisbollah und Syrien sogar neue russische Saxhorn AT-13 und Kornet AT-14 Raketen, die allenfalls noch von der neuesten russischen Chrysantheme AT-15 und der amerikanischen Javelin übertroffen werden, aufgrund deren besserer Bedienbarkeit."[138]

Es gibt also durchaus noch Defizite im iranischen Heer. Allerdings gibt es ständige Wehrübungen und eine eigene Waffenproduktion, wobei produzierte Waffen auch exportiert werden können.

---

[135] von Bruchhausen, Philipp-Henning: Iranische Bedrohung oder bedrohter Iran?: Das neue Kräftegleichgewicht in der Region des Nahen Ostens nach dem Irakkrieg, Norderstedt: GRIN, 2009, ISBN 978-3-640-34215-0, S. 53f., online unter: http://books.google.de/books?id=ayCEHxTPGGEC&printsec=frontcover&hl=de

[136] von Bruchhausen, Philipp-Henning: Iranische Bedrohung oder bedrohter Iran?: Das neue Kräftegleichgewicht in der Region des Nahen Ostens nach dem Irakkrieg, Norderstedt: GRIN, 2009, ISBN 978-3-640-34215-0, S. 54, online unter: http://books.google.de/books?id=ayCEHxTPGGEC&printsec=frontcover&hl=de

[137] von Bruchhausen, Philipp-Henning: Iranische Bedrohung oder bedrohter Iran?: Das neue Kräftegleichgewicht in der Region des Nahen Ostens nach dem Irakkrieg, Norderstedt: GRIN, 2009, ISBN 978-3-640-34215-0, S. 54, online unter: http://books.google.de/books?id=ayCEHxTPGGEC&printsec=frontcover&hl=de

[138] von Bruchhausen, Philipp-Henning: Iranische Bedrohung oder bedrohter Iran?: Das neue Kräftegleichgewicht in der Region des Nahen Ostens nach dem Irakkrieg, Norderstedt: GRIN, 2009, ISBN 978-3-640-34215-0, S. 54, online unter: http://books.google.de/books?id=ayCEHxTPGGEC&printsec=frontcover&hl=de

Iran Air Force — Modernization

Aircraft	Source	Inventory 1990	1995	2000	2005	2010	2012	2015	2020	2025	2030
Personnel (In Thousands)		35	30	30	~35	~35	~35	~35	~35	~35	~35
Active		35	30	30	30	30	30	30	30	30	30
IRGC Air Force		--	--	--	~5	~5	~5	~5	~5	~5	~5
Reserve		--	--	--	--	--	--	--	--	--	--
Attack		10	10	10	10	10	10	10	10	10	10
Su-25K	Frogfoot / IRQ	10	10	10	10	10	10	10	10	10	10
Fighter		271	295	279	263	263	263	263+	262+	183?	183?
5th Generation		..	..	..	..	..	..	..	?	?	?
Qaher-313 / F-313	IRN	--	--	--	--	--	--	--	?	?	?
4th Generation		72	85	85	69	74	74	74	73?	73?	73?
VTOL Fighter	IRN	--	--	--	--	--	--	--	--	--	--
Shafaq	IRN	--	--	--	--	--	--	--	?	?	?
MIG-29A	Fulcrum / USSR	12	25	25	25	30	30	30	30	30	30
F-14A	Tomcat / US	60	60	60	44	44	44	44	44	--	--
3rd Generation		183	194	194	194	189	189	189+	189+	110	110
Su-24MK	Fencer / USSR / IRQ	19	30	30	30	30	30	30	30	30	30
F-4D / E	Phantom II / US	60	60	60	60	60	60	60	60	--	--
Saeqeh	US / IRN	--	--	--	--	3	3	3+	3+	40	40
Azarakhsh	US / IRN	--	--	--	--	6	6	6+	6+	20	20
F-5A / E	F. Fighter / Tiger II / US	60	60	60	60	60	60	60	60	--	--
Mirage F1EQ / BQ	IRQ	24	24	24	24	10	10	10	10	--	--
F-7A / M	Airguard / PRC	20	20	20	20	20	20	20	20	20	20

Abbildung 24: Iran Air Force Equipment, Quelle: http://www.globalsecurity.org/military/world/iran/airforce-equipment.htm

Aircraft	Source	1990	1995	2000	2005	2010	2012	2015	2020	2025	2030
2nd Generation		16	16	..	..	..	..	..	..	..	..
F-6	PRC	16	16	--	--	--	--	--	--	--	--
Recon / EW		9	4	4	4	4	4	4	4	..	..
RF-4E	Phantom II / US	4	4	4	4	4	4	4	4	--	--
RF-5A	Freedom Fighter / US	5	--	--	--	--	--	--	--	--	--
Tanker		4	4	4	4	4	3	3	3	3	3
Boeing 747	US	--	--	1	1	1	2	2	2	2	2
Boeing 707	US	4	4	3	3	3	1	1	1	1	1
Transport		76	75	86	78	105	104	104+	104+	144	144
Medium		21	20	20	20	31	31	31	31	31	31
Il-76	Candid / IRQ / RU	1	1	1	1	12	12	12	12	12	12
C-130E / H	Hercules / US	20	19	19	19	19	19	19	19	19	19
Light		28	28	51	46	62	62	62+	62+	102	102
An-74	Coaler / UKR	--	--	12	12	11	11	11	11	11	11
Y-7	PRC	--	--	2	2	14	14	14	14	14	14
IrAn-140	Faraz / RU / IRN	--	--	--	--	5	5	5+	5+	45	45
F-27	Friendship / NL	15	15	15	10	10	10	10	10	10	10
Y-12	PRC	--	--	9	9	9	9	9	9	9	9
Shrike Commander 690	US	3	3	3	3	3	3	3	3	3	3
PC-6B	Turbo Porter / SWI	10	10	10	10	10	10	10	10	10	10
Passenger		27	27	14	12	12	11	11	11	11	11
Boeing 747F	US	9	9	6	4	4	4	4	4	4	4
Boeing 707	US	11	11	2	2	2	2	2	2	2	2
Boeing 727	US	1	1	1	1	1	--	--	--	--	--
Da-20 / Da-50	Falcon / FRA	5	5	4	4	4	4	4	4	4	4
L-1329	Jetstar / US	1	1	1	1	1	1	1	1	1	1

Abbildung 25: Iran Air Force Equipment, Quelle: http://www.globalsecurity.org/military/world/iran/airforce-equipment.htm

TRAINING			148	156	163	162	164	156	156+	180+	167	167
	Jet - Advanced		30	30	30	30	36	36	36+	36+	30	30
MiG-29UB	Fulcrum	USSR	2	5	5	5	5	5	5	5	5	5
Su-25UBK	Frogfoot	IRQ	3	3	3	3	3	3	3	3	3	3
Simorgh		US / IRN	--	--	--	--	6	6	6+	6+	20	20
F-5B / F	F. Fighter / Tiger II	US	20	20	20	20	20	20	20	20	--	--
FT-7	Airguard	PRC	5	5	5	5	5	5	5	5	5	5
	Jet - Intermediate		7	7	7	7	8	8	8+	32	25	25
Tazarv / Tondar / Dorna		IRN	--	--	--	--	1	1	1+	25	25	25
T-33A	Shooting Star	US	7	7	7	7	7	7	7	7	--	--
	Piston		111	119	126	125	120	112	112	112	112	112
EMB-312	Tucano	BRA	40	23	23	23	23	15	15	15	15	15
PC-7 / Fadzhir		SWI	45	45	40	40	35	35	35	35	35	35
TB-21 / TB-200	Trinidad / Tobago	FRA	--	--	12	12	12	12	12	12	12	12
MFI-17	Mushshaq / Super Mushshaq	PAK	--	25	25	25	25	25	25	25	25	25
F-33A / C / Parastu	Bonanza	US / IRN	26	26	26	25	25	25	25	25	25	25
Helicopter		GTOW	46	46	46	34+	34+	34+	34+	34	34	34
	Transport - Intermediate	10-ton	5	5	5	2	2	2	2	2	2	2
CH-47C	Chinook	US	5	5	5	2	2	2	2	2	2	2
	Transport - Medium	5-ton	39	39	39	30+	30+	30+	30+	30	30	30
Shabaviz 2-75		US / IRN	--	--	--	+	+	+	+	30	30	30
Bell 214A / C	Isfahan	US / IRN	39	39	39	30	30	30	30	--	--	--

Abbildung 26: Iran Air Force Equipment, Quelle:
http://www.globalsecurity.org/military/world/iran/airforce-equipment.htm

	Light / Utility		2	2	2	2+	2+	2+	2+	2	2	2
Shabaviz 206-1		ITA / IRN	--	--	--	+	+	+	+	2	2	2
AB-206	JetRanger	ITA	2	2	2	2	2	2	2	--	--	--
UAV			--	--	--	+	+	+	+	+	+	+
Mohajer II / III / IV		IRN	--	--	--	+	+	+	+	+	+	+
SAM			--	+	+	+	+	+	+	+	+	+
SA-15		RU	--	--	--	--	+	+	+	+	+	+
HQ-7		PRC	--	--	+	+	+	+	+	+	+	+
MIM-23B / HAWK		US	150	150	150	150	150	150	150	150	150	150
SA-5		USSR / URK	--	10	10	10	10	10	10	10	10	10
HQ-2J / Sayyad-1		PRC / IRN	35	45	45	45	45	45	45	45	45	45
Rapier		UK	30	30	30	30	30	30	30	30	--	--
Tigercat		UK	25	15	15	15	15	15	15	15	--	--
SSM			--	--	--	+	+	+	+	+	+	+
Sejjil / Ghadr		Various / IRN	--	--	--	--	+	+	+	+	+	+
Shahab-3 (Missile)		DPRK / IRN	--	--	--	~24	~48	~48	~48	~48	~48	~48
Shahab-3 (Launcher)		DPRK / IRN	--	--	--	~6	~12	~12	~12	~12	~12	~12
Shabab-1 / -2 (Missile)[1]		Various / IRN	--	--	--	300	300	300	300	300	300	300
Shabab-1 / -2 (Launcher)[1]		Various / IRN	--	--	--	~18	~18	~18	~18	~18	~18	~18
Mushak-120 / Nazeat 10		IRN	--	--	--	--	+	+	+	+	+	+

Abbildung 27: Iran Air Force Equipment, Quelle:
http://www.globalsecurity.org/military/world/iran/airforce-equipment.htm

Ich möchte nun die Luftwaffe des iranischen Militärs untersuchen. Auf den Abbildungen 24, 25, 26 und 27 werden die Waffenarsenale der iranischen Luftwaffe dargestellt.

„Nach Schätzungen aus dem Jahr 2005 besitzt die iranische Luftwaffe gut 300 Kampfflugzeuge, über deren Einsatzfähigkeit relativ wenig bekannt ist. Den zahlenmäßig größten Anteil machen F-14 Tomcat, F-4 Phantom II und Northrop F-5 aus, die das Rückgrat der iranischen Luftwaffe bilden. Die kämpfenden Einheiten sind in neun Staffeln für den Kampf gegen Bodenziele (162 bis 186 Flugzeuge), sieben Jägerstaffeln (70 bis 74 Flugzeuge) und eine Aufklärungsstaffel (vier bis acht Flugzeuge) gegliedert. Allerdings ist deren Einsatzfähigkeit zumindest zweifelhaft, da es sich um amerikanische Baumuster handelt, deren Ersatzteilversorgung durch Einfuhrbeschränkungen stark eingeschränkt ist. Darüber hinaus verfügt die Luftwaffe über moderne Kampfflugzeuge vom Typ MIG-29, SU-24/25 und französische Mirage F-1, die vermutlich aus irakischen Beständen stammen, die während des 2. Golfkrieges 1991 in den Iran gelangten und seither nicht zurückgegeben wurden."[139]

Es kann davon ausgegangen werden, dass nicht wenige der Kampfflugzeuge veraltet sind, aber wahrscheinlich sind sie dennoch einsatzfähig. Der Iran hat ebenso Flugzeuge aus dem Irak während des 2. Golfkrieges in seine Flotte übernommen. Es wird aber offenbar geplant, weitere Flugzeuge und Kampfhubschrauber zu erwerben oder selbst zu produzieren.

Zu guter Letzt bleibt ein kurzer Blick auf die Marine des iranischen Militärs. Auch hier könnte der Iran noch einiges verbessern, um im Falle eines Angriffs gewappnet zu sein. In jedem Falle ist die Mehrzahl der Marine-Soldaten nicht für die Besatzung auf Booten eingeplant. Die Marine ist auch noch sehr klein.

„In der Marine der Iranischen Armee versehen rund 18.000 Soldaten ihren Dienst. Ein Großteil von ihnen ist allerdings keine Bootsbesatzung, sondern Marine-Infantristen und Infanteristen auf Inseln des Persischen Golfs. Die Marine ist damit vergleichsweise klein. Seit 2001 steht die Marine im Zentrum der Modernisierung der iranischen Streitkräfte und wurde mit neuem Gerät ausgestattet. Im strategischen Operationsgebiet ist die Kontrolle des Persischen Golfs mit seinen wichtigen Verkehrswegen, vor allem für Öltanker. Schätzungen zufolge verfügt die iranische Marine heute über drei dieselgetriebene U-Boote (KILO-Klasse) aus russischer, drei Fregatten vom Typ ALVAND aus britischer und zwei Korvetten (BAYANDOR) aus US-Produktion sowie 25 Raketen- und 45 Patrouillenboote. Dazu kommen zwei Minenleger, fünf Minenräumboote, sechs Luftkissenboote und 23 Versorgungs- und Unterstützungsschiffe. Im Bereich von Klein-U-Booten kooperieren die Iraner eng mit der VR China und Nordkorea."[140]

Die im Vergleich zum Heer relativ kleine Marine verfügt also dennoch über einsatzfähige Boote und Schiffe. Über die von der Marine genutzten Häfen sind folgende Informationen zu finden.

„By 1976 the 6 major ports of Bandar-e Abbas, Bandar-e Shahpur, Chah Bahar (known as Bandar-e Beheshti after the 1979 Revolution), Bushehr, Abadan, and Khorramshahr had a capacity of 12 million tons, with expansion projects underway. By late 1977, unloading delays, which had caused serious issues in commerical transport through Iran's ports, were no longer a problem. As a result of war damage, the ports of Abadan and Khorramshahr were closed in 1980, leaving the other four main ports and twelve minor ports in operation.

By 1977 the bulk of the fleet was shifted from Khorramshahr to the newly completed base at

---

[139] Beljanski, Sascha: Das Nuklearprogramm der Republik Iran: Eine Analyse des Status Quo und seiner Auswirkungen auf Israel, Bremen: Salzwasser-Verlag, 2008, ISBN 978-3-86741-030-4, S. 28, online unter: http://books.google.de/books?id=8A3o7_UeLH0C&printsec=frontcover&hl=de

[140] Beljanski, Sascha: Das Nuklearprogramm der Republik Iran: Eine Analyse des Status Quo und seiner Auswirkungen auf Israel, Bremen: Salzwasser-Verlag, 2008, ISBN 978-3-86741-030-4, S. 28f., online unter: http://books.google.de/books?id=8A3o7_UeLH0C&printsec=frontcover&hl=de

Bandar-e Abbas, which became the new naval headquarters. Bushehr was the other main base. Smaller facilities were located at Khorramshahr, Khark Island, and Bandar-e Khomeini (formerly known as Bandar-e Shahpur). Bandar-e Anzali (formerly known as Bandar-e Pahlavi) was the home of the small Caspian fleet. Other facilities were being constructed, such as Bandar Beheshti (formerly Chah Bahar), construction of which had begun prior to 1979.

During the Iran-Iraq War, Iranian naval continued to use many of the existing naval facilities, expanding during the conflict and into the Tanker War mainly to offshore oil platforms, used as improvised forward operating bases. By the end of the conflict, international particiaption, primarily by the United States, had led to main of Iran's purpose built naval facilities and improvised bases suffering damage. Extensive repairs and expansions continued to be conduct throughout the 1990s and into the early 2000s."[141]

Außerdem wurden auch Schiffe aus Saudi-Arabien importiert und werden womöglich auch noch weitere Schiffe und U-Boote eingekauft.

„Despite having a submarine capability, in the 1990s Iran's navy is neither the best equipped nor the strongest in the region. Upon the acquisition of the Kilo-class submarines by the Iranian Navy, Saudi Arabia arranged for delivery of three upgraded La Fayette-type frigates (armed with anti-ship and anti- aircraft missiles, torpedo tubes and anti- submarine warfare helicopters) and one new Sandown-class coastal minesweeper. Iran's Navy, one of the region's most capable, can temporarily disrupt maritime traffic through the Strait of Hormuz using a layered force of KILO Class diesel submarines, ship- and shore-based antiship cruise missiles and naval mines."[142]

Soviel zur iranischen Marine. Weiterhin sind einige Informationen über iranische Marschflugkörper relevant, da diese, im Vergleich zu den Raketen, Ziele noch genauer angreifen könnten.

„Im Gegensatz zu Raketen ist die Zielgenauigkeit bei Marschflugkörpern wesentlich höher und llegt im Meterbereich. Die IRI arbeitet an der Entwicklung von Marschflugkörpern, die sowohl zur Seeziel- als auch zur Landzielbekämpfung geeignet sind. Im Jahr 2004 wurde die Existent eines Marschflugkörpers mit der Bezeichnung „Ra'ad" bekannt, die über fortgeschrittene Lenksysteme verfügen soll. Darüber hinaus soll Iran zwischen 1999 und 2001 von einer ukrainischen Firma mit zwölf Marschflugkörpern von Typ KH-55 beliefert worden sein. Diese Flugkörper, die nukleare Sprengköpfe tragen und eine Reichweite von bis zu 3.000 km erreichen können, sind eigentlich dafür ausgelegt, von russischen Langstreckenbombern aus gestartet zu werden. Sie können aber wohl auch von Su-24-Kampfflugzeugen verschossen werden, über die Iran bereits verfügt."[143]

Diese Marschflugkörper sind in jedem Falle eine Präzisionswaffe, die im Falle eines Einsatzes eine große Gefahr für die Gegner des Irans darstellen würde. Letztlich lässt über die Infanterie und deren Bewaffnung, sowie über das gesamte Iranische Heer folgendes zusammenfassend sagen.

„Kommen wir zu den Waffensystemen, und was sich aus ihrer Anzahl und Qualität ableiten lässt für das militärische Potential des Iran. Angesichts des bergigen Terrains, ist das Militär des Iran deutlich von leichter Infanterie und Artillerie dominiert. Kampfpanzer, Schützenpanzer und Panzerhaubitzen sind zwar in recht großer Zahl vorhanden, aber generell technisch veraltet und im

---

[141] NAVY Bases, in: globalsecurity.org, online unter: http://www.globalsecurity.org/military/world/iran/navy-base.htm
[142] NAVY, in: globalsecurity.org, online unter: http://www.globalsecurity.org/military/world/iran/navy.htm
[143] Beljanski, Sascha: Das Nuklearprogramm der Republik Iran: Eine Analyse des Status Quo und seiner Auswirkungen auf Israel, Bremen: Salzwasser-Verlag, 2008, ISBN 978-3-86741-030-4, S. 33, online unter: http://books.google.de/books?id=8A3o7_UeLH0C&printsec=frontcover&hl=de

Verhältnis zur Infanterie hat es viel zu wenig gepanzerte Fahrzeuge."[144]

Das Iranische Militär führt regelmäßig Manöver und Kontrollen durch, insbesondere um israelische Luftangriffe zu simulieren.

„Die Revolutionsgarden in Teheran haben für die Nacht zum Samstag ein Manöver der Luftabwehr angekündigt, mit dem sie sich auf einen möglichen Angriff Israels auf iranische Atomanlagen vorbereiten wollen. Das meldete die Agentur Irna am Freitag.

Nach dieser Mitteilung wollen die Garden einen israelischen Angriff auf Atomanlagen oder andere strategische Ziele in ihrem Land simulieren und so sicherstellen, dass sie gegen diese gewappnet sind."[145]

Abschließend komme ich in diesem Kapitel zu folgendem Fazit. Ich habe gezeigt, dass der Iran, sowohl mit seinem Raketenarsenal, als auch mit den weiteren Militärkapazitäten, der Ausbildung von Truppen, sowie dem prinzipiell wehrfähigen Männern eine extrem schlagkräftige Armee hat, die sicher eine enorme Gegenwehr im Falle eines Angriffes leisten würde. Die militärischen Kapazitäten sind enorm und nicht zu vergleichen mit denen des Iraks oder Afghanistans.

Mit der Aufrüstung durch Raketen hat der Iran ein großes Abschreckungspotential aufgebaut, um sich unangreifbar zu machen. Dazu wird auch die Feindschaft zu Israel als Vehikel benutzt, um die Truppen auf den Feind einzuschwören. Es ist nur eine Frage der Zeit, bis der Iran eine starke Luftwaffe hat, mit der ebenfalls ABC-Waffen eingesetzt werden können. Der Iran verfügt über ein Radarsystem, Satelliten-Aufklärung und mehrere Tausend Raketen, dazu wird ein Drohnen-Programm verfolgt (etwa die Drohne Sofreh Mahi[146]) und ein Programm zur Herstellung von Marschflugkörpern. Der Iran verfügt über starke Waffen zur Abwehr von Luftangriffen und über gut ausgebildetes Personal dafür.

In Zukunft werden die militärischen Potentiale des Irans noch weiter verstärkt werden, und zwar unabhängig von der Zusammenarbeit mit anderen Staaten. Es drängt sich der Eindruck auf, als hat der Iran aus jedem der ehemaligen Ostblockstaaten, aus China, Russland, den USA und aus Deutschland und Europa militärisches Gerät importiert, zum Teil, um es selbst nachzubauen.

Die Iranischen Streitkräfte sind um ein vielfaches stärker als die Afghanistans und des Iraks. Die Schwachstellen liegen bisher noch in der Luftwaffe, unzureichendem Arsenal an Kampf-Panzern, veralteter Artillerie, zu kleiner Marine. Die Stärken liegen in der Abwehr von Luftangriffen, Infanterie, Raketen, Marschflugkörpern.

Damit ist für mich eindeutig klargestellt, dass es sich beim Iran um eine regionale Großmacht handelt. Die Tatsache, dass die Rüstungsindustrie der Mullahs weiter ausgebaut wird und die Exporte von Waffen erhöht wurden, ist ein Zeugnis dafür, dass der Iran weiter bestrebt ist, seine Arsenale aufzustocken.

Darauf deutet auch die intensive Zusammenarbeit des Irans mit Pakistan hin.

---

144 von Bruchhausen, Philipp-Henning: Iranische Bedrohung oder bedrohter Iran?: Das neue Kräftegleichgewicht in der Region des Nahen Ostens nach dem Irakkrieg, Norderstedt: GRIN, 2009, ISBN 978-3-640-34215-0, S. 49, online unter: http://books.google.de/books?id=ayCEHxTPGGEC&printsec=frontcover&hl=de

145 International - Teheran simuliert israelischen Angriff bei Manöver, in: zeit.de vom 18. November 2011, online unter: http://www.zeit.de/news/2011-11-18/international-teheran-simuliert-israelischen-angriff-bei-manoever-18225002

146 Siehe hierzu: http://en.wikipedia.org/wiki/Sofreh_Mahi

„As things stand, Pakistani policymakers know that an intimate Iran-Pakistan relationship is a major concern for Washington, as better relations may lead Pakistan to share its nuclear technology with Iran. From a realpolitik perspective, playing the Iranian card may encourage Congress to think twice before it cuts US aid to Pakistan, as doing so may simply compel Pakistan to search for alternate means of raising money. In the context of Afghanistan, both Pakistan and Iran have vested interest in the country: the three have strong cultural and linguistic interaction (Persian for example has a strong influence on Urdu) not to mention Arabic, the language of Islam. In addition, millions of Afghans reside in Iran and Pakistan affecting policies and politics in the two countries."[147]

Die Zusammenarbeit zwischen Iran und Pakistan ist also für beide Seiten von Vorteil. Die mögliche Lieferung von U-Booten an Pakistan durch die deutsche Bundesregierung[148] und der Lieferung von U-Booten an Pakistan aus China[149] könnten im Falle einer Zusammenarbeit auch dem Iran nützlich sein, denn diese Technologie könnte an den Iran vermittelt werden und der Iran könnte diese U-Boote nachbauen

Alles in Allem lässt die Untersuchung in diesem Kapitel folgendes Szenario realistisch erscheinen: Binnen 10 Jahren ist der Iran, in Kooperation mit Pakistan, den Taliban, Syrien, Saudi-Arabien, Nordkorea und anderen islamischen Staaten, nicht nur eine militärische Großmacht und die Schaltzentrale der islamischen Blocks, sondern vermutlich eine Supermacht, die im Konzert der Großen auf einer Augenhöhe mit den USA, Russland, EU und China verhandeln kann.

---

[147] Kfir, Isaac: Iran-Pakistan Relations and their Effect on Afghanistan and the U.S., in: instinct.org vom 25. Oktober 2011, online unter: http://insct.org/commentary-analysis/2011/10/25/iranian-pakistani-relations-and-their-effect-on-afghanistan-and-the-us/
[148] Siehe hierzu: Lohse, Eckart: Waffenexport: Deutsche U-Boote für Islamabad, in: faz.net vom 13. Juni 2009, online unter: http://www.faz.net/aktuell/politik/ausland/waffenexport-deutsche-u-boote-fuer-islamabad-1811635.html
[149] Pak plans to acquire 6 submarines from China, in: thehindu.com vom 09. März 2011, online unter: http://www.thehindu.com/news/international/article1522886.ece

8. Die iranischen Atomanlagen

In diesem Kapitel möchte ich die im Iran befindlichen Atomanlagen darstellen und versuchen zu zeigen, welche für friedliche Zwecke genutzt werden und welche ebenfalls für ein militärisches Atomprogramm Verwendung finden könnten. Außerdem möchte ich kurz versuchen darzustellen, mithilfe welcher technischen Voraussetzungen die Iranische Führung ihr Atomprogramm umsetzt.

Die Anlagen sind meiner Ansicht nach eigentlich hauptsächlich für ein ziviles Programm ausgelegt. Auf der anderen Seite kann aus Sicht des Irans eine Bedrohungslage analysiert werden, die die militärische Nutzung von atomarem Material notwendig macht.

„Mit Pakistan, Indien, Israel, Russland und China ist Iran von Staaten mit Nuklearwaffen umgeben. Auch Irans Nachbarland Irak hatte bis zum ersten Golfkrieg ein militärisches Atomprogramm. Existentielle Bedrohung, Unsicherheit und Furcht sind die wirksamsten Triebfedern für eine nukleare Proliferation.

Als Folge der beiden Golfkriege ist zwar eine Bedrohung durch den Nachbarstaat Irak auf absehbare Zeit weggefallen; umgekehrt stellen die starke Präsenz von US-Truppen in den beiden Nachbarländern Irak und Afghanistan sowie der starke US-amerikanische Einfluss in den jungen zentralasiatischen Staaten das Sicherheitsbedürfnis Irans vor neue Herausforderungen. Die prekäre sicherheitspolitische Lage in der Region stellt jedenfalls den Hintergrund dar für die möglichen militärischen nuklearen Ambitionen des Irans bzw. für die weltweit geäusserten Befürchtungen über ein derartiges Programm."[150]

Die Abbildung 28 zeigt die iranischen Atomanlagen in der grafischen Darstellung des Landes. Zunächst möchte ich nun die Atomanlagen im Einzelnen beschreiben. Über die Anlagen in Natanz und Ghom lässt sich Folgendes in Erfahrung bringen.

„NATANZ: In der unterirdischen Fabrik zur Urananreicherung südöstlich von Teheran wurden bisher mit etwa 6000 Gaszentrifugen nahezu 3200 Kilogramm schwach angereichertes Uran produziert. Für den Bau einer Atombombe müsste Uran auf 80 Prozent und mehr angereichert werden. 2010 dementierte Teheran technische Probleme in Natanz. Der zeitweise Ausfall der Anlage sei "ein ganz normaler und natürlicher Vorgang", hieß es.

QOM (GHOM): Im September 2009 gab Teheran die Existenz einer weiteren Anreicherungsanlage südlich von Teheran zu, die allerdings noch nicht in Betrieb ist. Die Fabrik in einem Tunnelsystem auf einem früheren Militärgelände nahe der Schiiten-Hochburg Qom soll nach der Fertigstellung Platz für 3.000 Zentrifugen zur Urananreicherung haben."[151]

---

[150] Wirz, Christoph: Ist der Iran auf dem Weg zur Atombombe, in: Labor Spiez, Hintergrundinformationen zu einem aktuellen Thema, Januar 2004, S. 7f., online unter: http://www.labor-spiez.ch/de/dok/hi/pdf/dedokhiir_0401.pdf
[151] Die Atomanlagen im Iran, in: diepresse.com vom 06. Dezember 2010, online unter:
http://diepresse.com/home/politik/aussenpolitik/616225/Die-Atomanlagen-im-Iran

Abbildung 28: Die iranischen Atomanlagen, Quelle: http://www.welt.de/politik/ausland/article13705986/IAEA-Bericht-Iran-arbeitete-an-Atombombe.html

Ebenfalls sind die auf Abbildung 28 dargestellten Anlagen in Bushehr, Arak, Teheran, Isfahan und Karaj von Interesse.

„BUSHEHR: Auch 35 Jahre nach Baubeginn liefern die beiden Atomreaktoren im Südwesten des Landes noch keinen Strom. Die deutsche Kraftwerk Union (KWU) zog sich nach der islamischen Revolution von 1979 aus dem Projekt zurück. Später stiegen die Russen in Bushehr ein. Erst im Oktober 2010 wurden die ersten aus Russland gelieferten Brennelemente geladen, Anfang des kommenden Jahres soll die Anlage nun ans Netz gehen.

ARAK: Den USA ist seit 2002 die Existenz des Schwerwasserreaktors im Westen des Landes bekannt. Hier fällt Plutonium an, das für die Bombenproduktion verwendet werden könnte.

TEHERAN: Der kleine Leichtwasserreaktor in der Hauptstadt wurde noch zu Zeiten des 1979 gestürzten Schahs mit Hilfe der USA gebaut. Er soll Material für medizinische Zwecke produzieren.

Dazu benötigt er angereichertes Uran.

ISFAHAN: Im Zentrum der iranischen Kernforschung gibt es eine Anlage zur Produktion von Kernbrennstäben. Auch das in Zentrifugen zur Urananreicherung benötigte Hexafluoridgas wird südlich von Teheran hergestellt.

KARAJ: Seit den 1990er Jahren arbeitet nahe der Hauptstadt ein Nuklearforschungszentrum, das vor allem medizinischen Zwecken dienen soll."[152]

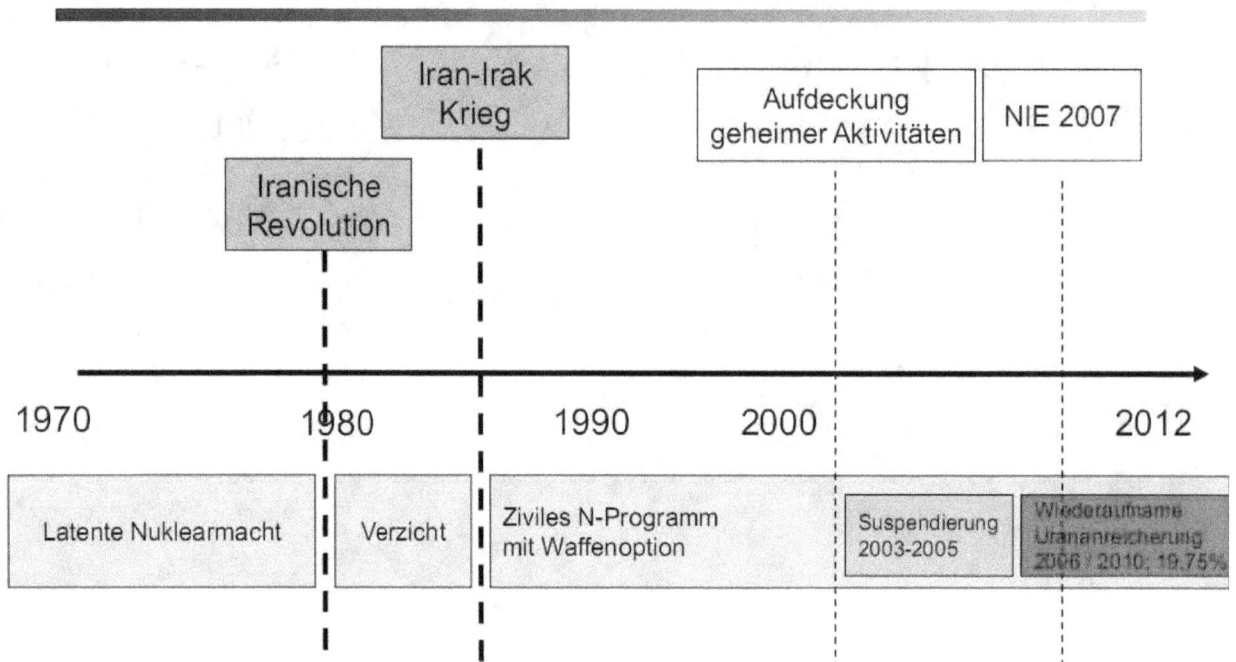

Abbildung 29: Genese des Nuklear(waffen)programms 1970-2009, S. 7, online unter: http://www.uni-heidelberg.de/md/politik/harnisch/person/vortraege/harnisch-tutzing-iran2011.pdf

Die Abbildung 29 soll an dieser Stelle im Zusammenhang mit folgendem Zitat gesehen werden.

„Am 21. Februar strahlte das iranische Staatsfernsehen einen Zeichentrickfilm aus, der einen zeitlichen Rahmen für die nuklearen Ambitionen des Iran enthielt. Gezeigt wurden scheiternde Bemühungen des Westen und Israels, das Land in die Knie zu zwingen, während der Ausbau der Nuklear-Technologie im Land ungehindert voranschritt. Im Jahr 2022 war es dann soweit: In mehreren Städten standen funktionsfähige Atomkraftwerke.

Kombiniert man das mit einem Schulsystem, das die Erziehung zum Dschihad gegen den Westen als seine vielleicht vorrangigste Aufgabe betrachtet, so wird deutlich: Irans Atompolitik ist kein taktisches Pokerspiel und kein opportunistisches Feilschen um wirtschaftliche Vorteile als Gegenleistung für einen vom Westen geforderten Stopp der Urananreicherung. Sie ist Staatspolitik, langfristige Strategie. Sie ist nicht niederzuringen mit ökonomischen Verlockungen oder Sanktionen."[153]

---

[152] Die Atomanlagen im Iran, in: diepresse.com vom 06. Dezember 2010, online unter: http://diepresse.com/home/politik/aussenpolitik/616225/Die-Atomanlagen-im-Iran

[153] Kalnoky, Boris: Urananreicherung: Im Dienste der iranischen Mullahs, in: welt.de vom 10. April 2007, online unter: http://www.welt.de/politik/article802276/Im-Dienste-der-iranischen-Mullahs.html

Das iranische Nuklearprogramm und eine potentielle iranische Nuklearwaffenkapazität

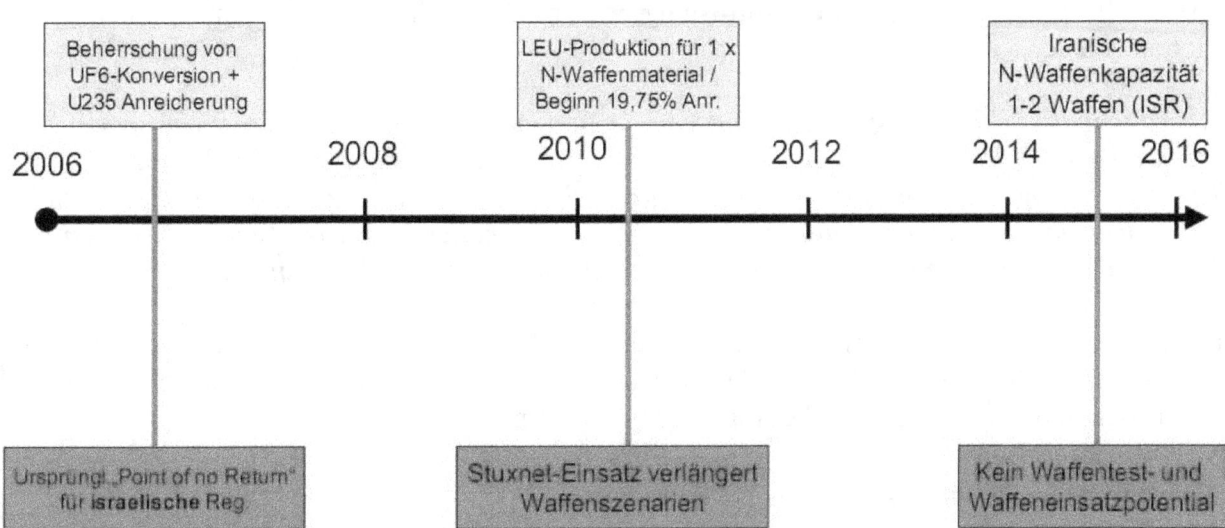

Abbildung 30: Das iranische Nuklearprogramm und eine potentielle iranische Nuklearwaffenkapazität,S. 9, online unter: http://www.uni-heidelberg.de/md/politik/harnisch/person/vortraege/harnisch-tutzing-iran2011.pdf

Iranische Anreicherungskapazität: Zentrifugenentwicklung in Natanz: 2007-2010

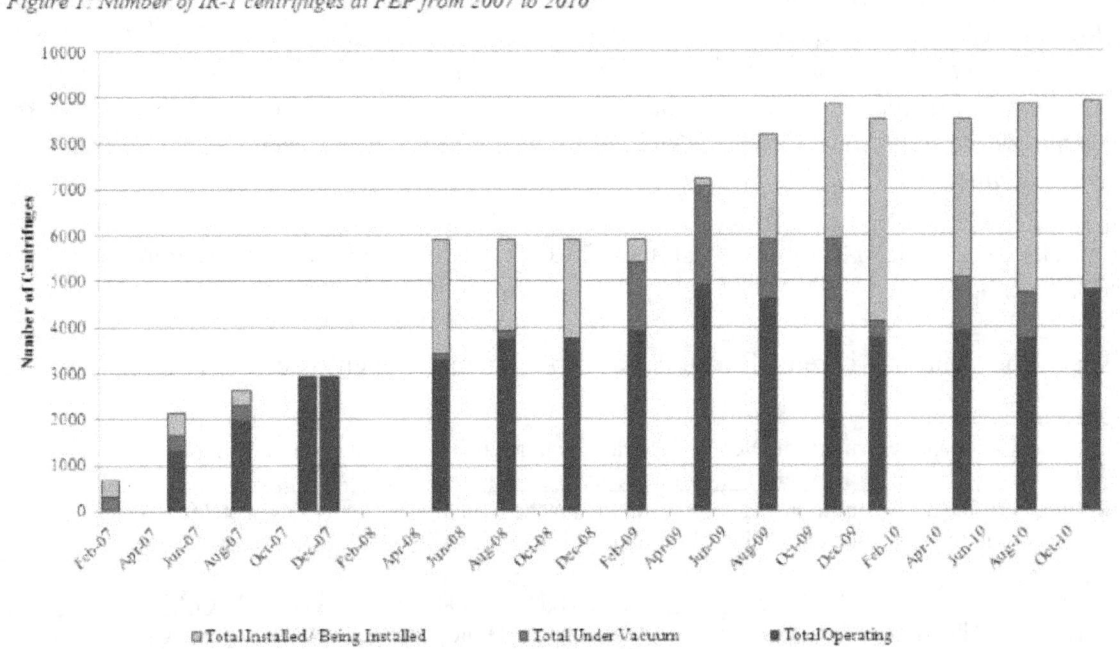

Abbildung 31: Zentrifugenentwicklung in Natanz, Quelle: S. 11, online unter: http://www.uni-heidelberg.de/md/politik/harnisch/person/vortraege/harnisch-tutzing-iran2011.pdf

Im Iran werden also bereits im Schulsystem die Kinder und Jugendlichen auf den Dschihad konditioniert. Sieht man dazu die wahrscheinliche Bestrebung zu einem militärischen Atomprogramm, wie man sie auf Abbildung 30 und 31 mehr als ahnen kann, so kann man davon ausgehen, dass die Wahrscheinlichkeit, dass die Iranische Führung diese Atombombe auch einsetzen würde höher ist, als man im Allgemeinen vermutet.

Dass die Bestrebung zur nuklearen Aufrüstung besteht, lässt sich aus der akuten Gefahrenlage für den Iran ableiten.

„Aber schon die Gefahrenlage legt die nukleare Option aus iranischer Sicht nahe: Umringt von den Streitkräften der USA, mit einer prowestlichen, gebildeten Jugend und Intelligenzija in den Großstädten, sowie großen und manipulierbaren ethnischen Minderheiten ist das Regime leicht verwundbar und das Land mit seinem Ölreichtum ein Objekt der Begierde. Weder Sanktionen noch Geschenke werden daher an der Sichtweise der "wahren Machthaber" viel ändern."[154]

Insofern ergibt sich aus Sicht der autoritären Machthaber des Irans zweierlei: Erstens die Notwendigkeit die eigene Macht zu verstetigen und Zweitens die Notwendigkeit militärisch aufzurüsten, um mögliche feindliche Angriffe abzuwehren.

Genaueres zum Nuklearprogramm entnehme ich aus einer Untersuchung von Henning Riecke.

„Iran hat ein vielseitiges, aber einfaches Nuklearprogramm. Beweise für eine militärische Anwendung gibt es nicht, auch haben reguläre IAEO-Safeguards den amerikanischen Verdacht nicht bestätigt. Der Iran zeigt aber ein widersprüchliches Verhältnis zu Nuklearwaffen: Das Land ist NVV-Unterzeichnerstaat, doch haben iranische Regierungsvertreter mehrfach das Reicht auf eine 'islamische' Bombe proklamiert."[155]

Es besteht also ganz offensichtlich trotz Unterzeichnung des Atomwaffensperrvertrages die Bestrebung, Atombomben herzustellen.

„Teherans Streben nach außenpolitischer Dominanz mit militärischen Mitteln bedroht aus Washingtons Sicht lebenswichtige US-Interessen, amerikanische Einflusssphären und die Sicherheit von langjährigen Verbündeten. Diese direkte Konfrontation unterscheidet die Nuklearfrage im Iran von der Proliferationsdrohung aus der Ukraine, in geringerem Maße auch von der Nordkoreakrise. Mit dem Iran könnte außerdem die erste Nuklearmacht an den Grenzen der NATO entstehen; der Golfstaat ist Nachbar der Türkei."[156]

Die Gefahr einer iranischen Atombombe ist also für die Europäische Union ein Sicherheitsfrage von enormer Bedeutung.

Da die Iranische Führung bereits Raketen an Terrororganisationen wie Hamas, Hisbollah und

---

[154] Kalnoky, Boris: Urananreicherung: Im Dienste der iranischen Mullahs, in: welt.de vom 10. April 2007, online unter: http://www.welt.de/politik/article802276/Im-Dienste-der-iranischen-Mullahs.html

[155] Riecke, Henning: The Most Ambitious Agenda - Amerikanische Diplomatie gegen die Entstehung neuer Kernwaffenstaaten und das Nukleare Nichtverbreitungsregime, FU Berlin, 2002, S. 17, online unter: http://www.diss.fu-berlin.de/diss/servlets/MCRFileNodeServlet/FUDISS_derivate_000000000603/1_Kap1.EINLEITUNG.pdf?hosts

[156] Riecke, Henning: The Most Ambitious Agenda - Amerikanische Diplomatie gegen die Entstehung neuer Kernwaffenstaaten und das Nukleare Nichtverbreitungsregime, FU Berlin, 2002, S. 194, online unter: http://www.diss.fu-berlin.de/diss/servlets/MCRFileNodeServlet/FUDISS_derivate_000000000603/4_Kap2-3IRAN.pdf?hosts=

Islamischer Dschihad liefert, die für sie Stellvertreterkriege gegen Israel führen, ist die Gefahr, dass im Falle einer nuklearen Aufrüstung des Irans auch Atomwaffen an Terroristen abgegeben werden doch nicht von der Hand zu weisen.

Die Gefahr des Nuklearterrorismus ist also gegeben. Hierzu kann man in einer Studie von Karl-Heinz Kamp wichtige Informationen finden.

„Nuklearterrorismus kann, zumindest in seinen Konsequenzen, als eine Steigerung des Terrorismus verstanden werden, vereint er doch gleich zwei apokalyptische Visionen, nämlich die Unberechenbarkeit des Terrorismus und die Destruktivität des Nuklearen. Bemerkenswert ist deshalb, daß der Nuklearterrorismus bislang nur Gegenstand vergleichsweise weniger Untersuchungen gewesen ist, während die Literatur über herkömmlichen Terrorismus überaus reichhaltig ist. Diese Diskrepanz mag zumindest darin begründet sein, daß Nuklearterrorismus eher der Kategorie der "High Risk – Low Probability" Probleme zuzuordnen ist, jene Gefahren also, die in ihren Konsequenzen zwar gravierend sind, deren Eintrittswahrscheinlichkeit aber als sehr gering einzustufen ist. Diese Einschätzung ist nicht allein in der Tatsache begründet, daß es bislang zu keiner nuklearterroristischen Aktion im eingangs beschriebenen Sinne gekommen ist."[157]

Es mag zwar sein, dass die Wahrscheinlichkeit relativ gering ist, dass kleinere terroristische Gruppen in den Besitz von Nuklearwaffen kommen, aber sollten diese, wie etwa im Falle von Hamas und Hisbollah, einen Staat, eine Atommacht als Schutzpatron haben, die eine Nuklearwaffe für einen gezielten militärischen Einsatz abgibt, so steigt diese Wahrscheinlichkeit doch erheblich.

„Angesichts der Häufung der Fälle von Plutoniumschmuggel und angesichts der offenbar unvermeidbar reißerischen Berichterstattung ist nun nicht allein in Deutschland der Eindruck entstanden, als machten die auf dem nuklearen Schwarzmarkt angebotenen Spaltstoffe eine Fertigung nuklearer Sprengkörper vergleichsweise leicht möglich. Selbst komplett montierte Atomwaffen sollen, Berichten zufolge, innerhalb der GUS vagabundieren und von Waffenschiebern zum Verkauf angeboten werden. Träfen diese Meldungen zu, so wäre der Nuklearterrorismus einer seiner wesentlichen Begrenzungen entledigt, nämlich den Schwierigkeiten der Beschaffung von Waffenmaterialien oder der Produktion von Sprengkörpern. Terroristische Gruppen hätten damit - einen entsprechenden Willen vorausgesetzt - die Möglichkeit, sich mit einem vergleichsweise geringen Aufwand Kernwaffen als ultimative Mittel des Terrors zu beschaffen."[158]

Nicht nur der staatliche Zerfall der ehemaligen Sowjetunion und die sich daraus ergebenen Gefahren von Waffenexporten, die zum Teil gar nicht staatlich kontrolliert und initiiert wurden, sondern auch der nukleare Schwarzmarkt und etwa im Falle des Irans die willentliche Proliferation von Waffen an Terrororganisationen sind also eine Gefahr, die Nuklearterrorismus entstehen lassen könnte.

Eine neu gebaute unterirdische Anlage in Fordo ist nach Medienberichten ein zweifelhaftes Unternehmen.

„Iran kommt nach eigenen Angaben voran bei der Fertigstellung einer zweiten Anlage zur Anreicherung von Uran. Die Halle in Fordo nahe Ghom sei fertig vorbereitet für die Installation von Gaszentrifugen, sagte der Leiter der iranischen Atombehörde, Fereidoun Abbasi, der

---

[157] Kamp, Karl-Heinz: Nuklearterrorismus: Fakten und Fiktionen, Interne Studien Nr. 96/1994, S. 6f., in: kas.de, online unter: http://www.kas.de/db_files/dokumente/7_dokument_dok_pdf_1130_1.pdf
[158] Kamp, Karl-Heinz: Nuklearterrorismus: Fakten und Fiktionen, Interne Studien Nr. 96/1994, S. 12f., in: kas.de, online unter: http://www.kas.de/db_files/dokumente/7_dokument_dok_pdf_1130_1.pdf

Nachrichtenagentur Isna. An den Zentrifugen werde aber noch gebaut. Es sei geplant, leistungsstärkere Zentrifugen zu verwenden, mit denen das Uran rascher angereichert werden könne."[159]

Diese unterirdische Anlage lässt den Eindruck gewinnen, dass es sich um eine verdeckte und somit der internationalen Kontrolle entzogenen Anlage handelt, die eine Anreicherung von Uran zum Zwecke einer militärische Nutzung durchführen soll.

Die Faktenlage deutet darauf hin, dass es dem Iran gelungen ist, einen Teil seiner Elektroenergie durch Atomkraft zu produzieren. Dies soll ganz offensichtlich weiter ausgebaut werden. Es gibt eine eigene Uranmine, es gibt Anlagen zur Anreicherung, es gibt Forschungsreaktoren und ein Atomkraftwerk, atomares Material wird hergestellt, dass bei besserer Anreicherung geeignet wäre, für die Verwendung in Atomsprengköpfen genutzt zu werden.

Die Grenze zwischen ziviler und militärischer Nutzung von atomarem Material lässt sich nicht so einfach ziehen. Insofern ist das Unterlaufen von internationalen Kontrollen zwar nicht einfach, aber der Iran kann jederzeit behaupten, dass er sich an die Bestimmungen des Atomwaffensperrvertrages hält.

Die technischen Voraussetzungen für ein militärisches Atomprogramm sind grundsätzlich gegeben. Das Atomprogramm des Irans ist aber nicht sehr umfangreich. Dennoch ist eine extreme Gefahr der nuklearen Aufrüstung durch die Iranische Führung gegeben, weil zum Einen das Regime gewalttätig ist und die Anwendung der Atomwaffe im Falle des Besitzes angesichts der militärischen Drohungen gegenüber Israel nicht ausgeschlossen werden kann.

---

[159] Iran: Atomanlage in Fordo bald fertig, in: faz.net vom 12. April 2011, online unter: http://www.faz.net/frankfurter-allgemeine-zeitung/politik/iran-atomanlage-in-fordo-bald-fertig-1624415.html

9. Über die Funktionsweise von Kernwaffen

Ich möchte nun kurz über die Funktionsweise von Kernwaffen berichten und erläutern wie sie funktionieren und welche unterschiedlichen Formen es gibt. Außerdem möchte ich zeigen, warum es zwischen ziviler Nutzung und militärischer Nutzung viele Gemeinsamkeiten gibt und warum es sehr einfach ist, die Kontrollen der IAEA zu unterlaufen bzw. zu unterbinden, weil die Grenze zwischen legaler Anreicherung und illegaler Waffenproduktion schwer zu ziehen ist.

„Die ungeheure Zerstörungskraft einer Atombombe beruht darauf, dass die Spaltung großer, instabiler Atomkerne riesige Energien freisetzt.

Als wesentlichen Bestandteil einer solchen Bombe bedarf es also zunächst angereicherten Urans oder waffenfähigen Plutoniums.

Diese Uran- oder Plutonium-Isotope werden unter dem Beschuss von Neutronen - das sind elektrisch neutrale Elementarteilchen im Kern eines Atoms - gespalten.

Das setzt neue Neutronen frei, die wiederum andere Atomkerne spalten und so eine Kettenreaktion in Gang setzt, bei der enorme Energien frei werden."[160]

Es muss für den Bau einer Atombombe also nicht nur Uranerz oder Plutonium verfügbar sein, sondern das Material muss aufgearbeitet werden, damit es für eine solche Waffe eingesetzt werden kann.

„Die klassische Atombombe ist die Hiroshima-Bombe "Little Boy": In einer gewehrähnlichen Waffe wurden dabei zwei Uran-Blöcke aufeinander geschossen, wodurch die Neutronen freigesetzt wurden, die die Kettenreaktion in Gang setzten.

Diese Bombe ist verhältnismäßig groß, unhandlich und schwer zu transportieren. Außerdem braucht es zum Bau einer solchen Atombombe eine relativ große Menge Uran: etwa 55 Kilogramm.

Die neuere Kernwaffentechnik baut wesentlich kleinere Bomben aus Plutonium, so genannte Koffer-Bomben.

Deren Konstruktion allerdings ist ausgesprochen kompliziert: Sie müssen nicht nur genau die richtige Form haben, auch die Lage des Sprengsatzes muss sehr präzise eingepasst sein."[161]

Insofern ist also nicht nur die Technik zur Anreicherung von Uran oder zur Gewinnung von Plutonium notwendig, sondern vor allem auch das Know-How und die technischen Voraussetzungen zur Konstruktion einer Kofferbombe.

„Nur ein Teil der dazu benötigten Apparatur kann offiziell gekauft werden. Verschiedene Elemente, wie etwa Zentrifugen oder Membranen zur Anreicherung von Uran sind auf legalem Wege nicht zu beschaffen.

---

[160] Technik: Wie man eine Atombombe baut, in: sueddeutsche.de vom 17. Mai 2010, online unter: http://www.sueddeutsche.de/wissen/technik-wie-man-eine-atombombe-baut-1.612395
[161] Technik: Wie man eine Atombombe baut, in: sueddeutsche.de vom 17. Mai 2010, online unter: http://www.sueddeutsche.de/wissen/technik-wie-man-eine-atombombe-baut-1.612395

Zusätzlich zu Material und Ausrüstung braucht ein Land oder eine Terrorgruppe für die Herstellung einer Atombombe rund ein Dutzend fachlich hochqualifizierter Wissenschaftler und Ingenieure: Atomphysiker, Strahlungs- und Strengstoffexperten sowie Elektroniker."[162]

Ein Team von gut ausgebildeten Wissenschaftlern ist also eine weitere Grundvoraussetzung für ein solches Vorhaben. Es kann allerdings davon ausgegangen werden, dass der Iran alle drei Voraussetzungen erfüllt bzw. zumindest dies in der Lage ist zu organisieren

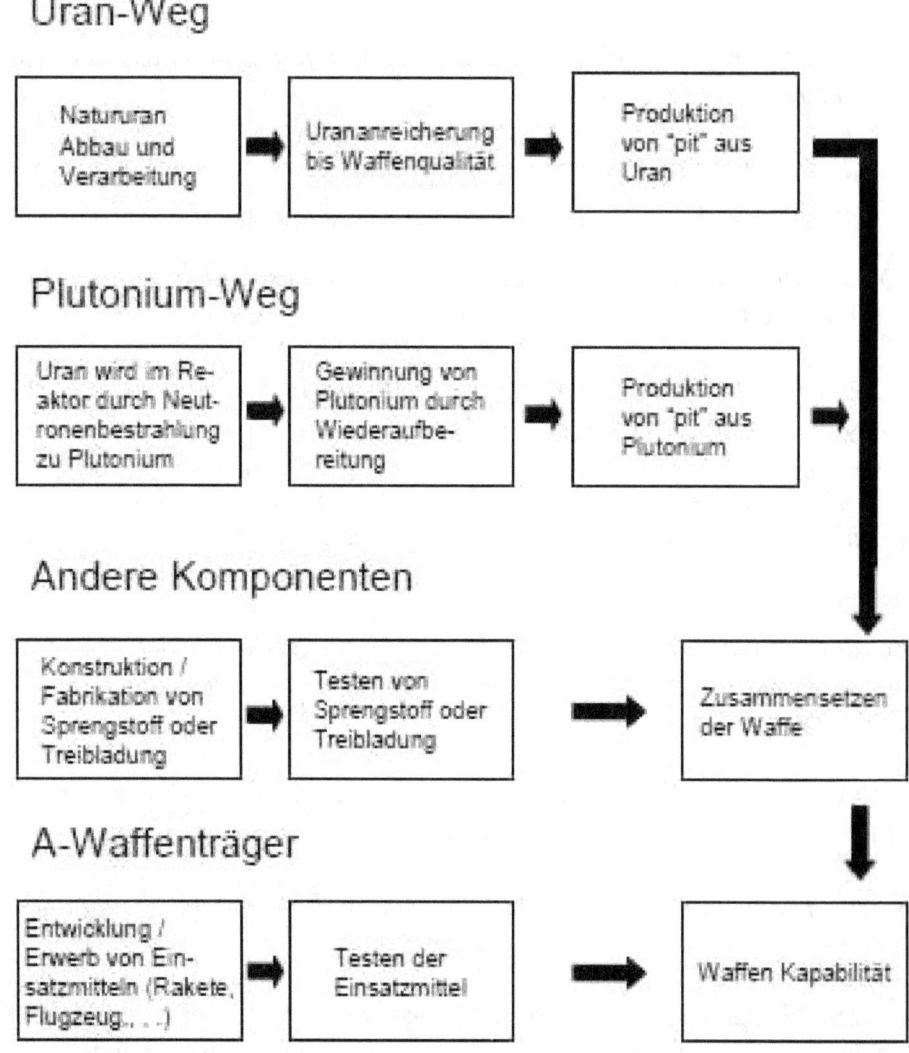

Abbildung 32: Wege zur Atombombe, Quelle: Wirz, Christoph: Ist der Iran auf dem Weg zur Atombombe, in: Labor Spiez, Hintergrundinformationen zu einem aktuellen Thema, Januar 2004, S. 2, online unter: http://www.labor-spiez.ch/de/dok/hi/pdf/dedokhiir_0401.pdf

---

162 Technik: Wie man eine Atombombe baut, in: sueddeutsche.de vom 17. Mai 2010, online unter: http://www.sueddeutsche.de/wissen/technik-wie-man-eine-atombombe-baut-1.612395

Die Abbildung 32 zeigt die notwendigen Entwicklungsschritte für beide Wege, eine Bombe mit Uran und mit Plutonium als Grundlage. Einige Voraussetzungen davon erfüllt der Iran bereits.

Der militärische Nutzen von Kernwaffen hängt nach der Auffassung von Karl-Heinz Kamp von mindestens drei Voraussetzungen ab.

„Damit Kernwaffen die ihnen zugeschriebenen Funktionen auch erfüllen können, müssen mindestens drei Voraussetzungen gegeben sein. Zunächst reicht es nicht aus, allein über funktionsfähige Kernwaffen zu verfügen. Ebenso wichtig ist, dass die Fähigkeit, Atomwaffen zu zünden, der internationalen Staatenwelt auch bekannt ist. Dies kann – wie im Falle Indiens und Pakistans – durch Kernwaffentests oder durch andere Formen des Beweises geschehen."[163]

Es muss also der internationalen Staatenwelt bewiesen werden, dass man technisch zum Einsatz der Atomwaffen in der Lage ist. Es kann davon ausgegangen werden, dass der Iran diesen Beweis nur allzu gerne erbringen würde.

„Neben der physischen Existenz von Kernwaffen muss zweitens auch deren Einsatz glaubwürdig und plausibel sein. Das erfordert neben technischen Gegebenheiten wie etwa ausreichenden Trägersystemen (Flugzeuge, Raketen) auch politische und planerische Voraussetzungen, die zeigen, dass ein Kernwaffeneinsatz ernsthaft erwogen wird. Die häufig vorgenommene Einordnung von Kernwaffen als „politische Waffen", die nie eingesetzt werden dürften, ist eine unzulässige Verkürzung. Kernwaffen müssen militärisch einsetzbar sein, damit sie ihren politischen Zweck der Abschreckung erfüllen können."[164]

Über ausreichend Trägerraketen verfügt der Iran in jedem Falle, wie in Kapitel 5 gezeigt. Auch gibt es Flugzeuge, die zumindest theoretisch auch eine Atombombe transportieren und abwerfen könnten, wie in Kapitel 7 dargestellt. Die Tatsache, dass man mit der Internationalen Staatengemeinschaft „Katz und Maus" spielt in der Frage des Atomprogramms zeigt auch, dass die politischen und planerischen Voraussetzungen in jedem Falle erfüllt wären. Es kann davon ausgegangen werden, dass der Iran sich um seine, wenn vorhandenen, Atomsprengköpfe sicher gut kümmern würde, damit sie jederzeit ihre Funktion erfüllen – militärisch und politisch.

„Eng mit der Frage der Glaubwürdigkeit hängt auch die dritte Voraussetzung zusammen: Die Gefahr der Selbstabschreckung muss so gering wie möglich gehalten werden. Wenn ein Nuklearstaat nur über wenige Kernwaffen von ungeheurer Stärke oder unkontrollierbarer Strahlungswirkung verfügt, so würde er sich vor dem Einsatz dieser Waffe mehr fürchten als vor den Konsequenzen einer gegen ihn gerichteten Aggression. Ein potenzieller Angreifer könnte deshalb darauf spekulieren, der nuklearen Vergeltung zu entgehen, wenn er mit seiner Aggression unterhalb einer bestimmten Schwelle verbleibt. Die Abschreckungswirkung der Atomwaffen wäre damit eingeschränkt."[165]

Sobald der Iran über einige Atomwaffensprengköpfe oder Atombomben verfügt, wäre diese

---

[163] Kamp, Karl-Heinz: Kernwaffen im 21. Jahrhundert: Welche Rolle spielt das westliche Nuklearpotenzial heute?, in: Internationale Politik, November 2005, S. 78, in: kas.de, online unter:
http://www.kas.de/db_files/dokumente/7_dokument_dok_pdf_7505_1.pdf

[164] Kamp, Karl-Heinz: Kernwaffen im 21. Jahrhundert: Welche Rolle spielt das westliche Nuklearpotenzial heute?, in: Internationale Politik, November 2005, S. 78, in: kas.de, online unter:
http://www.kas.de/db_files/dokumente/7_dokument_dok_pdf_7505_1.pdf

[165] Kamp, Karl-Heinz: Kernwaffen im 21. Jahrhundert: Welche Rolle spielt das westliche Nuklearpotenzial heute?, in: Internationale Politik, November 2005, S. 78, in: kas.de, online unter:
http://www.kas.de/db_files/dokumente/7_dokument_dok_pdf_7505_1.pdf

Situation gegeben, denn:

„Der Iran wird sich voraussichtlich zumindest eine virtuelle Nuklearfähigkeit beschaffen – was eine Nuklearisierung des Mittleren und Nahen Ostens nach sich ziehen könnte. Die fortschreitende Modernisierung chinesischer, indischer und pakistanischer Kernwaffen komplettiert die Realität, dass sich deutsche und europäische Politik auch künftig in einem Sicherheitsrahmen bewegt, der eher von mehr denn weniger Kernwaffenstaaten geprägt sein könnte."[166]

Insofern ist also für deutsche und europäische Sicherheitspolitik dringender Handlungsbedarf gegeben, um auf die neuen militärischen Konstellationen zu reagieren.

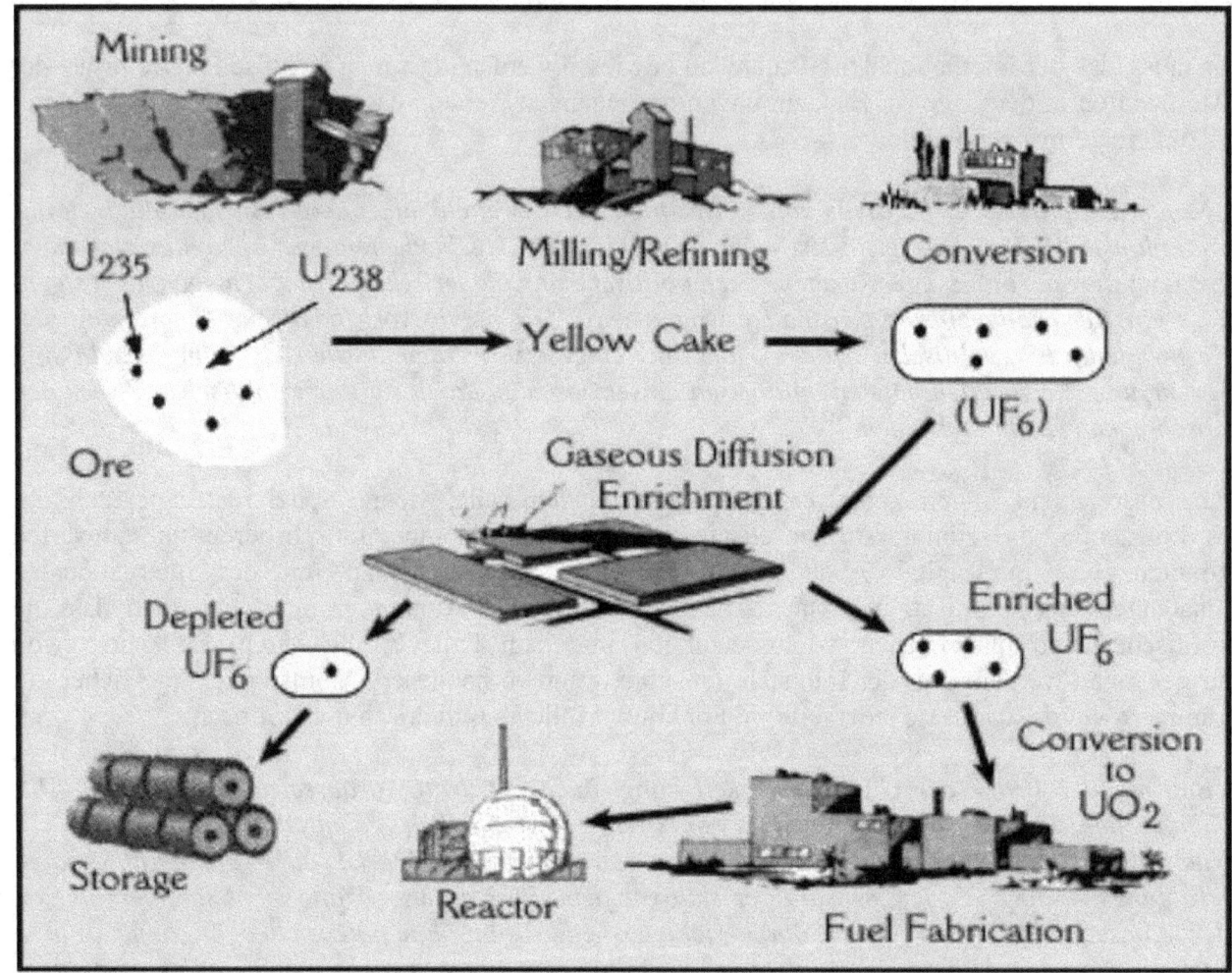

Abbildung 33: Brennstoffproduktion für Kernkraftwerke, Quelle: http://www.znf.uni-hamburg.de/Folien2811.pdf

Auf Abbildung 33 wird das Verfahren zur Herstellung waffenfähigen Materials erläutert und der Ablauf dargestellt. Nach der Gewinnung des Uranerzes in einer Mine wird demnach das Material erst aufbereitet und danach in eine Anreicherungsanlage verbracht. Dort wird ein Teil des aufbereiteten Rohstoffes angereichert und der Rest zur Lagerung abgefüllt. Das angereicherte Uran kann in einem Reaktor zur Energiegewinnung genutzt werden.

---

[166] Keller, Patrick/Schreer, Benjamin: Von der nuklearen Teilhabe zur europäischen Abschreckungsstrategie?, in: Analysen & Argumente, Ausgabe 72, Dezember 2009, Konrad-Adenauer-Stiftung, S. 4, in: kas.de, online unter: http://www.kas.de/wf/doc/kas_18295-544-1-30.pdf?100205112243

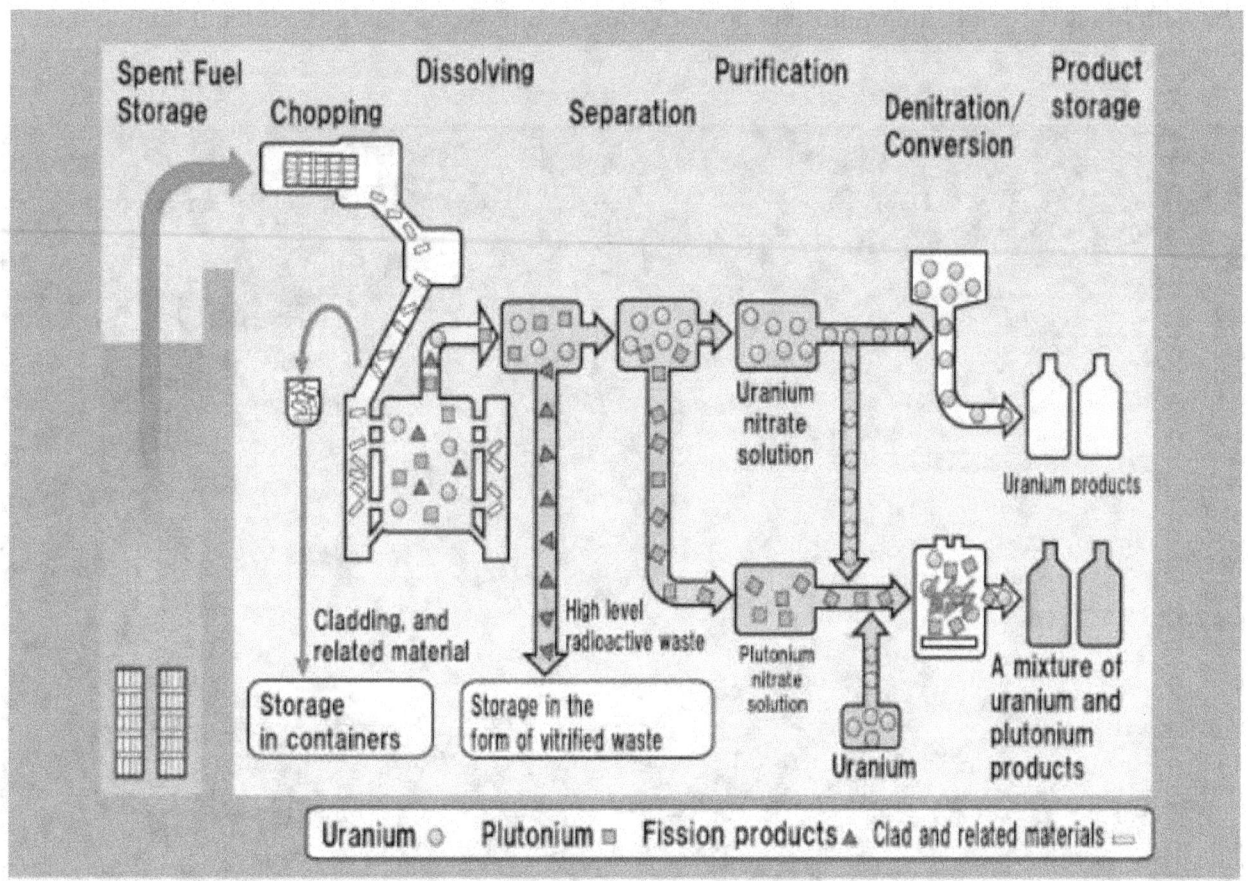

Abbildung 34: Wiederaufarbeitung von Brennelementen zur Abtrennung von Plutonium, Quelle: http://www.znf.uni-hamburg.de/Folien2811.pdf

Auf Abbildung 34 sieht man schematisch den technischen Verlauf der Wiederaufarbeitung von benutzten Brennelementen. Dabei entsteht Plutonium sozusagen als Nebenprodukt. Dieses Plutonium kann ebenfalls für eine Atombombe verwendet werden.

Die nächste Abbildung (Abb. 36) zeigt den Verlauf einer atomaren Kettenreaktion. Hier werden schematisch vier Schritte dargestellt, die sich letztlich weiter fortsetzen.

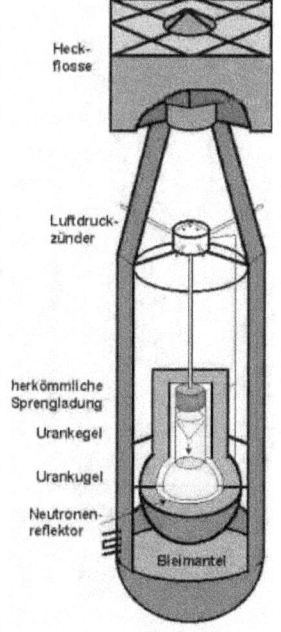

Auf Abbildung 35 sieht man die Atombombe „Little Boy" die nach dem Kanonenrohrprinzip gebaut wurde. Dies funktioniert nur mit Uran.

Abbildung 36: Atomare Kettenreaktion, Quelle: http://www.znf.uni-hamburg.de/PhysGrundlagenFF_5_Kernwaffen_WS2010.pdf

Abbildung 35: Little Boy, Quelle: http://www.znf.uni-hamburg.de/PhysGrundlagenFF_5_Kernwaffen_WS2010.pdf

Die Abbildung 37 zeigt eine Implosionsbombe. Diese Fusionsbombe wird mit einem Plutoniumkern gezündet.

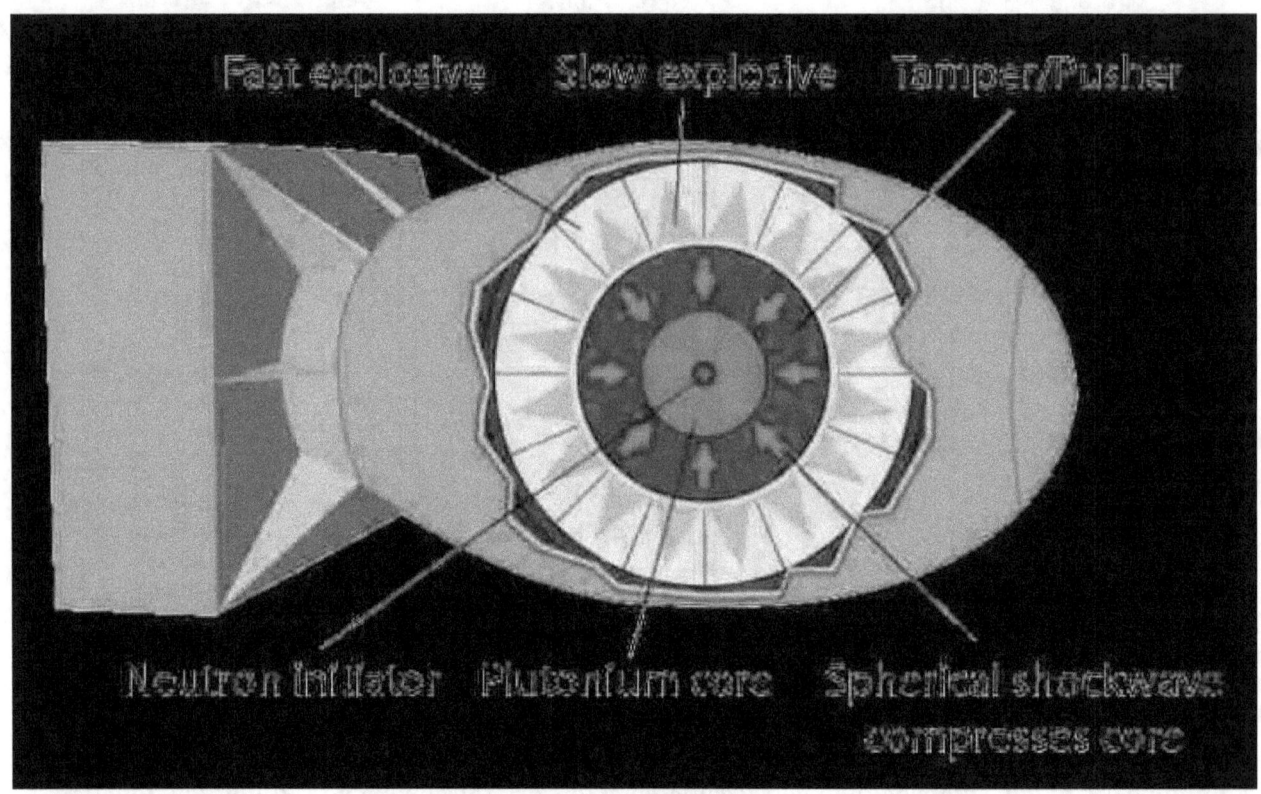

Abbildung 37: Implosionsbombe, Quelle: http://www.znf.uni-hamburg.de/PhysGrundlagenFF_5_Kernwaffen_WS2010.pdf

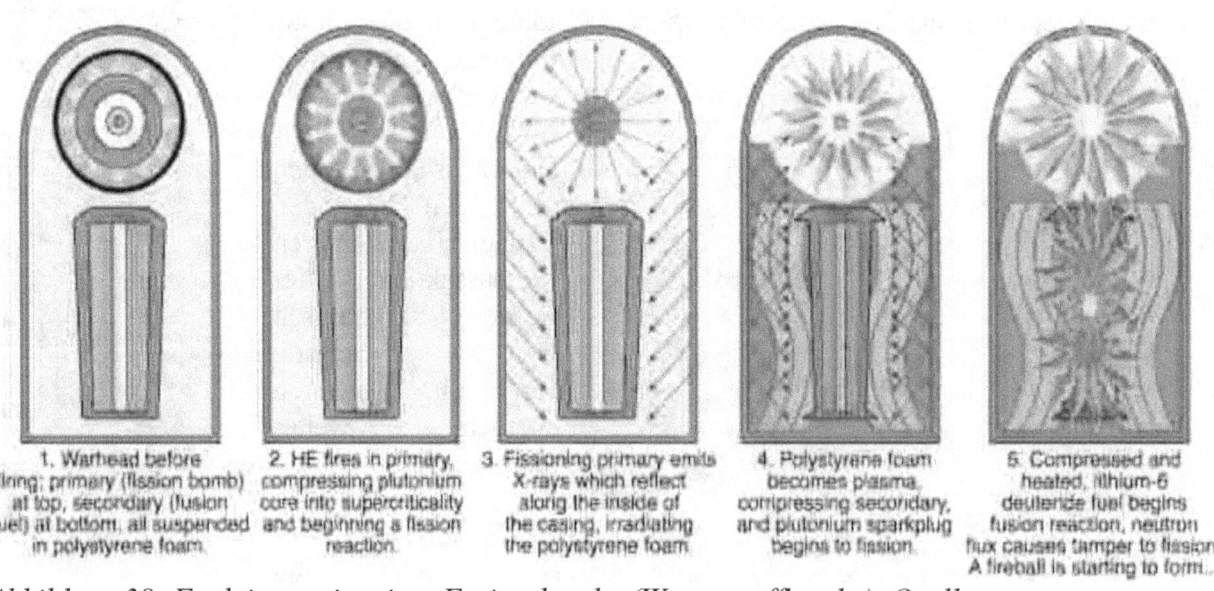

Abbildung 38: Funktionsweise einer Fusionsbombe (Wasserstoffbombe), Quelle: http://www.znf.uni-hamburg.de/PhysGrundlagenFF_5_Kernwaffen_WS2010.pdf

Auf Abbildung 38 wird die Funktionsweise einer Fusionsbombe dargestellt. Es handelt sich um eine Wasserstoffbombe, in der mit Plutonium eine atomare Kettenreaktion ausgelöst wird.

Ablauf einer Kernwaffenexplosion

▫ Nukleare Kettenreaktion	0 bis 1 µs
▫ Strahlungsstoß, Elektromagnetischer Puls, Feuerball 5%+35% der totalen Energie	1 µs-0,1 s
▫ Druckwelle 50% der totalen Energie	0,1-10 s
▫ Bildung der Pilzwolke	s bis min.
▫ Ausbreitung und Radioaktiver Fallout 10% der totalen Energie	bis Wochen

Abbildung 39: Ablauf einer Kernwaffenexplosion, Quelle: http://www.znf.uni-hamburg.de/Folien1411.pdf

Abbildung 39 zeigt den Ablauf einer Kernwaffenexplosion. Die Grundlage für den Bau einer Atombombe ist die Kernspaltung, die wie folgt funktioniert.

„Bei jeder Bombe wird Energie von einer Zustandsform in eine andere übertragen. Bei einer Kernwaffe wird die Energiegewinnung durch die Spaltung/den Zerfall eines schweren Kerns in einen leichteren ausgenutzt. Dieser Prozess ist als Kernspaltung oder Fission bekannt. Die Masse eines schweren Kerns ist geringer als die eigentliche Summe der Massen der beteiligten Nukleonen. Diese Differenz, auch Massendefekt genannt, lässt sich mit Hilfe Albert Einsteins Formel: $E=mc^2$ beschreiben, wonach die Differenz in der Masse als Bindungsenergie vorliegt, welche den Kern trotz der Coulomb-Wechselwirkung der Protonen zusammenhält. Die Bindungsenergie ist gleichzusetzen mit der Energie, die frei wird, wenn der Kern gespalten wird. Die Reaktionsprodukte sind leichter und benötigen für ihren Zusammenhalt weniger Bindungsenergie als der Ausgangskern. Die so freigewordene Energie wurde größtenteils in kinetische Energie der Reaktionsprodukte umgewandelt."[167]

Als Grundlage zur Auslösung einer atomaren Explosion braucht man atomare Materialien als Sprengstoff.

„Als Sprengstoff wurden Materialien gesucht, die sich induziert spalten lassen und die genug Neutronen freisetzen, welche eine hohe Wahrscheinlichkeit haben, selbst eine Spaltung zu induzieren. Eines der geeigneten Materialien ist das bereits in Abb.1 gezeigte Uran-235 (Kernladungszahl 92). Uran ist ein in der Natur relativ oft vorkommendes Element und kann in Lagerstätten abgebaut werden. (...) Als zweites Material verwendet man das auf der Erde nur als

---

[167] Eich, Andreas: Von der Atombombe zum Quarkmodell - Richard Feynman als engagierter Physiker, Universität Hamburg, 2006, S. 4, online unter: http://www.hs.uni-hamburg.de/~st2b102/seminare/ss06/eich_ausarbeitung.pdf

Spurenelement vorkommende Plutonium-239 (Kernladungszahl 94). Man kann es aufgrund der Seltenheit nicht abbauen, sondern muss es selbst erzeugen, indem man U-238 mit Neutronen beschießt. Das Neutron wird absorbiert, das neuentstandene U-239 geht unter zweifachem Betazerfall (2 Mal Aussendung eines Elektrons) in Pu-239 über."[168]

Sowohl angereichertes Uran als auch Plutonium kann also für den Bau einer Atombombe genutzt werden. Eine atomare Kettenreaktion wird dann ausgelöst, die zu einer enormen Explosion und letztlich zur radioaktiven Verstrahlung führt. Genauere Informationen über die Funktion einer Atombombe kann man etwa hier[169] lesen. Weitere Informationen über den Bau und die Geschichte der Forschung an Kernwaffen findet man hier.[170]

Ich komme daher zu folgendem Fazit: Die Funktion von Kernwaffen ist nicht sehr verschieden von herkömmlichen Wasserstoffbomben. Durch Kernspaltung wird in einer Wasserstoffbombe eine atomare Kettenreaktion ausgelöst, die die Wirkung der Explosion um ein vielfaches verstärkt. Mit entsprechenden vorhandenen Forschungseinrichtungen ist es selbst für durchschnittlich begabte Physiker nicht schwer, die Produktion von Atombomben durchzuführen, sobald die technischen Voraussetzungen dafür gegeben sind. Das Problem besteht in der ausreichenden Anreicherung des spaltbaren Materials.

Jedenfalls kann eine sogenannte „Dirty Bomb" hergestellt werden, die auch einen sogenannten „Air Burst" auslösen kann. Dabei wird die Bombe kurz vor der Berührung mit der Erdoberfläche gezündet, damit die Druckwelle noch zerstörerischer ist.

Meines Erachtens lässt sich der einfache logische Schluss zu, dass wer in der Lage ist, durch Kernspaltung Energie zu gewinnen und sogar das Uran selbst anreichern kann, der ist auch in der Lage Atomwaffen zu produzieren, insbesondere dann, wenn er ohnehin schon Langstreckenraketen produziert, die einen konventionellen Sprengkopf haben.

Der Iran unterläuft permanent die Kontrollen der IAEA und hat seine Kommandowirtschaft schrittweise zu einer zentral gelenkte Kriegswirtschaft umgebaut.

Die theoretischen Erkenntnisse zum Bau einer Atombombe sind längst kein Geheimnis mehr, sondern sind vielmehr durch die weltweit offene Forschung frei zugänglich. Selbst durchschnittlich begabte Physiker sind in der Lage, die für jeden öffentlich verfügbaren Informationen über die Technik anzuwenden.

Der Iran besitzt alles, was man zum Bau einer Atomwaffe benötigt. Wissenschaftler und die Erkenntnisse der öffentlich zugänglichen Forschung durch wissenschaftliche Veröffentlichungen, eine Uranmine und eine Aufbereitungsanlage, sowie die Trägerraketen und Flugzeuge.

Es fehlt noch ausreichend angereichertes atomares Material. Zwar wird durch Cyber-Attacken und Sabotage (siehe Kapitel 11) das Atomprogramm des Irans verzögert, aber nicht gestoppt. Letztlich ist es also eine Frage der Zeit, bis sich der Iran durch eine Aufrüstung mit Atomwaffen quasi unangreifbar gemacht hat.

---

[168] Eich, Andreas: Von der Atombombe zum Quarkmodell - Richard Feynman als engagierter Physiker, Universität Hamburg, 2006, S. 5f., online unter: http://www.hs.uni-hamburg.de/~st2b102/seminare/ss06/eich_ausarbeitung.pdf

[169] Siehe hierzu: Dokumentationen und Diagramme zur Atombombe, online unter: http://www.safog.com/home/atombombe.html

[170] Siehe hierzu: Walker, Mark: Eine Waffenschmiede? Kernwaffen- und Reaktorforschung am Kaiser-Wilhelm-Institut für Physik, Max-Planck-Gesellschaft zur Förderung der Wissenschaften, 2005, online unter: http://www.mpiwg-berlin.mpg.de/KWG/Ergebnisse/Ergebnisse26.pdf

10. Die militärische Strategie der Mullahs

In diesem Kapitel möchte ich die mögliche militärische Strategie des Mullah-Regimes untersuchen, sowohl in Hinblick auf die Verteidigungsstrategie und die diplomatischen Beziehungen zu anderen Staaten, als auch die Möglichkeiten einer offensiven Kriegsführung. Besonders berücksichtigen möchte ich die Bedrohungspotentiale insbesondere für die Europäische Union, Russland und die USA.

In Abbildung 40 wird erneut zur Veranschaulichung der Radius der iranischen Raketen dargestellt, damit die Gefahr für Staaten der Europäischen Union plakativ deutlich wird. Diese Raketen sind nicht nur eine taktische Waffe für die psychologische Kriegsführung. Ich will nun anhand von Quellen empirisch zeigen, dass der Iran sich auf den Ernstfall in jeder Hinsicht durch die Durchführung von Manövern vorbereitet und wie die Denkmuster der iranischen Führung und der iranischen Militärs aussehen.

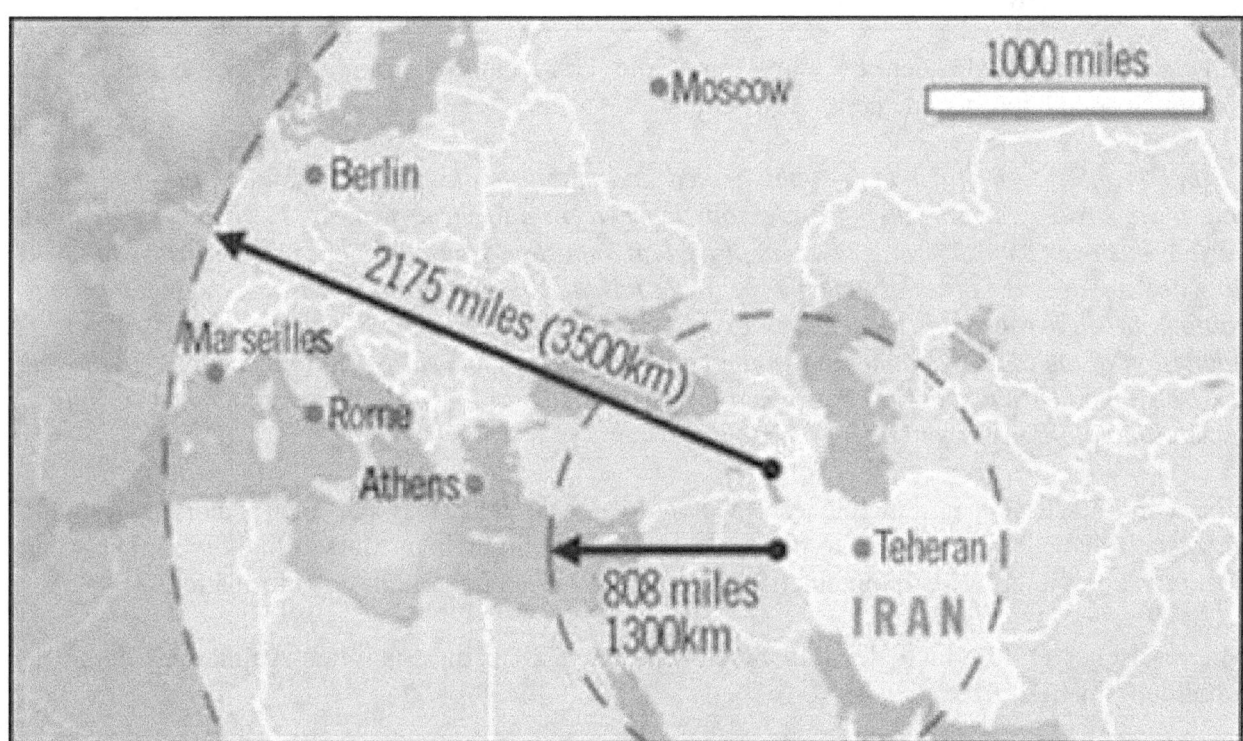

Abbildung 40: Iranische Raketen als Gefahr für Europa, Quelle: http://4.bp.blogspot.com/-Oe1dgAKJoOI/TrZnbHtHJVI/AAAAAAAAAzU/CHooRHY1Nx4/s1600/iranmapweb1aa.jpg

Ich beginne meine Untersuchung zur iranischen Militärstrategie mit einer Quelle aus dem Jahr 2004, in der von kombinierten Manövern von Heer- und Luftstreitkräften berichtet wird.

„*A week-long combined air and ground maneuver has just concluded in five of the southern and western provinces of Iran, mesmerizing foreign observers, who have described as "spectacular" the massive display of high-tech, mobile operations, including rapid-deployment forces relying on squadrons of helicopters, air lifts, missiles, as well as hundreds of tanks and tens of thousands of well-coordinated personnel using live munition. Simultaneously, some 25,000 volunteers have so far signed up at newly established draft centers for "suicide attacks" against any potential intruders in what is commonly termed "asymmetrical warfare".* "[171]

Es wurden also Militärparaden im Sinne einer Zurschaustellung von mobilisierbarem Arsenal durchgeführt, ähnlich wie in Nordkorea und der ehemaligen Sowjetunion. Weiterhin werden Freiwillige angeworben, die sich für Selbstmordattentate zur Verfügung stellen. Es ist möglich, dass der islamische Block auch auf diese Weise Selbstmordattentäter für Einsätze im Ausland, etwa den USA oder der EU rekrutiert und ausbildet, als Teil einer Guerilla-Taktik. Auf der anderen Seite besteht ein Konflikt dieser Form der asymmetrischen Kriegsführung mit islamischen Glaubensprinzipien.

„Behind the strategy vis-a-vis a hypothetical US invasion, Iran is likely to recycle the Iraq war's scenario of overwhelming force, particularly by the US Air Force, aimed at quick victory over and against a much weaker power. Learning from both the 2003 Iraq war and Iran's own precious experiences of the 1980-88 war with Iraq and the 1987-88 confrontation with US forces in the Persian Gulf, Iranians have focused on the merits of a fluid and complex defensive strategy that seeks to take advantage of certain weaknesses in the US military superpower while maximizing the precious few areas where they may have the upper hand, eg, numerical superiority in ground forces, guerrilla tactics, terrain, etc." "[172]

Angesichts einer drohenden Invasion durch die USA hat der Iran also eine vielseitige und weitreichende Defensivstrategie.

„Iran's proliferation of a highly sophisticated and mobile ballistic-missile system plays a crucial role in its strategy, again relying on lessons learned from the Iraq wars of 1991 and 2003: in the earlier war over Kuwait, Iraq's missiles played an important role in extending the warfare to Israel, notwithstanding the failure of America's Patriot missiles to deflect most of Iraq's incoming missiles raining in on Israel and, to a lesser extent, on the US forces in Saudi Arabia. Also, per the admission of the top US commander in the Kuwait conflict, General Norman Schwarzkopf, the hunt for Iraq's mobile Scud missiles consumed a bulk of the coalition's air strategy and was as difficult as searching for "needles in a haystack"." [173]

Hier wird bereits ein umfangreiches Raketensystem erwähnt, was ich auch schon in Kapitel 5 dargestellt hatte. Dazu kommen die sich im Bau befindlichen Marschflugkörper. Dies kann ebenfalls kombiniert werden mit einer Steuerung der Waffen per Satelliten-Information.

Mit russischer Hilfe erhielt der Iran bereits im Jahre 2006 die Satelliten-Aufklärung durch den Satelliten Sinah-1.

„Iran became the forty-third country in the world to own a satellite when the Sinah-1, Iran's first satellite, was launched on October 27, 2005. The Sinah-1 is an important milestone in Iran's efforts to gain space technologies, though the actual significance of the launch is mostly in the prestige Iran gained, since the satellite was developed and launched by foreign contractors. It was carried by a Russian Kosmos-3M space launch vehicle (SLV) that took off from Plesetsk, in northern Russia. In addition to the Iranian satellite, the SLV carried seven satellites for various other states

---

[171] Afrasiabi, Kaveh L.: How Iran will fight back, in: Asia Times vom 16. Dezember 2004, atimes.com, online unter: http://www.atimes.com/atimes/Middle_East/FL16Ak01.html

[172] Afrasiabi, Kaveh L.: How Iran will fight back, in: Asia Times vom 16. Dezember 2004, atimes.com, online unter: http://www.atimes.com/atimes/Middle_East/FL16Ak01.html

[173] Afrasiabi, Kaveh L.: How Iran will fight back, in: Asia Times vom 16. Dezember 2004, atimes.com, online unter: http://www.atimes.com/atimes/Middle_East/FL16Ak01.html

and research organizations. "[174]

Danach wurde 2009 der selbst gebaute Satellit Omid ins All befördert.

„Der Iran hat den erfolgreichen Start seines ersten selbst gebauten Satelliten ins All gemeldet. Dies sei angesichts der internationalen Sanktionen ein besonderer Erfolg für Irans Wissenschaftler, hieß es in einem Beitrag des Staatsfernsehens.

Der Forschungs- und Telekommunikationssatellit Omid (Hoffnung) sei von der ebenfalls im Iran entworfenen Trägerrakete Safir (Botschafter) transportiert worden. Der Satellitenstart erfolgte aus Anlass des 30. Jahrestags der islamischen Revolution und einen Tag bevor sich in Frankfurt Vertreter der USA, Russlands, Frankreichs, Großbritanniens und Chinas zu einer Konferenz über das iranische Atomprogramm treffen."[175]

Und nun 2011 wurde erneut ein neuer Satellit, Rassad-1 selbst in die Erdumlaufbahn geschossen, der auch erheblich für militärische Beobachtungen eingesetzt werden kann.

„Er soll in den kommenden zwei Monaten 15-mal pro Tag die Erde umkreisen: Iran hat nach eigenen Angaben einen weiteren selbstgebauten Satelliten ins All geschossen. Der Satellit Rassad-1 sei am Mittwoch mit einer Safir-Rakete ins Weltall gebracht und in 260 Kilometern Höhe ausgesetzt worden, berichtete der staatliche Fernsehsender Al Alam.

Der Beobachtungssatellit wurde laut dem Sender an der Malek-Aschtar-Universität in Teheran entwickelt, die den Revolutionsgarden nahesteht. Von seiner Umlaufbahn aus werde Rassad-1 hochauflösende Bilder der Erde für Landkarten zum Boden schicken."[176]

Des Weiteren werden die Raketenkapazitäten ausgebaut und es wird selbst produziert und dazu reichlich in Waffen und Know-How investiert.

„Chronologically speaking, Iran produced the 50-kilometer-range Oghab artillery rocket in 1985, and developed the 120km- and 160km-range Mushak artillery rockets in 1986-87 and 1988 respectively. Iran began assembling Scud-Bs in 1988, and North Korean technical advisers in Iran converted a missile maintenance facility for missile manufacture in 1991. It does not seem, however, that Iran has embarked on Scud production. Instead, Iran has sought to build Shahab-3 and Shahab-4, having ranges of 1,300km with a 1,600-pound warhead, and 200km with a 220-pound warhead, respectively; the Shahab-3 was test-launched in July 1998 and may soon be upgraded to more than 2,000km, thus capable of reaching the middle of Europe."[177]

Diese Kurzstreckenraketen können gegen Panzerstellungen und Infanterie von Invasoren oder etwa zum Angriff gegen Israel eingesetzt werden. Die Raketen-Typen Shahab-3 und 4 könnten mit Atomsprengköpfen versehen werden und sind in kürzester Zeit einsatzfähig.

---

[174] Shapir, Yiftah: Iran's Efforts to Conquer Space, in: Strategic Assessment, November 2005, Vol. 8, No. 3, online unter: http://www.inss.org.il/publications.php?cat=21&incat=&read=160
[175] Erster Satellit des Iran im All, in: derstandard.at vom 03. Februar 2009, online unter: http://derstandard.at/1233586505577/Start-erfolgreich-Erster-Satellit-des-Iran-im-All
[176] 260 Kilometer hoch: Iran schießt Satellit in Erdumlaufbahn, in: spiegel.de vom 15. Juni 2011, online unter: http://www.spiegel.de/wissenschaft/weltall/260-kilometer-hoch-iran-schiesst-satellit-in-erdumlaufbahn-a-768670.html
[177] Afrasiabi, Kaveh L.: How Iran will fight back, in: Asia Times vom 16. Dezember 2004, atimes.com, online unter: http://www.atimes.com/atimes/Middle_East/FL16Ak01.html

Iran hat dank der gestiegenen Ölpreise seine Inflation senken und die Staatsverschuldung abbauen können. Die positive Außenhandelsbilanz (Siehe alles Kapitel 2) und die wachsende Wirtschaft sind die finanzielle Grundlage für die militärische Aufrüstung. Zudem werden selbst produzierte Waffen auch an andere Nachbarstaaten, etwa Saudi-Arabien oder Jemen verkauft, die Verbindungen zum Iran haben.

„Thanks to excess revenue from high oil prices, which constitute more than 80% of the government's annual budget, Iran is not experiencing the budget constraints of the early and mid-1990s, when its military expenditure was outdone nearly one to 10 by its Arab neighbors in the Persian Gulf who are members of the Gulf Cooperation Council; almost all the Arab states possess one or another kind of advanced missile system, eg, Saudi Arabia's CSS-2/DF, Yemen's SS-21, Scud-B, Iraq's Frog-7."[178]

Zwar ist die Tatsache, dass man durch die Ölexporte und die hohen Ölpreise profitiert ein Vorteil für den iranischen Staatshaushalt, auf der anderen Seite ist die einseitige Einnahmequelle von 80% der Gesamteinnahmen schon auch gefährlich, sollten die westlichen Länder noch mehr auf erneuerbare Energien umsteigen und Einfuhrboykotte verhängen. Andere Länder, die mit dem Iran kooperieren haben ebenfalls Raketensysteme. Es wäre also möglich, dass der Iran „Schützenhilfe" im Falle eines Angriffes bekommt.

Die Vorteile der Raketenaufrüstung liegen auf der Hand:

„There are several advantages to a ballistic arsenal as far as Iran is concerned: first, it is relatively cheap and manufactured domestically without much external dependency and the related pressure of "missile export control" exerted by the US. Second, the missiles are mobile and can be concealed from the enemy, and third, there are advantages to fighter jets requiring fixed air bases. Fourth, missiles are presumed effective weapons that can be launched without much advance notice by the recipient targets, particularly the "solid fuel" Fatah-110 missiles that require only a few short minutes for installation prior to being fired. Fifth, missiles are weapons of confusion and a unique strike capability that can torpedo the best military plans, recalling how the Iraqi missile attacks in March 2003 at the US military formations assembled at the Iraq-Kuwait border forced a change of plan on the United States' part, thereby forfeiting the initial plan of sustained aerial strikes before engaging the ground forces, as was the case in the Kuwait war, when the latter entered the theater after some 21 days of heavy air strikes inside Iraq as well as Kuwait."[179]

Der Raketenimport wird weniger international kontrolliert als der Handel mit Gütern für die Produktion von atomarem Material. Die Raketen sind mobil und in kürzester Zeit einsetzbar. Werden Raketen per Satelliten-Unterstützung verwendet, so könnten sie, angesichts der enormen Stückzahl, sogar gegen US-amerikanische Schiffe und Flugzeugträger verwendet werden, in jedem Falle aber gegen feindliche Infanterie-Stellungen und Panzer: das ist ein schwer kalkulierbares Risiko für angreifende Truppenverbände.

Außerdem wird durch ideologische Durchdringung und geschickte politische Penetration versucht, auf den Irak und Afghanistan Einfluss zu nehmen, obwohl dort US-Truppen stationiert sind.

„Another key element of Iran's strategy is to "increase the arch of crisis" in places such as

---

[178] Afrasiabi, Kaveh L.: How Iran will fight back, in: Asia Times vom 16. Dezember 2004, atimes.com, online unter: http://www.atimes.com/atimes/Middle_East/FL16Ak01.html
[179] Afrasiabi, Kaveh L.: How Iran will fight back, in: Asia Times vom 16. Dezember 2004, atimes.com, online unter: http://www.atimes.com/atimes/Middle_East/FL16Ak01.html

Afghanistan and Iraq, where it has considerable influence, to undermine the United States' foothold in the region, hoping to create a counter-domino effect wherein instead of gaining inside Iran, the US would actually lose territory partly as a result of thinning its forces and military "overstretch". "[180]

Die Strategie der psychologische Kriegsführung besteht aus zwei Teilen: Erstens, die Eigengruppe zu mobilisieren, um islamische Werte einerseits zu propagieren, zum Anderen um eine Struktur von Pflicht und Gehorsam in der gesamten Gesellschaft zu etablieren. Dabei wird versucht, die US-Truppen und die Truppen der Israelischen Armee zu demoralisieren und terroristische Angriffe gegen Israel werden logistisch und personell unterstützt.

Insbesondere werden Techniken der psychologischen Kriegsführung gegen amerikanische Soldaten angewandt.

„*Iran's counter-psychological warfare, on the other hand, seeks to take advantage of the "death-fearing" American soldiers who typically lack a strong motivation to fight wars not necessarily in defense of the homeland. A war with Iran would definitely require establishing the draft in the US, without which it could not possibly protect its flanks in Afghanistan and Iraq; imposing the draft would mean enlisting many dissatisfied young soldiers amenable to be influenced by Iran's own psychological warfare focusing on the lack of motivation and "cognitive dissonance" of soldiers ill-doctrinated to President George W Bush's "doctrine of preemption", not to mention a proxy war for the sake of Israel.*"[181]

Da also bereits enorme militärische Kapazitäten der USA an den Flanken des Irans, sprich in Afghanistan und im Irak gebunden werden, ist die Demoralisierung der unmotivierten US-Soldaten mit Terrorakten und Psychoterror ein wirksames Mittel.

Islamisches Kapital in den USA und in Staaten der Europäischen Union, sowohl als auch Einreisemöglichkeiten und Einfluss der islamischen Länder im US-Kernland sind eine Gefahr für die NATO. Wird die Sicherheit im US-Kernland aufgegeben, etwa durch einen Angriff auf den Iran, so könnte die Taktik des Guerilla-Kriegs und der asymmetrischen Kriege auf die USA überschwappen, d.h. Terrorismus im US-Kernland als Ergebnis der imperialen Kriegsführung der USA im Ausland, die viele US-Truppen bindet. Diese Gefahr kann den US-Amerikanern gar nicht deutlich genug vor Augen geführt werden.

In den diplomatischen Beziehungen zwischen EU und Iran, insbesondere in Bezug auf das iranische Nuklearprogramm, werden Abkommen unterlaufen und Versprechen gebrochen.

„*Consequently, while Iran has fully submitted its nuclear program to international inspection and suspended its uranium-enrichment program per a recent Iran-European Union agreement inked in Paris in November, there is nonetheless a nagging concern that Iran may have undermined its deterrence strategy vis-a-vis the US, which has not endorsed the Paris Agreement, reserving the right to dispatch Iran's nuclear issue to the Security Council while occasionally resorting to tough saber-rattling against Tehran.*"[182]

---

[180] Afrasiabi, Kaveh L.: How Iran will fight back, in: Asia Times vom 16. Dezember 2004, atimes.com, online unter: http://www.atimes.com/atimes/Middle_East/FL16Ak01.html

[181] Afrasiabi, Kaveh L.: How Iran will fight back, in: Asia Times vom 16. Dezember 2004, atimes.com, online unter: http://www.atimes.com/atimes/Middle_East/FL16Ak01.html

[182] Afrasiabi, Kaveh L.: How Iran will fight back, in: Asia Times vom 16. Dezember 2004, atimes.com, online unter: http://www.atimes.com/atimes/Middle_East/FL16Ak01.html

Ich gehe davon aus, dass folgendes Szenario realistisch ist: Ein Angriff der NATO auf den Iran würde gekontert durch eine Kamikaze-Taktik des islamistischen Blocks. Alles was geht wird mobilisiert um den Iran zu schützen und so viele US-amerikanische Truppen wie möglich zu vernichten und zu binden.

Das US-Inland liegt dann für Attentate frei, die durch die Selbstmordattentäter durchgeführt werden könnten. Außerdem würden die in den USA geltenden Waffengesetze potentiellen Guerilla-Kämpfern helfen. Iranische Raketen könnten US-amerikanische Flugzeuge und Flugzeugträger vernichten und auch bis ins europäische Kernland eindringen. Ein Krieg gegen den Iran würde für die USA, aber auch für die Staaten der Europäischen Union in jedem Fall zum Boomerang und zu einer extremen Gefahr, insbesondere durch die Langstreckenraketen.

Die USA sind bereits in Afghanistan mit 80.000 Soldaten präsent. Hier ist die Gegenwehr jedoch relativ gering, zumindest im Vergleich zu dem, was als Gegenwehr vom Iran zu erwarten wäre. Daneben sind US-Soldaten im Irak und auch in anderen islamischen Ländern stationiert.

Ebenso ist die Lage im Irak keinesfalls stabil, vielmehr sind iranische Agenten in Afghanistan und im Irak, um einerseits die Lage zu beobachten und andererseits bereits eine diplomatisch-militärische Bindung an den Iran einzufädeln. Die USA führen einen Mehrfrontenkrieg, durch den viele US-Soldaten gebunden sind. Dazu kommt die zunehmend schlechte Kampfmoral der US-Truppen, die durch die psychologische Kriegsführung des Irans geschickt genutzt wird. Außerdem ist die Zustimmung innerhalb der US-amerikanischen Bevölkerung in Bezug auf die Auslandseinsätze der US-Armee stark gesunken.

Soweit zu den Ansichten der militärischen Lage seit dem Jahre 2004.

Im Jahre 2011 wurde von der iranischen Regierung ein Militärmanöver angeordnet, das explizit einen israelischen Erstschlag simulierte.

„Das Regime in Theran simuliert in der Nacht zum Samstag einen israelischen Angriff während einem Manöver. Vor allem soll die Schlagkraft der Luftabwehr getestet werden. Die Revolutionsgarden in Teheran haben für die Nacht zum Samstag ein Manöver der Luftabwehr angekündigt, mit dem sie sich auf einen möglichen Angriff Israels auf iranische Atomanlagen vorbereiten wollen. Das meldete die Agentur Irna am Freitag. Nach dieser Mitteilung wollen die Garden einen israelischen Angriff auf Atomanlagen oder andere strategische Ziele in ihrem Land simulieren und so sicherstellen, dass sie gegen diese gewappnet sind."[183]

Die iranischen Revolutionsgarden spielen also eine besondere Rolle für die Kriegsführung des Mullah-Regimes. Sie sind offensichtlich einerseits Elite-Soldaten, aber auch gleichzeitig bekleiden sie Leitungsfunktionen in der Rüstungswirtschaft. Durch die enge ideologische Verbundenheit mit der politischen Führung sind sie verlässlicher und ein Garant für die Landesverteidigung und Rüstung.

Bereits ein Jahr zuvor, 2010, wurde über die Schlagkraft der Luftwaffe berichtet und von einem Strategiewechsel gesprochen.

„Bei Militärmanövern und Flugschauen verkündet der Iran stets stolz seine Fortschritte: Ein verbessertes Radarsystem, eine moderne Flugabwehr und Drohnen. Doch auch die

---

[183] Iran probt den Ernstfall: Israelischer Angriff simuliert, in: tageblatt.lu vom 18. November 2011, online unter: http://www.tageblatt.lu/nachrichten/story/Iran-probt-den-Ernstfall-13872841

medienwirksame Enthüllung der neuen Luftraumverteidigung mittels bewaffneten Drohnen wie dem sogenannten "Botschafter des Todes" kann laut Ansicht von Experten nicht darüber hinwegtäuschen, dass die iranischen Luftschlagkraft noch immer zu einem Großteil auf abgeänderten Versionen von längst veralteten Kampfflugzeugen basiert – wie etwa sowjetischen MiGs oder F14A aus den 1970er-Jahren. Die Flugabwehr und die neuen Drohnen wurden zudem bis heute nicht erfolgreich getestet, sagen Experten. "Der Iran nimmt den Mund sehr voll, doch gibt es derzeit nicht einmal annähernd eine Waffe, welche die Machtverhältnisse beeinträchtigen könnte", sagt John Pike, Direktor von globalsecurity.org. "[184]

Das würde ich so nicht teilen, denn es mag zwar sein, dass die Kampfflugzeuge veraltet sind, aber sie sind dennoch einsatzfähig, etwa um Bomben abzuwerfen, z.B. gegen die Türkei oder gegen Israel und auch gegen Infanterie-Stellungen von möglichen angreifenden Truppen im Inland. Der Bau von bewaffneten Drohnen ermöglicht, vor allem kombiniert mit Unterstützung von Satelliten-Aufklärung, Verteidigung gegen Luftangriffe und könnte somit die eigenen Raketenarsenale schützen und außerdem auch feindliche Stellungen angreifen. Es mag zwar sein, dass dies alles noch nicht optimal ist, aber es werden ja ständig Tests und Manöver durchgeführt.

„Es ist offensichtlich, dass der Iran versucht, Sicherheitslücken rund um seine Atomanlagen zu schließen. Dies betrifft insbesondere die wichtigen Zentren zur Anreicherung von Uran. Iranische Generäle sehen zudem Drohnen neu als ein wichtiges Werkzeug zur Aufklärung. So versucht das iranische Militär etwa auf diese Weise die 5. Flotte der USA, die im Golf von Bahrain stationiert ist, zu überwachen."[185]

Drohnen sind also verfügbar, sowohl zur Feindaufklärung, als auch zum Angriff gegen feindliche Stellungen, Flugzeuge, Raketen und Feinddrohnen. Ein weiterer Aufbau des Drohnen-Arsenals des Irans könnte selbst US-amerikanische Luftschläge unmöglich machen. Nicht zu vergleichen mit dem Widerstand der afghanischen Taliban oder den Truppen Saddam Husseins im Irak. So erhöht sich das Bedrohungspotential durch die Mittel- und Langstreckenraketen des Irans erheblich.

„Der zweite Schwerpunkt des iranischen Militärs liegt darin, seine Langstreckenraketen zu verbessern. Washington vermutet, dass der Iran aus Nordkorea moderne Raketen des Typs BM-25 erworben hat. Damit könnte sich der Aktionsradius des iranischen Militärs von den derzeit verbrieften rund 2000 Kilometern auf fast 4000 Kilometer verdoppeln, wie es in einer Depesche des amerikanischen Außenministeriums hieß, welche die Webseite WikiLeaks am Sonntag veröffentlichte. Mit derartigen Raketen könnte der Iran nicht nur seinen regionalen Feind Israel treffen, sondern auch Europa oder Russland angreifen."[186]

Es muss also für Europa und Russland erhöhte Alarmbereitschaft bestehen. Eine Kooperation zwischen EU und Russland und eine gemeinsame Verteidigungsstrategie scheint daher sinnvoll. Ebenfalls hat der Iran zur Abwehr feindlicher Luftangriffe seine Flugzeugabwehr getestet, um sich gegen diese immun zu machen.

„Während eines fünftägigen Militärmanövers im November hatte der Iran behauptet, dass er erfolgreich eine Flugzeugabwehr getestet habe, welche in etwa den Wirkungsgrad eines S-300-Systems habe. Dafür hat der Iran sein veraltetes S-200 Flugzeugabwehrsystem modernisiert. Bei

---

[184] Strategiewechsel beim iranischen Militär: Der Blick in den Himmel, in: german.china.org.cn vom 02. Dezember 2010, online unter: http://german.china.org.cn/international/2010-12/02/content_21468932.htm, Quelle: China Daily

[185] Strategiewechsel beim iranischen Militär: Der Blick in den Himmel, in: german.china.org.cn vom 02. Dezember 2010, online unter: http://german.china.org.cn/international/2010-12/02/content_21468932.htm, Quelle: China Daily

[186] Strategiewechsel beim iranischen Militär: Der Blick in den Himmel, in: german.china.org.cn vom 02. Dezember 2010, online unter: http://german.china.org.cn/international/2010-12/02/content_21468932.htm, Quelle: China Daily

der Übung wurde auch ein Angriff auf die iranischen Atomanlagen durchgespielt. Danach sagte der Chef der Revolutionsgarden Mohammad Ali Jafari, dass das iranische Militär "besser als je zuvor" auf militärische Bedrohungen reagieren könne."[187]

Man scheint sich also relativ sicher zu sein, insbesondere Angriffe aus der Luft erfolgreich abwehren zu können, insbesondere um die eigenen Atomanlagen zu schützen. Auch das iranische Heer wird neu aufgestellt, um Defizite in der Luftabwehr zu beheben.

„Seit vergangenem Jahr ist der Iran daran, sein Heer zu restrukturieren, um seine Luftverteidigung zu verbessern. Der oberste Führer Ayatollah Ali Khamenei forderte höchstpersönlich, dass eine eigene Einheit geschaffen wird, die nur mit der Bedrohung des iranischen Luftraums beschäftigt ist. Seither hat der Iran in hohem Maße in die erwähnten Überwachungsdrohnen investiert."[188]

Drohnen sind eine der modernsten Möglichkeiten zur Feindaufklärung, aber auch zur Verteidigung des Luftraums oder selbst für eigene Angriffe geeignet. Hier gibt es auch weitere Neuerwerbungen durch das Mullah-Regime.

„Im August stellte der iranische Präsident Mahmoud Ahmadinejad schließlich die neueste Errungenschaft der Drohnenflotte vor: ein vier Meter langes unbemanntes Flugzeug, das den Namen "Botschafter des Todes" trägt. Es kann bis zu vier Marschflugkörper mit sich führen und soll eine Reichweite von rund 1000 Kilometern haben. Das reicht allerdings nicht bis zur israelischen Grenze. Viele Militärexperten vermuten daher, dass eine Drohne mit einer größeren Reichweite der logisch nächste Schritt wäre. "Es ist sehr wahrscheinlich, dass der Iran versucht, Aufklärungsdrohnen zu bauen, die zu jeder beliebigen Zeit in israelisches Gebiet vordringen können", schrieb Paul Rogers, ein Professor der britischen Bradford Universität und regelmäßiger Kommentator in Sicherheitsfragen. "Der militärische Effekt wäre zwar minimal, doch es hätte eine große politische Reichweite.""[189]

Politisches Prestige ist allerdings ein wichtiges Machtinstrument, um als Vormacht des islamischen Blocks dauerhaft Anerkennung zu behalten. Gerade die Möglichkeit israelisches Gebiet überwachen zu können, ist angesichts des Antisemitismus im islamischen Block ein Ansehens- und Machtgewinn. Die Regierungen anderer islamischer Nationen werden so viel eher zum Iran aufschauen.

„Der Nahostexperte Alex Vatanka von der Jane's Information Group hingegen glaubt, dass sich das iranische Militär primär um Langstreckenraketen bemüht. Diese können bereits jetzt ganz Israel und große Teile des Nahen Ostens erreichen. Doch auch Vatanka erkennt, dass der Iran "vermehrt Drohnen zur Überwachung und zur Stärkung der Schlagkraft" einsetzt. "Es geht ums Ansehen", sagt er. "Die Iraner sehen, was die USA mit dieser Waffe in Afghanistan und Pakistan erreichen konnten, oder was angeblich die Saudis im Jemen durchführen konnten.""[190]

Ebenfalls verfügt der Iran auch über eine angriffsfähige Marine, die er bereits provokativ als Zurschaustellung der eigenen militärischen Stärke vorführt, was insbesondere für Israel eine

---

[187] Strategiewechsel beim iranischen Militär: Der Blick in den Himmel, in: german.china.org.cn vom 02. Dezember 2010, online unter: http://german.china.org.cn/international/2010-12/02/content_21468932.htm, Quelle: China Daily

[188] Strategiewechsel beim iranischen Militär: Der Blick in den Himmel, in: german.china.org.cn vom 02. Dezember 2010, online unter: http://german.china.org.cn/international/2010-12/02/content_21468932.htm, Quelle: China Daily

[189] Strategiewechsel beim iranischen Militär: Der Blick in den Himmel, in: german.china.org.cn vom 02. Dezember 2010, online unter: http://german.china.org.cn/international/2010-12/02/content_21468932.htm, Quelle: China Daily

[190] Strategiewechsel beim iranischen Militär: Der Blick in den Himmel, in: german.china.org.cn vom 02. Dezember 2010, online unter: http://german.china.org.cn/international/2010-12/02/content_21468932.htm, Quelle: China Daily

Bedrohung höchsten Ausmaßes darstellt.

„Unter dem scharfen Protest Israels sind zum ersten Mal seit mehr als 30 Jahren zwei iranische Kriegsschiffe in den Suez-Kanal eingefahren. Die Schiffe steuerten am Morgen in den Kanal und erreichten am Nachmittag das Mittelmeer, wie die ägyptische Suez-Kanal-Behörde mitteilte. Israel erklärte, seine Marine in Alarmbereitschaft versetzt und sich für jegliche Provokation durch die iranischen Schiffe gewappnet zu haben."[191]

Jetzt ist Israel gezwungen, nicht nur in Alarmbereitschaft zu bleiben, sondern jederzeit für einen iranischen Angriff gewappnet zu sein. Der Suez-Kanal ist nicht nur für Israel, sondern auch für die USA ein wichtiger militärstrategischer Punkt.

„Die Durchfahrt durch den 163 Kilometer langen Suez-Kanal dauert in der Regel zwischen zwölf und 14 Stunden. Die Fregatte "Alwand" und das Versorgungsschiff "Charg" wurden am Dienstagabend an der Mündung zum Mittelmeer erwartet. Die "Alwand" ist in der Regel mit Torpedos und Schiffsabwehrraketen ausgestattet, die "Charg" mit ihrer 250-köpfigen Besatzung hat unter anderem Kapazitäten für den Transport von drei Helikoptern, wie die iranische Nachrichtenagentur Fars meldete.

Aus diplomatischen iranischen Kreisen hatte es geheißen, die beiden Kriegsschiffe absolvierten eine "Routine"-Fahrt nach Syrien, die von kurzer Dauer sei. Auf ihrem Weg dorthin müssen sie zwangsläufig die israelische Küste passieren. Nach Angaben der ägyptischen Nachrichtenagentur MENA hat keines der Schiffe konventionelle Waffen, chemisches oder atomares Material geladen."[192]

Es kann davon ausgegangen werden, dass der Iran auf diese Weise ohne Probleme militärisches Material nach Syrien und andere islamische Staaten transportiert. Außerdem können Kampfhubschrauber so gezielter gegen militärische Ziele eingesetzt werden, weil der Aktionsradius sich durch die Schiffe extrem erhöht.

„"Es handelt sich um eine beispiellose militärische Präsenz des Iran im Mittelmeer", erklärte der Sprecher des israelischen Außenministeriums, Igal Palmor. Die internationale Gemeinschaft müsse entschlossen reagieren. Regierungschef Benjamin Netanjahu hatte erklärt, es handele sich um eine Machtdemonstration Teherans. "Wir können nun die Instabilität in der Region beobachten, in der wir leben", erklärte er. "Iran versucht, aus der Instabilität Profit zu ziehen und seinen Einflussbereich zu vergrößern."[193]

Dieser Einschätzung würde ich, wie oben bereits angedeutet, zustimmen. Man erkennt, dass der Iran bestrebt ist, die Besatzung des Iraks und Afghanistans durch die USA für sich zu nutzen, und alle anderen islamischen Staaten in der Region unter sein Protektorat zu stellen. Das geschieht nach einem ähnlichen Muster, wie in der Sowjetunion, ein russisches Machtzentrum mit den Satellitenstaaten. Dabei ist der Iran das militärische Schaltzentrum des islamischen Blocks.

„Iran is ready if threatened to close the Strait of Hormuz to ships linking the Gulf to international markets, Revolutionary Guards commander General Mohammad Ali Jafari told Mehr news agency

---

[191] Irans Kriegsschiffe im Mittelmeer: Israels Marine in Alarmbereitschaft, in: n-tv.de vom 22. Februar 2011, online unter: http://www.n-tv.de/politik/Irans-Kriegsschiffe-im-Mittelmeer-article2672351.html
[192] Irans Kriegsschiffe im Mittelmeer: Israels Marine in Alarmbereitschaft, in: n-tv.de vom 22. Februar 2011, online unter: http://www.n-tv.de/politik/Irans-Kriegsschiffe-im-Mittelmeer-article2672351.html
[193] Irans Kriegsschiffe im Mittelmeer: Israels Marine in Alarmbereitschaft, in: n-tv.de vom 22. Februar 2011, online unter: http://www.n-tv.de/politik/Irans-Kriegsschiffe-im-Mittelmeer-article2672351.html

on Monday.

"In light of the strategic position of the Strait of Hormuz, this issue has never been taken off the agenda," Jafari said, commenting on whether Tehran was still prepared to close down the shipping lane if threatened."[194]

Ebenfalls kann also die Straße von Hormuz kontrolliert werden, was einen Einfluss hat auf den Warenstrom auf den internationalen Märkten.

„"We have not stopped there... we are seeking to use our defence capabilities in open waters," Jafari added as forces under his command prepared to launch the naval phase of the 10-day Great Prophet-6 exercise, which lasts until Friday."[195]

Es wird also die Seeverteidigung verbessert. Bei einem Militärmanöver wurden auch Raketen getestet, die vom Boden gegen feindliche Ziele auf See eingesetzt werden können.

„Media reported the Guards will launch surface-to-sea missiles on Tuesday.

So far, during the drills, the Guards have launched a range of ballistic missiles that Iran says are able to hit Israel and US bases in the region.

"This means that should the enemy try to pose a threat against the Islamic republic from outside the Strait of Hormuz, we will have the power to retaliate in kind. This strategy is now on our agenda," said Jafari."[196]

Der Iran ist also seinerseits bestens gerüstet, um US-amerikanische und israelische Militärbasen anzugreifen. Die großspurigen Erklärungen von Politikern aus den USA und von unwissenden Kleingeistern in Europa, den Iran mittels eines Erstschlags angreifen zu wollen, sind nach Begutachtung dieser Fakten also weder wissenschaftlich ernstzunehmen, noch politisch unproblematisch vertretbar. Wer behauptet, es wäre möglich, den Iran selbst mit einer Allianz aus Israel, NATO und Russland problemlos zu besiegen, ist meines Erachtens nicht zurechnungsfähig.

Aber das iranische Militär hat auch Schwachpunkte:

„Iran's military planners are concerned about the southern, eastern and western flank of the country as possible directions of an attack by enemy forces. Concerns for the western flank arise from the potential threat of an aerial attack from Israel, and/or from US forces in Iraq which are both located to the west of Iran. US air and ground forces in Afghanistan which is located to the east of Iran also pose a potential threat. Meanwhile Iran's southern flank is a source of concern to Iran's military planners due to the massive US naval and aerial presence in the area."[197]

Gefahren für den Iran sind also Luftschläge von der westlichen Flanke aus Israel und von US-amerikanischen Truppen aus dem Irak, ebenfalls Luft- oder Bodenangriffe durch die USA aus

---

[194] Iran ready to close Strait of Hormuz: General, in: emirates247.com vom 04. Juli 2011, online unter: http://www.emirates247.com/news/world/iran-ready-to-close-strait-of-hormuz-general-2011-07-04-1.405814

[195] Iran ready to close Strait of Hormuz: General, in: emirates247.com vom 04. Juli 2011, online unter: http://www.emirates247.com/news/world/iran-ready-to-close-strait-of-hormuz-general-2011-07-04-1.405814

[196] Iran ready to close Strait of Hormuz: General, in: emirates247.com vom 04. Juli 2011, online unter: http://www.emirates247.com/news/world/iran-ready-to-close-strait-of-hormuz-general-2011-07-04-1.405814

[197] Javedanfar, Meir: Iran – Defensive Strategies: Part 1 – Protecting Iran's Southern Flank, in: meepas.com, online unter: http://www.meepas.com/Iraniandefensivestrategiespart1.htm

Afghanistan. Auch die Präsenz der USA im Süden des Landes durch Marine und Luftwaffe. Dabei scheint die südliche Flanke die größte Gefahr, da die US-Truppen im Westen und Osten des Irans ja immer noch in Kampfhandlungen verwickelt sind gegen die Taliban und gegen den irakischen Widerstand.

„It is the view of meepas that the biggest source of threat against Iran's nuclear installations comes from the southern flank of the country. This is due to the massive US naval and aircraft carrier presence which is located to the south of Iran in the Persian Gulf. Furthermore the US military capability is supplemented by regional support provided by the Gulf Cooperation Council (GCC) countries. This is confirmed by the fact that Bahrain is home of the US Fifth Fleet and Kuwait has a military pact with the US. Furthermore Qatar has a military pact with the US allowing US forces the use of its ports and military airfields until the end of the decade, whilst Oman has an agreement with the US allowing the use of its ports by US warships."[198]

Flugzeugträger und Kampfschiffe der USA im Persischen Golf und mögliche Unterstützung von den Staaten des Golf-Kooperationsrates, Bahrain, Katar, Kuwait und Oman haben Abkommen mit den USA. Die südliche Flanke des Irans bietet also den USA viele Möglichkeiten zum Angriff, da Truppen dort stationiert werden können.

Durch Aufrüstung hat die iranische Regierung auf dieses Problem bereits reagiert:

„Consequently with technical assistance from North Korea, Iran has developed the Shahab-3 missile which is capable of reaching all US naval, army and air force bases in the Persian Gulf countries. Iran has also been investing in the development of its naval anti-ship missile technology which can be used to attack US shipping in the Persian Gulf in retaliation for a possible attack."[199]

Die iranischen Raketen sind also eine enorme Gefahr für die US-amerikanische Marine. Der Iran hat also insbesondere auch in Raketen zur Bekämpfung von Schiffen investiert und setzt diese Waffen auf den eigenen Schiffen der iranischen Marine ein.

Auch in den diplomatischen Beziehungen hat der Iran neue Wege bestritten und führt Verhandlungen mit anderen Golfstaaten:

„This strategy has been gathering significant momentum recently. Iran has been improving its previously confrontational relationship with Saudi Arabia. Tehran has also reduced its rhetoric against the Shiite majority - Sunni ruled Kingdom of Bahrain, whom Iran previously accused of discrimination against its Shiite population. Trade relations with UAE are improving year on year. Political relations with Oman have improved significantly especially after President Khatami's visit to the country in 2004. Economic relations with Oman have also expanded recently after the signed $10 billion deal to sell Iranian gas to Oman. Meanwhile despite its objections against Kuwait's close military relations with the US, Iran has been investing in the advancement of its relationship with the Kuwaiti government. The culmination of Iranian success in this area was the recently signed $7 billion deal to sell Iranian gas to Kuwait for the next 25 years. Meanwhile Iran and Kuwait have also agreed to resolve their differences regarding sovereignty claims over the Al Dorra oil fields in the Persian Gulf."[200]

---

[198] Javedanfar, Meir: Iran – Defensive Strategies: Part 1 – Protecting Iran's Southern Flank, in: meepas.com, online unter: http://www.meepas.com/Iraniandefensivestrategiespart1.htm

[199] Javedanfar, Meir: Iran – Defensive Strategies: Part 1 – Protecting Iran's Southern Flank, in: meepas.com, online unter: http://www.meepas.com/Iraniandefensivestrategiespart1.htm

[200] Javedanfar, Meir: Iran – Defensive Strategies: Part 1 – Protecting Iran's Southern Flank, in: meepas.com, online unter: http://www.meepas.com/Iraniandefensivestrategiespart1.htm

Damit versucht die iranische Regierung so ziemlich alle Verbündeten der USA auf seine Seite zu ziehen und sie damit aus der Abhängigkeit des Feindes zu bringen. Da Islam die am weiten verbreiteteste Ideologie in diesen Ländern ist, gibt es grundsätzlich mehr Gemeinsamkeiten mit dem Iran, als mit den USA. Insofern kann davon ausgegangen werden, dass diese Strategie sich für die iranische Regierung auszahlt.

Ebenfalls werden die Handelsbeziehungen zu diesen Staaten ausgeweitet.

„*According to meepas Iran's plans to improve diplomatic and economic relations with its regional neighbours are an ongoing defensive strategy applied by the regime of Ayatollah Khamenei. Therefore we are likely to see further efforts by Tehran to improve its trade and cooperation with regional countries. Such efforts will be applied in parallel with Iranian efforts to sidestep the US by engaging and empowering non US parties such as the EU in the negotiations over Iran's nuclear program.*"[201]

Der Ausbau der diplomatischen Beziehungen und der Handelsbeziehungen zu den Staaten der Region ist ein Teil der militärischen Defensivstrategie der iranischen Führung. Dieser rege Handel könnte den islamischen Block einen und zu einer gemeinsamen Wirtschaftszone nach islamischen Prinzipien führen. Ebenfalls gibt es politische Bestrebungen, in den Mitgliedsländern der EU für Akzeptanz des Iranischen Atomprogramms zu werben.

„*According to reports, Iran's military defensive strategy in this area has included bolstering the size of its border police (known as the Gendarmerie) and the Revolutionary Guards. Air patrol sorties over the border have also increased to monitor border crossings.*"[202]

Also werden auch die Außengrenzen des Irans stärker gesichert, neben der Grenzpolizei auch durch die Elite-Einheit Pasdaran. Auch werden also Grenzübertritte stärker überwacht.

Ebenfalls wird versucht, auf die afghanische Regierungspolitik Einfluss zu nehmen.

„*Another defensive strategy applied by Tehran has been invested efforts in the improvement of political relations with the Afghan government of Hamed Karzai. The goal of this strategy is to dissuade him from supporting a US launched attack from Afghan soil. The culmination of such efforts was the successful visit of Iran's President Khatami to Afghanistan in August 2002, during which Iran pledged $50 million worth of aid to the Afghan reconstruction efforts.*"[203]

Der Besuch von Khatami in Afghanistan im Jahre 2002 zeigt, dass der Iran trotz des Einmarsches der USA und später der ISAF in Afghanistan und der Besatzung Afghanistans in der Lage ist, direkt diplomatische Beziehungen aufzunehmen. Dabei beteiligt sich der Iran am Wiederaufbau Afghanistans um nach dem Abzug der westlichen Truppen in jedem Falle wieder stärkeren Einfluss zu haben.

„*Another example of current Iranian approach in this area is Iran's use of its influence with Afghanistan's Shiite Farsi speaking tribes. So far the Iranian government has urged such groups to join the Afghan government's economic and political reform program. This assistance has been*

---

[201] Javedanfar, Meir: Iran – Defensive Strategies: Part 1 – Protecting Iran's Southern Flank, in: meepas.com, online unter: http://www.meepas.com/Iraniandefensivestrategiespart1.htm
[202] Javedanfar, Meir: Iran – Defensive Strategies: Part 2 – Protecting Iran's Eastern and Western Flanks, in: meepas.com, online unter: http://www.meepas.com/Iraniandefensivestrategiespart%202.htm
[203] Javedanfar, Meir: Iran – Defensive Strategies: Part 2 – Protecting Iran's Eastern and Western Flanks, in: meepas.com, online unter: http://www.meepas.com/Iraniandefensivestrategiespart%202.htm

positively noted by the Afghan government, as convincing Afghanistan's disparate national and religious tribes to join the government's economic and reform programs has so far been a challenge."[204]

Die schiitische Minderheit in Afghanistan wird unterstützt und ermutigt, das Reformprogramm der Afghanischen Regierung zu unterstützen. Damit hat der Iran in jedem Falle einigen politischen Einfluss in Afghanistan. Nach dem Abzug der Alliierten Besatzungsmacht aus Afghanistan könnte der Iran so auch zur Schutzmacht Afghanistans werden. Das alles stärkt auch die Wirtschaftsbeziehungen zu Afghanistan und auch zu Pakistan.

„Iranian concerns about a possible Israeli attack arise from Israel's history and experience in long range military operations thousands of miles away from its borders. Such capability was further boosted by Israel's Air Force in late 1990s with the purchase of the long range F-15I fighter bombers. The newly acquired Dolphin submarines for the Israeli Navy would also be able to launch an attack with their missiles if they manage to sneak in to the waters of the Arabian Sea or even closer into the Persian Gulf."[205]

Die militärischen Kapazitäten der israelischen Armee, F-15I-Kampfflugzeuge und Dolphin U-Boote, die mit Bomben und Raketen angreifen könnten, sind also für den Iran eine enorme Bedrohung, insbesondere dann, wenn sie sich im Arabischen Meer oder Persischen Golf befinden sollten.

Weiterhin sollten auch die Verbindungen des iranischen Regimes zu militanten islamistischen Gruppen erwähnt werden.

„Other Iranian defensive military strategies include strengthening its military co-operation with anti Israeli militant groups in the Middle East region. An example of this strategy includes the provision of Iran's short range "Fajr" missiles to the Hezbollah in the late 1990s. It must be noted that the "Fajr" has a longer range and bigger explosive payload that Hezbollah's Katyusha missiles."[206]

Kurzstreckenraketen vom Typ Fadschr wurden also an die Hisbollah geliefert, die eine höhere Reichweite haben, als die alten „Stalinorgeln" Katjuscha.

Weiterhin arbeitet der Iran selbst mit palästinensischen militanten Organisationen und Terrororganisationen, etwa Hamas, Hisbollah und Islamischer Dschihad zusammen, um Israel zu destabilisieren. Das ist Teil der durch staatliche Institutionen unterstützten asymmetrischen Kriegsführung gegen Israel und andere Staaten.

„As Hezbollah is an ally of Iran, the deployment of the Fajr missiles was a message to Israel that in case of an attack against Iran, Tehran will be able to retaliate through Hezbollah by wreaking havoc on Israel's northern towns and borders. Furthermore Iran's close military relations with other militant groups such as Hamas and Jihad Islami are also expected to act as deterrence against a possible Israeli attack. This is due to the fact that such groups have in the past proven

---

[204] Javedanfar, Meir: Iran – Defensive Strategies: Part 2 – Protecting Iran's Eastern and Western Flanks, in: meepas.com, online unter: http://www.meepas.com/Iraniandefensivestrategiespart%202.htm

[205] Javedanfar, Meir: Iran – Defensive Strategies: Part 2 – Protecting Iran's Eastern and Western Flanks, in: meepas.com, online unter: http://www.meepas.com/Iraniandefensivestrategiespart%202.htm

[206] Javedanfar, Meir: Iran – Defensive Strategies: Part 2 – Protecting Iran's Eastern and Western Flanks, in: meepas.com, online unter: http://www.meepas.com/Iraniandefensivestrategiespart%202.htm

themselves to be very capable of attacking Israel's civilian population."[207]

Auf diese Weise unterstützt der Iran antisemitischen Terror gegen Israel, zum einen aufgrund der eigenen antisemitischen Ideologie und zum Anderen, um den Vorposten der USA zu schwächen.

„*Iran's defensive strategy against Israel also has political elements. Throughout the years Iran has also developed a strong political relationship with militant groups such as Hamas and Jihad Islami. Therefore it is a known fact that Tehran holds sway over the political strategy of the aforementioned groups. Tehran knows that the cooperation of such groups is crucial in any ceasefire agreement between the Palestinian Authority and Israel, and for implementation of security reforms by the Palestinian Authority. Such influence is used by Iran to discourage potential Israeli hostilities against Iran, as an Iranian retaliation through extremist Palestinian groups can have far reaching negative consequences on Israel's security.*"[208]

Ein Aussöhnungsprozess zwischen Israel und den Palästinensern soll verhindert werden, damit Hisbollah und Hamas und Islamischer Dschihad weiterhin einen Stellvertreterkrieg gegen Israel führen.

„*Iran's political influence with Iraqi Shiites is another defensive strategy applied by the Iranian government. It is a known fact that Tehran has influence over moderate Iraqi Shiites (headed by the Iranian born Ayatollah Sistani) and hard line Iraqi Shiites (headed by Ayatollah M uqtada Al Sadr). The Iranian government is aware of the fact that co-operation of such groups is crucial for America 's plans for democracy in Iraq. Simply because Shiites form the majority of Iraq's population. As a result the Iranian government's influence with the Shiite groups is and can be used by Iran to reward or punish US policy and actions. The potential impact of this Iranian defensive strategy can be envisaged by estimating the massive political and military costs to the US caused by an Iran lead Shiite military uprising against American forces in Iraq.*"[209]

Auch im Irak ist die iranische Führung also ein politischer Machtfaktor, insbesondere bei den Schiiten. Da diese dort die Mehrheit der Bevölkerung stellen, werden also die Pläne der USA, eine stabile demokratische Regierung im Irak zu etablieren durchkreuzt. So können US-Stützpunkte in Gefahr gebracht werden, ohne dass es einen direkten Angriff durch das iranische Militär benötigt.

Nach Durchsicht der in diesem Kapitel aufgeführten Quellen kann man zu folgendem Fazit gelangen.

Die iranische Führung verfolgt offenbar zunächst keine imperiale Militärstrategie außerhalb des islamischen Blocks, sondern ist bestrebt, diplomatische Beziehungen zu islamischen Ländern zu pflegen. Man kann von einer starken Defensivstrategie sprechen, bei der offenbar das Ziel ist, andere Staaten des islamischen Blocks einzubinden. Gleichzeitig wird jedoch eine asymmetrische Kriegsführung durch terroristische islamistische Gruppen gegen Israel unterstützt.

Alle bearbeiteten Quellen deuten darauf hin, dass die iranische Führung versucht, eine militärische Kapazität aufzubauen, um sich unangreifbar durch USA und NATO zu machen und gleichzeitig zur Schutzmacht des islamischen Blocks zu werden.

---

[207] Javedanfar, Meir: Iran – Defensive Strategies: Part 2 – Protecting Iran's Eastern and Western Flanks, in: meepas.com, online unter: http://www.meepas.com/Iraniandefensivestrategiespart%202.htm

[208] Javedanfar, Meir: Iran – Defensive Strategies: Part 2 – Protecting Iran's Eastern and Western Flanks, in: meepas.com, online unter: http://www.meepas.com/Iraniandefensivestrategiespart%202.htm

[209] Javedanfar, Meir: Iran – Defensive Strategies: Part 2 – Protecting Iran's Eastern and Western Flanks, in: meepas.com, online unter: http://www.meepas.com/Iraniandefensivestrategiespart%202.htm

Also man setzt auf Abschreckung, selbst gegen die Supermacht USA und gegen die Europäische Union. Das massive Raketenarsenal, permanente Manöver, die den Ernstfall simulieren, dabei der Aufbau einer Drohnen-Flotte, die verbesserte Satelliten-Aufklärung, eine weitere Verbesserung der Flugabwehr, die Umstrukturierung des Heers, eigene Waffenproduktion und Waffenexport insbesondere von Raketen, Produktion von Kopien von ausländischem militärischem Gerät, der Aufbau von terroristischen Zellen, die mit Selbstmordanschlägen agieren könnten, all das lässt den Schluss zu, dass man auf Seiten der Mullahs die Gefahr eines Angriffs durch die NATO als extrem hoch einschätzt und dass man auch sonst ein Machtfaktor auf der Weltbühne sein will.

Ebenfalls wird eine Außenpolitik verfolgt, die darauf setzt, mit China und Russland in freundlichere Beziehung zu treten oder es zu bleiben. Außerdem helfen die Abhängigkeit der europäischen Länder von Erdöl- und Erdgasimporten dem Iran. In jedem Falle wurde und wird russisches, chinesisches, pakistanisches und nordkoreanisches Militärmaterial zum Teil illegal importiert.

Die Unterwerfung der Länder des islamischen Kulturkreises unter die Militärmacht des Irans ist das Ziel. Dabei will die Iranische Führung offenbar das Schaltzentrum des islamischen Blocks werden, nach einem ähnlichen Muster wie die Sowjetunion mit ihren Satellitenstaaten. Das trifft angesichts der US-Invasion in Afghanistan und im Irak auch leicht auf Zustimmung in anderen bedrohten islamischen Ländern. Insbesondere die Zusammenarbeit mit Pakistan ist dabei, im Hinblick auf die nuklearen Aufrüstungsbestrebungen, eine extreme Gefahr für die Länder der NATO und auch für Russland.

Dabei hilft die politische Naivität der USA und die geänderte politische Stimmung in der US-amerikanischen und europäischen Bevölkerung dem Iran bei der Umsetzung seiner dominanten Strategie.

Es gibt eine Reihe weiterer wichtiger Quellen, die sich mit der Thematik der iranischen Militärstrategie befassen. Ich verweise hier dezidiert auf die folgende Monografie:

Wagner, Elisabeth Maria: Die Sicherheitsstrategie/Sicherheitspolitik der Islamischen Republik Iran seit der Benennung ein Teil der "Achse des Bösen" zu sein mit besonderer Berücksichtigung der Atompolitik, Norderstedt: GRIN Verlag, 2008, 168 Seiten. ISBN 9783640175765, online unter: http://books.google.de/books?id=AQ7pZxyqU0cC&printsec=frontcover&hl=de

Und auf die folgende Bibliografie, die eine Reihe von Quellen zur Thematik aufführt:

http://www.au.af.mil/au/aul/bibs/Iranmilstrat.htm

11. Sabotage-Versuche gegen das Atomprogramm

Aufgrund der akuten Bedrohungslage hat es zum Beispiel durch die US-amerikanische CIA, den israelischen Mossad und andere Geheimdienste einige Versuche gegeben, das iranische Atomprogramm zu sabotieren. Ich möchte in diesem Kapitel die Sabotage-Versuche darstellen und deren „Erfolge" bewerten.

Bereits im Jahre 2003 wurde durch die USA ein Schmuggler-Netzwerk aufgedeckt, das Technik für das Nuklearprogramm des Irans geliefert hat.

„Hibbs, the expert at the Carnegie Endowment, points out that, in 2003, the US took possession of centrifuges supplied to Libya by A.Q. Khan's nuclear smuggling network. These were similar to those being used by Iran and were transported to the Oak Ridge nuclear laboratory. "That information has percolated into the intelligence world and has given the US and the Israelis more information about how these machines operate," says Hibbs. "With everything they know about the P1 centrifuge [the type used by Iran at present] the Americans would be very willing to put their knowledge to use." He suggests that the Israelis, too, could have tested out Stuxnet. "The Israelis know everything there is to know about how to develop these kind of centrifuges. They have also got a lot of help from their friends in the US," he says."[210]

Ebenso wurde die Explosion eine Rakete organisiert, die den Generalmajor Hassan Moghaddam und weitere iranische Soldaten tötete. Ein Ergebnis von Sabotage.

„Umfangreiche Untersuchungen über die tödliche Explosion einer ballistischen Rakete vom Typ Sejil-2 vom letzten Samstag (12. November 2011) in dem Alghadir-Militärkomplex der Revolutionsgarden (IRGC) weisen zunehmend auf einen technischen Fehler im computergesteuerten Kontrollsystem der Rakete hin und nicht auf einem Fehler an der Rakete selbst. Die Sejil-2 Festbrennstoffrakete hat eine Reichweite von 2000 km und löste die Flüssigkeitsbrennstoffrakete Sahab ab. Unter den 36 Opfern der Explosion befand sich auch der Chef des iranischen Raketenprogramms Generalmajor Hassan Moghaddam. Die Militärbasis Alghadir liegt 46 Kilometer westlich von Teheran, wo die Erschütterungen deutlich zu spüren waren und Fensterscheiben zu Bruch gingen."[211]

Ebenso gibt es Cyber-Sabotage, ein Mittel der Kriegsführung durch die USA mittels Computerviren, etwa Stuxnet und Duqu.

„Dieselben Experten weisen auch die Behauptung einiger westlichen und russischen Computerfachleute zurück, dass der Stuxnet-Virus und ein anderer Virus mit dem Namen "Duqu" etwas miteinander zu tun hätten.

Der Chef des iranischen Zivilschutzes, Gholamreza Jalali, sagte diese Woche, dass der Kampf gegen "Duqu" in seiner Anfangsphase stünde und der abschließende Bericht, welche Organisationen der Virus befallen habe und welche Auswirkungen das hätte, noch nicht fertig sei.

---

[210] Blitz, James/Bozorgmehr, Najmeh/Buck, Tobias/Dombey, Daniel/Khalaf, Roula: The sabotating of Iran, in: ft.com vom 11. Februar 2011, online unter: http://www.ft.com/cms/s/2/7d8ce4c2-34b5-11e0-9ebc-00144feabdc0.html

[211] Explosion in iranischer Militärbasis ein Ergebnis von Stuxnet?, in: politaia.org vom 19. November 2011, online unter: http://www.politaia.org/israel/explosion-in-iranischer-militarbasis-ein-ergebnis-von-stuxnet-debkafile/ mit Verweis auf: http://www.debka.com/article/21496/

Alle Organisationen und Zentren, die unter Verdacht stehen, befallen zu sein, seien unter Kontrolle."[212]

Offensichtlich wurden auch Spione und Agenten in das iranische Militär eingeschleust um diese Sabotage-Akte durchzuführen:

„Die iranischen Behörden behaupten, bei der Explosion in dem Munitionslager habe es sich um einen Unfall gehandelt. Die Tatsache, dass ein hochrangiger Offizier dabei ums Leben kam, weist laut "Telegraph" allerdings auf einen Sabotageakt gegen das iranische Atom- und Raketenprogramm hin.

Das Blatt zitiert den US-Blogger Richard Silverstein, der über gute Verbindungen zum israelischen Militär verfügen soll. Dessen Angaben zufolge soll der Mossad gemeinsam mit der bewaffneten iranischen Exil-Oppositionsgruppe Volksmujaheddin die Aktion durchgeführt haben. Vor einem Jahr habe es eine Explosion in einem Gebäude gegeben, in dem iranische Langstreckenraketen vom Typ Shahab 3 gelagert wurden. Dabei seien 18 Menschen ums Leben gekommen, so Silverstein. Die iranischen Behörden hätten damals ebenfalls von einem Feuer in einem Munitionsdepot gesprochen."[213]

Dieses Zitat bezieht sich auf die oben bereits erwähnte Explosion, bei der ein iranischer General getötet wurde.

Zur Bekämpfung des Atomprogramms sind mit Viren iranische Zentrifugen lahmgelegt worden:

„Das gefährliche Schadprogramm Stuxnet hat einen kleinen Bruder - so zumindest die Analyse der IT-Sicherheitsfirma Symantec. Duqu heißt es, soll seit etwa einem Jahr im Umlauf sein und fleißig auf Industrierechnern spionieren. Will Duqu Unternehmen einfach nur ausspähen oder bereitet die Software einen Sabotageakt vor? Die wichtigsten Fragen und Antworten."[214]

Duqu ist bereits eine Weiterentwicklung des Stuxnet-Virus, der das iranische Atomprogramm verhindern soll.

„Duqu basiert maßgeblich auf dem Stuxnet-Code. Die Symantec-Experten glauben deshalb, dass Duqu entweder von den Stuxnet-Autoren programmiert wurde oder die Entwickler Zugang zum Quellcode des bekannten Angriffsprogramms hatten. Es ist bereits länger bekannt, dass der Stuxnet-Code im Netz kursiert."[215]

Die US-Amerikaner und die Israelis arbeiten bei diesen Cyberattacken zusammen:

„Wie die New York Times aufdeckte, soll Stuxnet seinerzeit gemeinsam von amerikanischen und israelischen Experten entwickelt worden sein.

---

[212] Explosion in iranischer Militärbasis ein Ergebnis von Stuxnet?, in: politaia.org vom 19. November 2011, online unter: http://www.politaia.org/israel/explosion-in-iranischer-militarbasis-ein-ergebnis-von-stuxnet-debkafile/ mit Verweis auf: http://www.debka.com/article/21496/

[213] Iranischer General bei Explosion getötet, in: wienerzeitung.at vom 14. November 2011, online unter: http://www.wienerzeitung.at/nachrichten/welt/weltpolitik/410995_Iranischer-General-bei-Explosion-getoetet.html

[214] Hauck, Mirjam/Kuhn, Johannes: Computer-Virus Duqu entdeckt – Wie gefährlich ist der Stuxnet-Bruder?, in: sueddeutsche.de vom 19. Oktober 2011, online unter: http://www.sueddeutsche.de/digital/computervirus-duqu-entdeckt-wie-gefaehrlich-ist-der-stuxnet-bruder-1.1168324

[215] Hauck, Mirjam/Kuhn, Johannes: Computer-Virus Duqu entdeckt – Wie gefährlich ist der Stuxnet-Bruder?, in: sueddeutsche.de vom 19. Oktober 2011, online unter: http://www.sueddeutsche.de/digital/computervirus-duqu-entdeckt-wie-gefaehrlich-ist-der-stuxnet-bruder-1.1168324

Auch damals war ein gestohlenes Sicherheitszertifikat verwendet worden, weshalb der taiwanische Hersteller C-Media nicht zwangsläufig etwas mit der Sache zu tun haben muss. Ebensowenig ist gesichert, dass Israel und die USA, Indien oder ein anderes Land dahinterstecken."[216]

Scheinbar lässt sich die iranische Führung durch die Cyber-Attacken wenig beeindrucken bzw. man fährt mit seinem Programm weiter fort. Zwar konnten offenbar Informationen durch den Stuxnet-Virus ausspioniert werden, jedoch ist die Frage, ob dies überhaupt sinnvoll ist, denn die Technologie und Funktionsweise der Geräte ist ohnehin bekannt, da es ja westliche Firmen und Regierungen waren, die diese Technik exportiert haben. In jedem Falle aber konnte und könnte durch Cyber-Attacken das iranische Atomprogramm verzögert werden.

Ich will nun mit folgendem Zitat kurz verdeutlichen was Stuxnet ist.

„Stuxnet ist ein Computerwurm, der im Juni 2010 entdeckt und zuerst unter dem Namen RootkitTmphider beschrieben wurde. Das Schadprogramm wurde speziell für ein bestimmtes System zur Überwachung und Steuerung technischer Prozesse (SCADA-System) der Firma Siemens, die Simatic S7, entwickelt. Bisher ist bekannt, dass in die Steuerung von Frequenzumrichtern der Hersteller Vacon aus Finnland und Fararo Paya in Teheran eingegriffen wird. Frequenzumrichter werden eingesetzt, um die Geschwindigkeit von anderen Geräten wie beispielsweise Motoren zu steuern. Solche Steuerungen werden vielfach in diversen Industrieanlagen wie Wasserwerken, Klimatechnik, Pipelines usw. eingesetzt.

Da bis Ende September 2010 der Iran den größten Anteil der infizierten Computer stellte und es zu außerplanmäßigen Störungen im Iranischen Atomprogramm kommt, wird vermutet, dass Stuxnet mit dem Ziel geschrieben wurde, die Leittechnik der Uran-Anreicherungsanlage in Natanz oder des Kernkraftwerks Buschehr zu stören. Die genauen Ziele, Autoren und Auftraggeber sind allerdings bisher unbekannt."[217]

Selbst IT-Spezialisten bestätigen, dass Stuxnet gezielt und mit hohem Aufwand zum Zwecke der Sabotage entwickelt wurde.

„IT-Sicherheitsspezialisten, darunter als erster Ralph Langner, gehen davon aus, dass Stuxnet gezielt zur Sabotage iranischer Atomanlagen programmiert wurde. Der Aufwand für den Wurm sei gewaltig und teuer gewesen, zudem richte es nur in bestimmten Anlagen Schaden an, andere würden offenbar ohne Schaden lediglich infiziert. Als (unfreiwilliger) Verteiler käme vor allem die russische Atomstroyexport infrage."[218]

Die Cyber-Waffe Stuxnet hat also offenbar durchaus Erfolge erzielt, aber sich leider auch sonst verbreitet.

„Computer experts have long been aware that governments or other actors can carry out cyberattacks over the web. But Stuxnet was of a different order, an aggressive computer worm designed to destroy a physical piece of industrial infrastructure. The Stuxnet worm takes over computers that control major pieces of machinery, giving it access to the industrial controllers at the plant and items of equipment that operate pumps and valves. Once in the system, it can prove near impossible to dislodge. "Even if engineers discover the worm and disconnect their laptops, it

---

[216] Hauck, Mirjam/Kuhn, Johannes: Computer-Virus Duqu entdeckt – Wie gefährlich ist der Stuxnet-Bruder?, in: sueddeutsche.de vom 19. Oktober 2011, online unter: http://www.sueddeutsche.de/digital/computervirus-duqu-entdeckt-wie-gefaehrlich-ist-der-stuxnet-bruder-1.1168324

[217] http://de.wikipedia.org/wiki/Stuxnet

[218] http://de.wikipedia.org/wiki/Stuxnet

is programmed to continue operating," Ralph Langner, an IT expert in Hamburg, told the FT last year. For much of the last year, international scientists were unclear exactly what Stuxnet had been designed to attack. But slowly the pieces of the puzzle came together. Although it affected thousands of computers across the globe, Stuxnet seemed specifically designed to attack Iran's nuclear facilities. There is an emerging consensus that it was responsible for the apparent failure in 2009 and 2010 of about 1,000 of the 8,000 centrifuges used to enrich uranium at Natanz. "[219]

Offenbar scheinen die Europäische Union und Russland hier nicht so viel in Forschung für die Entwicklung von Cybersabotage investiert zu haben wie die USA und Israel. Auf der anderen Seite waren auch deutsche Experten dabei beteiligt, insbesondere da Siemens Technik produziert, die auch in iranischen Atomanlagen eingesetzt wird.

„Like other experts, David Albright, president of the Institute for Science and International Security (Isis) in Washington, is confident that big western intelligence agencies are behind the worm. "The US and Israel have the manpower, the motivation, the resources to do this," he says, adding that it is hard to believe Germany was not involved because of the technical knowledge needed to manipulate equipment made by companies such as Siemens, which produces control systems of the sort used at Natanz. Unsurprisingly, US officials take care to dissociate themselves from Stuxnet, which has disrupted companies in countries as far apart as Belarus, Indonesia, India, Ecuador and Taiwan. William Lynn, US deputy secretary of defense, says: "It's hard to figure out where all these things are coming from." But such statements fall short of categorical denials. "[220]

Letztlich scheint also ein enormer Entwicklungsaufwand betrieben worden zu sein, um diese Cyberattacke vorzubereiten.

„Seit meinem jüngsten Artikel über Israel und dem Iran ist eine neue Situation entstanden; durch das Stuxnet Virus ist das iranische Atomwaffenprogramm um 3-4 Jahre zurückgestellt worden - laut dem scheidenden israelischen Spionchef. Außerdem sind führende iranische Atomwissenschaftler ermordet worden. (...) Computer-Experten haben einen biblischen Bezug auf den Code des Computer-Wurms gefunden, der Israel als den Ursprung der Cyber-Attacke identifiziert. Der Code enthält das Wort "Myrtus", was die lateinische Bezeichnung für die biologische Myrte ist. Das hebräische Wort für Myrte, Hadassah, war der Geburtsname von Esther, der jüdischen Königin von Persien. In der Bibel erzählt das Buch Esther, wie die Königin einen Angriff auf die jüdische Bevölkerung des Landes vorgegriffen hat und dann ihren Mann überredete, einen Angriff zu starten, bevor sie selbst angegriffen wurden. "[221]

Dieser biblische Bezug zeigt, dass der Angriff von christlich-jüdischer Seite entwickelt wurde und gegen den politischen Islam gerichtet ist.

„Die Stuxnet Computerviren, geschaffen, um das iranische Atomprogramm zu sabotieren, waren das Ergebnis der Zusammenarbeit zwischen mindestens einer westlichen Macht (USA) und dem israelischen Geheimdienst, hat ein britischer Cyber-Sicherheitsexperte gefunden. Die schädliche Software war mit ziemlicher Sicherheit für die Beschädigung und geheimen Anpassungen der

---

[219] Blitz, James/Bozorgmehr, Najmeh/Buck, Tobias/Dombey, Daniel/Khalaf, Roula: The sabotating of Iran, in: ft.com vom 11. Februar 2011, online unter: http://www.ft.com/cms/s/2/7d8ce4c2-34b5-11e0-9ebc-00144feabdc0.html

[220] Blitz, James/Bozorgmehr, Najmeh/Buck, Tobias/Dombey, Daniel/Khalaf, Roula: The sabotating of Iran, in: ft.com vom 11. Februar 2011, online unter: http://www.ft.com/cms/s/2/7d8ce4c2-34b5-11e0-9ebc-00144feabdc0.html

[221] Mord Und Computer Virus Bremst Irans Atomprogramm. Saudi Arabien Verbündet sich Nun Mit Teheran. "USA Wollen Nahost Herunterfahren, Um Russland Und China Herunterzufahren"!, in: euro-med.dk vom 24. Februar 2011, online unter: http://euro-med.dk/?p=21137, unter Berufung auf und nach Übersetzung von zahlreichen internationalen Zeitungs-Quellen

Zentrifugen in Natanz, Irans Urananreicherungstelle, gestaltet worden. Gesonderte Ermittlungen von US-Atomexperten haben entdeckt, dass das Stuxnet durch die Erhöhung der Geschwindigkeit von Uran-Zentrifugen bis an die Sollbruchstelle für eine kurze Zeit wirkt. Zur gleichen Zeit hat es die Sicherheits-Überwachungssysteme ausgeschaltet, damit die Operatoren glaubten, alles sei normal. Der Council on Foreign Relations jubelte: CFR 27 Jan. 2011: Stuxnet, der Computer-Wurm, der im letzten Jahr viele der Gas-Zentrifugen, die für das iranische Atomprogramm zentral sind, ausschaltete, ist eine mächtige Waffe in einem neuen Zeitalter der globalen Informations-Kriegsführung."[222]

Es scheint also, als wären diese Cyberattacken eine neue Form der Kriegsführung im Informationszeitalter.

"Kein Wunder: DEBKAfile 29 Nov. 2010: Prof. Majid Shahriari (rechts), der starb, als sein Auto in Nord-Teheranam 29. November angegriffen wurde, leitete das Team, das der Iran zur Bekämpfung des Virus Stuxnet, das verheerend durch sein nukleares und militärisches Netz raste, eingerichtet hat. Prof. Shahriari war der Spitzen-Experte des iranischen Atomprogramms für Computer-Codes und Cyber-Krieg. US Today 1 Dez. 2011: Im November hefteten Angreifer auf Motorrädern magnetisierte Bomben an die Autos von zwei iranischen Atomwissenschaftlern, wie sie in Teheran in die Arbeit fuhren, töteten einen und verwundeten den anderen. Mindestens zwei weitere iranische Atomwissenschaftler sind in den vergangenen Jahren getötet worden."[223]

Die Cyber-Attacken werden also mit einer Politik von gezielten Tötungen kombiniert, die gegen iranische Atomwissenschaftler und Computerexperten gerichtet ist.

"Jerusalem, 29 Dec. (AKI)- Jetzt durch den Ausfall von wichtigen Computern, sowie das Töten der führenden Kerntechniker durch Geheimagenten, ist die iranische Atombombe um 3 Jahre entfernt laut dem israelischen stellvertretenden Ministerpräsidenten, Moshe Ya'alon.
Ohne eventuelle militärische Aktion gegen den Iran zu erwähnen, sagte Ya'alon, er hoffe, dass die amerikanische Aktion gegen das Land erfolgreich sei.
Israel hat bei einer Reihe von Anlässen die USA dringend aufgefordert, ein härteres Vorgehen gegen das iranische Atomprogramm zu ergreifen, drückte sie, um eine Verhandlungsfrist zu setzen sowie einen Militärschlag zu erwägen, wenn nötig, laut Wikileaks veröffentlichten Dokumenten Anfang dieses Monats.
Andere zugespielte Mitteilungen offenbaren, dass arabische Golfstaaten Washington ermutigen, den Iran anzugreifen, um die nuklearen Ambitionen ihres Nachbarn zu ersticken."[224]

Die anderen westlichen Geheimdienste sollen also für die Dringlichkeit zu handeln unter Berufung auf den Holocaust sensibilisiert werden.

"Allerdings braucht Israel die Bedrohung durch tödliche Gefahr, um zu existieren. Deshalb wird

---

[222] Mord Und Computer Virus Bremst Irans Atomprogramm. Saudi Arabien Verbündet sich Nun Mit Teheran. "USA Wollen Nahost Herunterfahren, Um Russland Und China Herunterzufahren"!, in: euro-med.dk vom 24. Februar 2011, online unter: http://euro-med.dk/?p=21137, unter Berufung auf und nach Übersetzung von zahlreichen internationalen Zeitungs-Quellen

[223] Mord Und Computer Virus Bremst Irans Atomprogramm. Saudi Arabien Verbündet sich Nun Mit Teheran. "USA Wollen Nahost Herunterfahren, Um Russland Und China Herunterzufahren"!, in: euro-med.dk vom 24. Februar 2011, online unter: http://euro-med.dk/?p=21137, unter Berufung auf und nach Übersetzung von zahlreichen internationalen Zeitungs-Quellen

[224] Mord Und Computer Virus Bremst Irans Atomprogramm. Saudi Arabien Verbündet sich Nun Mit Teheran. "USA Wollen Nahost Herunterfahren, Um Russland Und China Herunterzufahren"!, in: euro-med.dk vom 24. Februar 2011, online unter: http://euro-med.dk/?p=21137, unter Berufung auf und nach Übersetzung von zahlreichen internationalen Zeitungs-Quellen

uns die Holocaust-Geschichte immer wieder vorgeworfen, so dass Nicht-Juden sie nicht mehr ausstehen können. Reuters 31 Jan. 2011: Die Westmächte sollten aus der Annahme heraus arbeiten, dass der Iran eine Atomwaffe im nächsten Jahr haben könnte, und dass eine israelische Geheimdienst-Bewertung von 2015 sich als zu optimistisch herausstellen könnte, sagte der britische Verteidigungsminister, Liam Fox. Mr. Fox ist Mitglied der Konservativen Freunde von Israel."[225]

Im Jahre 2010 stellte sich die Menge von atomarem Material des Irans nach Geheimdienstinformationen wie folgt dar.

„DEBKAfile 6 Dec.2010 und Israel Militay Net 6. Dec. 2010: Iran hat 23,5 Kilo von 19,75 Prozent angereichertem Uran angehäuft. Dies kann durch den vollen Januar bis auf die 28,2 Kilo, die für waffenfähige Produktion benötigt sind, nachgefüllt werden. So setzte sich Teheran zu den 6–Mächtegesprächen in einer starken Verhandlungsposition hin. DEBKAfile: Iran hat jetzt einen gelben Kuchen von 20% angereichertem Uran produziert. Die Iraner brauchen nicht mehr als ein paar Wochen, bis Anfang Februar spätestens, um dieses Ziel zu erreichen.

Doch obwohl der Iran keine Atombombe hat, provoziert er weiterhin seinen Todfeind Israel. Mehr noch: Saudi-Arabien scheint, sich mit dem Iran zu verbünden, anstatt US-Verbündeter zu bleiben. Auch Ägypten scheint ins Wanken zu kommen."[226]

Die engeren Beziehungen zwischen Saudi-Arabien und Iran, sowie Ägypten und Iran scheinen also insbesondere für Israel eine erhöhte Bedrohungslage zu bedeuten.

„Virtual Jerusalem 9. Dezember 2010: (Artikel nun weg) - Vor den Sechs-Mächtegesprächen mit dem Iran, die in dieser Woche wieder aufgenommen wurden, ordnete US-Präsident Barack Obama an, den Flugzeugträger USS Harry S. Truman aus den Gewässern des Golfs gegenüber dem Iran zurückzuziehen und erneut in die Ägäis zurückzusegeln. Diese Aktion signalisierte Washingtons Wechsel auf Diplomatie und die Suche nach Mittelwegen im Atomstreit mit dem Iran durch Engagement, berichten DEBKAfile in den USA sowie militärische Quellen. Obama verließ somit die militärische Haltung, die er nur sechs Wochen früher eingenommen hatte, um die iranischen Herrscher durch eine Anhäufung der Seemacht gegenüber Irans Gewässern gefügig zu machen. Es war dann, dass er die USS Abraham Lincoln an den Persischen Golf versandte, wobei er die Zahl der Flugzeugträger auf drei erhöhte, darunter den französischen Charles de Gaulle.
Der Besuch des Verteidigungsministers, Robert Gates in Oman am 5. Dezember war eine weitere Geste der Versöhnung. Gates spricht für die Regierungsfraktion, die Gegner eines amerikanischen oder israelischen Militärschlags gegen Atomanlagen des Iran sind. Sein Besuch sendet eine Nachricht aus dem Weißen Haus, dass die militärische Option zugunsten des Engagements, auf die große Hoffnungen auf Fortschritte zur Lösung der nuklearen Kontroverse jetzt gesetzt werden, beiseite geschoben ist."[227]

---

[225] Mord Und Computer Virus Bremst Irans Atomprogramm. Saudi Arabien Verbündet sich Nun Mit Teheran. "USA Wollen Nahost Herunterfahren, Um Russland Und China Herunterzufahren"!, in: euro-med.dk vom 24. Februar 2011, online unter: http://euro-med.dk/?p=21137, unter Berufung auf und nach Übersetzung von zahlreichen internationalen Zeitungs-Quellen

[226] Mord Und Computer Virus Bremst Irans Atomprogramm. Saudi Arabien Verbündet sich Nun Mit Teheran. "USA Wollen Nahost Herunterfahren, Um Russland Und China Herunterzufahren"!, in: euro-med.dk vom 24. Februar 2011, online unter: http://euro-med.dk/?p=21137, unter Berufung auf und nach Übersetzung von zahlreichen internationalen Zeitungs-Quellen

[227] Mord Und Computer Virus Bremst Irans Atomprogramm. Saudi Arabien Verbündet sich Nun Mit Teheran. "USA Wollen Nahost Herunterfahren, Um Russland Und China Herunterzufahren"!, in: euro-med.dk vom 24. Februar 2011, online unter: http://euro-med.dk/?p=21137, unter Berufung auf und nach Übersetzung von zahlreichen internationalen Zeitungs-Quellen

Die US-amerikanische Regierung unter Barack Obama hat also ihre Strategie geändert und setzt anstatt auf Bedrohung und Konfrontation nunmehr auf Diplomatie. Auch Russland scheint die militärische Hilfe durch Waffenlieferungen für den Iran einzustellen.

„Erst letzte Woche kritisierte Ahmadinedschad Russland für den Rückzieher aus einem Vertrag, nach dem Russland die Islamische Republik mit dem anspruchsvollen S-300-Raketenabwehrsystem hätte beliefern sollen."[228]

Auch wird im gesamten Nahen und Mittleren Osten die Bestrebung nach Atomwaffen erhöht, etwa in Saudi-Arabien.

„Die Angst vor der bevorstehenden iranischen Atombombe hat bereits einen ernsthaften Atomwaffen-Wettlauf im Nahen Osten gestartet
DEBKAfile 30 Dec. 2010: Saudi-Arabien hat angeordnet, für seine Verfügung den Gebrauch zweier pakistanischer Atombomben oder Lenkflugkörpersprengköpfe zu haben, offenbaren DEBKAfiles militärische und nachrichtendienstliche Quellen. Sie befinden sich wahrscheinlich im pakistanischen nuklearen Luftstützpunkt in Kamra im nördlichen Bezirk Attock. Pakistan hat bereits dem Wüstenreich seine neueste Version der Ghauri-II-Rakete nach dem Ausbau auf die Reichweite von 2.300 Kilometern geschickt."[229]

Nebenbei hat das Vertrauen der arabischen Staaten in Barack Obama gelitten, weil seine Kriegsvorbereitungen als zu aggressiv wahrgenommen wurden.

„Es besteht kein Zweifel, dass der unentschlossene Obama allen Respekt und Vertrauen unter den Arabern verloren hat, weil er massive Kriegsvorbereitungen, die er nicht wagte umzusetzen, getroffen hatte. Dies war ein taktischer Fehler. Die größte Militärmacht der Welt kann nicht als Bluffer enthüllt werden - und das Vertrauen behalten. Die gigantischen Flotten– und MilitärKonzentrationen rund um den Iran hätten nie stattfinden dürfen. Die Begeisterung Obamas und der EU für die islamistischen Revolutionen (Für 95% der Ägypter bedeutet Demokratie starken Islam, und zwar die Scharia.) ist nicht nachvollziehbar - islamische Herrschaft ist nur eine neue Diktatur - wie im Iran."[230]

Auch aus Russland wird die Angst geäußert, dass religiöse Fanatiker zu Gewalt aufhetzen.

„Prison Planet 22 Febr. 2011: "Wir könnten den Zerfall der großen und bevölkerungsreichen Länder erleben", warnte der russische Präsident, Medwedew, und fügte hinzu, dass religiöse Fanatiker die Macht ergreifen und "die Region für die kommenden Jahrzehnte in Brand stecken könnten." Russland ist sich völlig im klaren, dass die Proteste gekapert wurden und von der westlichen Bankelite und dem militärisch-industriellen Komplex der USA manipuliert werden. Globalisten hoffen, die Proteste, deren Teilnehmer echte Beschwerden haben, als ein Werkzeug

---

[228] Mord Und Computer Virus Bremst Irans Atomprogramm. Saudi Arabien Verbündet sich Nun Mit Teheran. "USA Wollen Nahost Herunterfahren, Um Russland Und China Herunterzufahren"!, in: euro-med.dk vom 24. Februar 2011, online unter: http://euro-med.dk/?p=21137, unter Berufung auf und nach Übersetzung von zahlreichen internationalen Zeitungs-Quellen

[229] Mord Und Computer Virus Bremst Irans Atomprogramm. Saudi Arabien Verbündet sich Nun Mit Teheran. "USA Wollen Nahost Herunterfahren, Um Russland Und China Herunterzufahren"!, in: euro-med.dk vom 24. Februar 2011, online unter: http://euro-med.dk/?p=21137, unter Berufung auf und nach Übersetzung von zahlreichen internationalen Zeitungs-Quellen

[230] Mord Und Computer Virus Bremst Irans Atomprogramm. Saudi Arabien Verbündet sich Nun Mit Teheran. "USA Wollen Nahost Herunterfahren, Um Russland Und China Herunterzufahren"!, in: euro-med.dk vom 24. Februar 2011, online unter: http://euro-med.dk/?p=21137, unter Berufung auf und nach Übersetzung von zahlreichen internationalen Zeitungs-Quellen

lenken zu können – und damit die sogenannten Schurkenstaaten zu stürzen, die sich weigern, nach den Regeln der neuen Weltordnung zu spielen. Kurzfristig, nämlich den Iran, aber schließlich dann Russland und sogar China. "Wenn man den Nahen Osten herunterfährt, fährt man Russland und China herunter, und dann regiert man die Welt. Die aktuelle Nahost-Destabilisierung ist ein verzweifelter Schachzug, um den Nahost-Puffer zu eliminieren, die beiden aufsteigenden Supermächte zu isolieren, und sie zu zwingen, ihren Platz innerhalb einer unipolaren New York-London zentrierten Weltordnung einzusehen ", schreibt Tony Cartalucci.

Die Bilderberger hatten die Revolution gegen den Schah als eine Balkanisierung des Nahost geplant – sodass sie auf die Sovjetunion hinüberschwappen und diese destabilisieren würde. Genau das befürchtet jetzt Russland. Dies klingt wie die Ouvertüre zum 3. Weltkrieg."[231]

Ein Dritter Weltkrieg des Westens gegen den islamischen Block wäre jedoch verheerend, deshalb wird ja auch auf Sabotage-Aktionen gesetzt.

"A COMPUTER virus created to sabotage Iran's nuclear programme and stop Tehran developing an atomic bomb was designed by American and Israeli experts, it was claimed yesterday.

The Stuxnet computer worm, the most sophisticated cyber weapon ever made, crippled uranium enrichment facilities across Iran last year and set the country back five years in the nuclear arms race."[232]

In diesem Wissen ist die Sabotage gegen die iranischen Atomanlagen durch Computerviren sicher die bessere Alternative zu Krieg.

"The genius of Stuxnet appears to have been that not only did it infect the protected computer system at Natanz, where uranium is enriched, but it also told the Iranian technicians monitoring the plant that all was well.

In fact it was causing the centrifuges to spin so fast that about 1,000 of them, a fifth of the total, broke before the alarm was raised. Siemens, a German company that produces computer controls for the US, co-operated with American cyber-security experts two years ago on developing defences against cyber attacks, such as the Conficker worm that penetrated the Pentagon in 2009."[233]

Die deutsche Firma SIEMENS hat also mit US-amerikanischen Sicherheitsexperten bei der Sabotage-Aktion zusammengearbeitet. Diese Cyberwaffe scheint also daher in besonderem Maße zielführend gewesen zu sein.

"But so far Stuxnet has proved to be the most dangerous weapon against Tehran's nuclear plans. Last November, President Ahmadinejad of Iran admitted that a cyber attack had caused "minor problems with some of our centrifuges", although he insisted Iran's experts had fixed the fault. However, two weeks ago, the outgoing chief of Mossad, Meir Dagan, abruptly revised the estimate

---

[231] Mord Und Computer Virus Bremst Irans Atomprogramm. Saudi Arabien Verbündet sich Nun Mit Teheran. "USA Wollen Nahost Herunterfahren, Um Russland Und China Herunterzufahren"!, in: euro-med.dk vom 24. Februar 2011, online unter: http://euro-med.dk/?p=21137, unter Berufung auf und nach Übersetzung von zahlreichen internationalen Zeitungs-Quellen

[232] Hider, James: Computer virus used to sabotage Iran's nuclear plans 'built by US and Israel', in: theaustralian.com.au vom 17. Januar 2011, online unter: http://www.theaustralian.com.au/news/world/computer-virus-used-to-sabotage-irans-nuclear-plans-built-by-us-and-israel/story-e6frg6so-1225989304785

[233] Hider, James: Computer virus used to sabotage Iran's nuclear plans 'built by US and Israel', in: theaustralian.com.au vom 17. Januar 2011, online unter: http://www.theaustralian.com.au/news/world/computer-virus-used-to-sabotage-irans-nuclear-plans-built-by-us-and-israel/story-e6frg6so-1225989304785

of the nuclear threat level from Iran, down from "imminent" to 2015 at the earliest. "[234]

Computer-Hacking und gezielt ausgelöste Explosionen sind offenbar die bessere Alternative im Vergleich zu einem Militärschlag.

„The United States was advised to adopt a policy of "covert sabotage" of Iran's clandestine nuclear facilities, including computer hacking and "unexplained explosions", by an influential German thinktank, a leaked US embassy cable reveals.

Volker Perthes, director of Germany's government-funded Institute for Security and International Affairs, told US officials in Berlin that undercover operations would be "more effective than a military strike" in curtailing Iran's nuclear ambitions.

A sophisticated computer worm, Stuxnet, infiltrated the Natanz nuclear facility last year, delaying Iran's programme by some months. The New York Times said this week that Stuxnet was a joint US-Israeli operation."[235]

Die militärischen Drohungen treten angesichts der Cyber-Attacken momentan in den Hintergrund.

„The chances of a military strike against Iran are now understood to be receding, in part because of the success of the Stuxnet cyberattack, but also due to the assassination last year of two Iranian nuclear scientists, which was attributed to Israel.

Stuxnet wiped out roughly a fifth of the centrifuges used to enrich uranium at Iran's Natanz base around August last year. Security experts told the Guardian at the time that Stuxnet was "the most refined piece of malware ever discovered", raising suspicion that it was a well-funded and potentially state-sponsored operation. According to the New York Times, the Stuxnet worm was tested at a secret Israeli bunker at Dimano, near the Negev desert."[236]

Der Stuxnet-Wurm ist nicht der einzige Virus, der zur Sabotage des iranischen Atomprogramms entwickelt und eingesetzt wurde.

„Iran ist erneut mit einem Computervirus angegriffen worden. Das berichtete die halbamtliche iranische Nachrichtenagentur Mehr am Montag. Der Leiter einer Einheit der iranischen Streitkräfte zur Bekämpfung von Sabotage, Gholamresa Dschalili, sagte, Experten seien damit beschäftigt, den Virus namens "Stars" zu untersuchen.

"Bestimmte Charakteristika des Star-Virus wurden identifiziert, unter anderem, dass er zum angegriffenen System kompatibel ist", sagte Dschalili. "In der ersten Phase richtet er nur kleinere Schäden an und könnte für eine ausführbare Datei einer Regierungsbehörde gehandelt werden."

Er machte keine genauen Angaben dazu, ob das iranische Atomprogramm das Ziel gewesen sei.

---

[234] Hider, James: Computer virus used to sabotage Iran's nuclear plans 'built by US and Israel', in: theaustralian.com.au vom 17. Januar 2011, online unter: http://www.theaustralian.com.au/news/world/computer-virus-used-to-sabotage-irans-nuclear-plans-built-by-us-and-israel/story-e6frg6so-1225989304785

[235] Halliday, Josh: WikiLeaks: US advised to sabotage Iran nuclear sites by German thinktank, in: guardian.co.uk vom 18. Januar 2011, online unter: http://www.guardian.co.uk/world/2011/jan/18/wikileaks-us-embassy-cable-iran-nuclear

[236] Halliday, Josh: WikiLeaks: US advised to sabotage Iran nuclear sites by German thinktank, in: guardian.co.uk vom 18. Januar 2011, online unter: http://www.guardian.co.uk/world/2011/jan/18/wikileaks-us-embassy-cable-iran-nuclear

Dschalili kritisierte auch indirekt das Außenministerium, sich zu wenig um die Abwehr von Cyberangriffen zu kümmern und die Attacken auf diplomatischer Ebene zu verhindern."[237]

Mit dem Stars-Virus ist also eine weitere Attacke unternommen worden, um das Iranische Atomprogramm zu sabotieren.

„Bereits im vergangenen Jahr wurden Teile des iranischen Atomprogramms mithilfe des Virus "Stuxnet" angegriffen, mit dem Zentrifugen zur Urananreicherung in einer Anlage in Natans sabotiert wurden. Nach offizieller Darstellung entstand aber kein Schaden. Nach Dschalilis Angabe sei Stuxnet jedoch immer noch eine potentielle Bedrohung dar.

Iran macht die USA und Israel für den Stuxnet-Angriff verantwortlich. Was hinter der Bekanntgabe des Virenangriffs steckt, ist noch unklar. Möglich ist, dass Iran damit den Cyberkrieg auf die Agenda der Verhandlungen über sein Atomprogramm bringen möchte; es ist aber auch nicht ausgeschlossen, dass die Entdeckung beweisen soll, dass Iran auf künftige Angriffe auf kritische Infrastrukturen besser vorbereitet ist."[238]

Es ist nicht verwunderlich, dass der Iran die USA und Israel für die Sabotage verantwortlich macht, denn man könnte somit behaupten, dass diese Sabotage-Aktionen gegen internationales Recht verstoßen.

„The United States has used economic sanctions, censure by the United Nations, diplomatic engagement and the threat of military action to accomplish these goals — all with little or no success.

At the same time, other, unacknowledged activities have been under way. They have included cyberattacks, assassinations and defections. As it turns out, these efforts have had some success."[239]

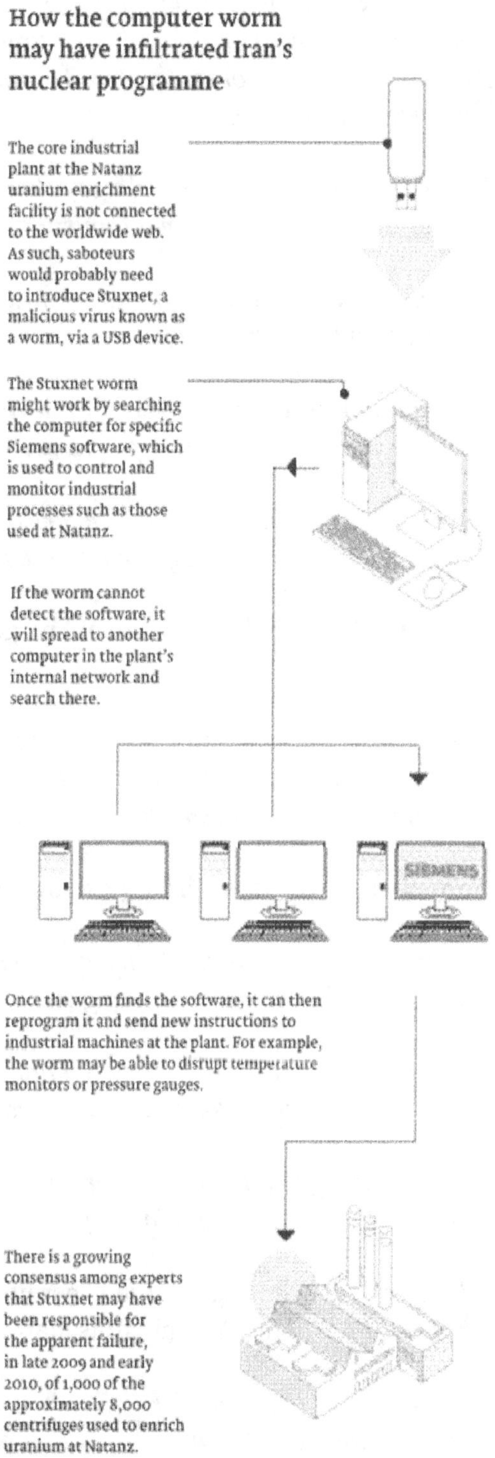

Neben Wirtschaftssanktionen, diplomatischen Verhandlungen und militärischen Drohungen, ist Cybersabotage damit eine wirkungsvolles Instrument.

Abbildung 41: Infiltration durch das Stuxnet-Virus, Quelle: http://im.ft-static.com/content/images/967423a8-34cc-11e0-9ebc-00144feabdc0.img

---

[237] Computervirus "Stars" - Iran: Neuer Fall von Cyber-Sabotage, in: sueddeutsche.de vom 25. April 2011, online unter: http://www.sueddeutsche.de/digital/computervirus-stars-iran-neuer-fall-von-cyber-sabotage-1.1088882
[238] Computervirus "Stars" - Iran: Neuer Fall von Cyber-Sabotage, in: sueddeutsche.de vom 25. April 2011, online unter: http://www.sueddeutsche.de/digital/computervirus-stars-iran-neuer-fall-von-cyber-sabotage-1.1088882
[239] Shuster, Mike: Inside The United States' Secret Sabotage Of Iran, in: npr.org vom 09. Mai 2011, online unter: http://www.npr.org/2011/05/09/135854490/inside-the-united-states-secret-sabotage-of-iran

„That was especially true with the Stuxnet worm. The computer virus, apparently developed in Israel with the help of the CIA, was launched in 2009. Sometime the following year, the worm found its way into the computers that control Iran's most important nuclear facility, the uranium enrichment operation at Natanz.

The worm told the gas centrifuges that enrich uranium to spin too fast. Many broke and destroyed other centrifuges — nearly a thousand of them.

The impact of the worm spread even wider, says Muhammad Sahimi, a professor at the University of Southern California who writes for the website Tehran Bureau.

"In fact, not only it destroyed a thousand centrifuges at Natanz — it also forced the government to actually shut down the enrichment facility for a few days," Sahimi says.

That was last year. Computer security companies got wind of it, in part because it may also have affected companies and equipment outside of Iran. And the story became public.“[240]

Zwar wurde ein Schaden an den Anlagen verursacht, aber die Probleme wurden und werden durch das iranische Personal behoben.

„One of the benefits of these kind of programs is that over time it builds paranoia and fear inside the Iranian nuclear program — that they have to be extremely careful that anything they buy may turn out to be a self-destructive pill once it's ingested inside the Iranian program.“[241]

So wird also Angst geschürt bei den Mitarbeitern des Iranischen Atomprogramms.

„Given the success of the Stuxnet worm, it's likely its creators may be constructing Stuxnet 2.0 right now — or other viruses targeting Iran.

Iran may have had to buy new computers to replace those that were affected, and it can't be sure that new computers won't be sabotaged.

In fact, nothing that Iran buys on the international market that could be used in its nuclear program is safe from sabotage, Sahimi says.“[242]

Wie bereits erwähnt, wurden bereits weitere Viren entwickelt und eingesetzt, was letztlich permanente erhöhte Alarmbereitschaft für die Mitarbeiter des Iranischen Atomprogramms bedeutet.

„In any case, Iran's leaders are certainly worried about what they might face next, says Riedel of the Brookings Institution.

"One of the benefits of these kind of programs is that over time it builds paranoia and fear inside the Iranian nuclear program — that they have to be extremely careful that anything they buy may turn out to be a self-destructive pill once it's ingested inside the Iranian program," Riedel says.

---

[240] Shuster, Mike: Inside The United States' Secret Sabotage Of Iran, in: npr.org vom 09. Mai 2011, online unter: http://www.npr.org/2011/05/09/135854490/inside-the-united-states-secret-sabotage-of-iran
[241] Shuster, Mike: Inside The United States' Secret Sabotage Of Iran, in: npr.org vom 09. Mai 2011, online unter: http://www.npr.org/2011/05/09/135854490/inside-the-united-states-secret-sabotage-of-iran
[242] Shuster, Mike: Inside The United States' Secret Sabotage Of Iran, in: npr.org vom 09. Mai 2011, online unter: http://www.npr.org/2011/05/09/135854490/inside-the-united-states-secret-sabotage-of-iran

In fact, just last week, one of Iran's key nuclear officials disclosed that another computer virus had hit Iran.

The Iranians are calling it the "Stars" virus. They say they have taken care of it.

So far its existence has not been confirmed by computer security specialists outside of Iran. Nevertheless, the effort to sabotage Iran's nuclear program, through cyberattacks or other methods, is certain to continue."[243]

Letztlich sind Viren zwar immer ein Rückschritt für die Entwicklung, werden aber das Iranische Nuklearprogramm nie völlig stoppen können.

Der iranische Präsident ist daher offenbar verärgert, aber insgesamt doch relativ gelassen.

„Iran's president has said some of the centrifuges used in its uranium enrichment programme were sabotaged, raising suspicions that they were targeted by the Stuxnet computer worm.

Mahmoud Ahmadinejad said the problems had been created by enemies of Iran, but had had only a limited effect.

Iran has repeatedly denied that Stuxnet had affected its nuclear programme.

The UN said last week that Iran had temporarily halted most of its uranium enrichment work earlier this month."[244]

Der Iran musste also kurzfristig das Nuklearprogramm stoppen, um die Fehler zu beheben.

„The computer virus is a form of customised malware, written to attack a precise target.

Analysts say the complexity of the code suggests it was created by a "nation state" in the West, rather than an organised crime group.

Senior Iranian officials have said that the virus is evidence that an "electronic war" has been launched against the country."[245]

Es kann also von einem Cyber-Krieg gesprochen werden, denn es sind zahlreiche Versuche unternommen worden, um das Iranische Atomprogramm mit Hilfe von Viren zu stoppen. Stuxnet, Duqu und Stars sind dabei die bekanntesten.

Ebenfalls wird Sabotage mit gezielt ausgelösten Explosionen betrieben, die gezielt Wissenschaftler töten sollten. Nun möchte ich die Versuche und die erfolgreichen Durchführungen von gezielten Tötungen dokumentieren, die unternommen und versucht wurden, um das iranische Atomprogramm zu stoppen.
Zur Politik der gezielten Tötungen berichtet Ulrike Pütz in einem Artikel im Spiegel.

---

[243] Shuster, Mike: Inside The United States' Secret Sabotage Of Iran, in: npr.org vom 09. Mai 2011, online unter: http://www.npr.org/2011/05/09/135854490/inside-the-united-states-secret-sabotage-of-iran

[244] Iran says nuclear programme was hit by sabotage, in: bbc.co.uk vom 29. November 2010, online unter: http://www.bbc.co.uk/news/world-middle-east-11868596

[245] Iran says nuclear programme was hit by sabotage, in: bbc.co.uk vom 29. November 2010, online unter: http://www.bbc.co.uk/news/world-middle-east-11868596

„Ein Nuklearforscher nach dem anderen fällt in Iran einer Mordserie zum Opfer. Will der Mossad so den Bau einer iranischen Atombombe sabotieren? Israel dementiert das nicht. Noch rigoroser wollen israelische Generäle vorgehen: Sie fordern immer vehementer einen Luftangriff."[246]

Gezielte Tötungen und gleichzeitig Drohungen, den Iran militärisch anzugreifen ist offenbar die Leitlinie der israelischen Außenpolitik.

„Unschuld beteuert man anders: "Israel antwortet nicht", sagte Israels Verteidigungsminister Ehud Barak, als er Anfang vergangener Woche gefragt wurde, ob sein Land in den jüngsten Mord an einem iranischen Atomwissenschaftler verwickelt sei. Das Lächeln, das dabei seine Lippen umspielte, dürfte wohlkalkuliert gewesen sein. Israel lässt den Verdacht, es stecke hinter einer Mordserie an Physikern des umstrittenen iranischen Atomprogramms, gern im Raum stehen."[247]

Man bestreitet also die gezielten Tötungen nicht öffentlich, sondern lässt die Vorwürfe im Raum stehen, was eine gewisse Boshaftigkeit zum Ausdruck bringen soll.

„Dass Israel hinter dem Anschlag auf Dariusch Rezaie in Teheran steckt, wird in der Schattenwelt der Geheimdienste kaum bezweifelt: "Das war die erste laute Aktion des neuen Mossad-Chefs Tamir Pardo", sagte ein Informant aus israelischen Geheimdienstkreisen zu SPIEGEL ONLINE.

Am vorvergangenen Samstag wurde Rezaie zum vorerst letzten Opfer einer mysteriösen Anschlagserie, mit der Unbekannte seit nunmehr 20 Monaten die Physiker-Elite der Islamischen Republik dezimieren. Der 35-Jährige wurde vor dem Kindergarten seiner Tochter im Osten Teherans von tödlichen Schüssen in den Hals getroffen. Iranische Medien sprachen von zwei Tätern, die auf einem Motorrad entkommen konnten."[248]

In diesem Artikel werden dann drei weitere Beispiele für gezielte Tötungen genannt. Zum einen die Tötung von Massud Ali Mohammadi.

„Im Januar 2010 stirbt der Kernphysiker Massud Ali Mohammadi, als eine ferngezündete Motorradbombe neben seinem Auto explodiert. Nach westlicher Einschätzung gehörte Mohammadi zur Elite der iranischen Nuklearforscher."[249]

Ebenfalls zu erwähnen ist der Anschlag auf den Atomphysiker Madschid Schahriari, der bei der Fahrt mit dem Auto mit Sprengsätzen attackiert wurde.

„Am 29. November 2010 verüben Unbekannte zwei Anschläge, bei denen Motorradfahrer während der Fahrt Sprengsätze an die Autos ihrer Opfer heften. Madschid Schahriari, Professor für Atomphysik mit dem für den Bau von Atombomben relevanten Spezialgebiet Neutronentransport,

---

[246] Putz, Ulrike: Irans Atomprogramm: Israels mörderische Sabotage-Strategie, in: spiegel.de vom 01. August 2011, online unter: http://www.spiegel.de/politik/ausland/irans-atomprogramm-israels-moerderische-sabotage-strategie-a-777197.html

[247] Putz, Ulrike: Irans Atomprogramm: Israels mörderische Sabotage-Strategie, in: spiegel.de vom 01. August 2011, online unter: http://www.spiegel.de/politik/ausland/irans-atomprogramm-israels-moerderische-sabotage-strategie-a-777197.html

[248] Putz, Ulrike: Irans Atomprogramm: Israels mörderische Sabotage-Strategie, in: spiegel.de vom 01. August 2011, online unter: http://www.spiegel.de/politik/ausland/irans-atomprogramm-israels-moerderische-sabotage-strategie-a-777197.html

[249] Putz, Ulrike: Irans Atomprogramm: Israels mörderische Sabotage-Strategie, in: spiegel.de vom 01. August 2011, online unter: http://www.spiegel.de/politik/ausland/irans-atomprogramm-israels-moerderische-sabotage-strategie-a-777197.html

überlebt die Explosion seines Wagens nicht. Seine Frau wird schwer verletzt."[250]

Und zuletzt der Anschlag auf den Experten Feridun Abbasi.

„Gleichzeitig wird Feridun Abbasi angriffen. Der Experte für Isotopentrennung bemerkt den verdächtigen Motorradfahrer jedoch und springt mit seiner Frau aus dem Auto. Die Detonation verletzt beide. Nach Abbasis Genesung ernennt Präsident Mahmud Ahmadinedschad ihn zum Chef der Atomenergiebehörde und zum Vizepräsidenten."[251]

Das sind nur vier Beispiele für Anschläge auf Wissenschaftler, die für das Iranische Atomprogramm arbeiteten. Die Iranische Führung kommentiert das wie folgt.

„Iran sieht das "Dreieck der Niedertracht" hinter den Attentaten: Die USA, Israel und von ihnen bezahlte Handlanger steckten hinter den Attacken, heißt es in Teheran. Washington weist jede Schuld von sich: "Wir waren nicht darin verwickelt", sagte eine Sprecherin des US-Außenministeriums im Bezug auf den Tod Rezaies. Israel hingegen schweigt vieldeutig.

Die Tötungen sind Teil einer Kampagne, die das iranische Atomprogramm sabotieren oder zumindest verlangsamen soll, heißt es in israelischen Geheimdienstkreisen. Die Taktik beschränke sich dabei nicht nur auf Gewaltverbrechen. Auch der Cyber-Angriff mit dem Computervirus Stuxnet, der im Sommer 2010 weite Teile des iranischen Atomprogramms lahmlegte, soll Teil der israelischen Geheimoffensive gegen Iran sein."[252]

Für Explosionen und Cyber-Attacken wurden offenbar Agenten gezielt in den Iran eingeschleust. Scheinbar lässt sich die Iranische Führung selbst davon nicht beeindrucken und liefert derweil munter weiter Waffen an die Hisbollah.

„Doch jetzt gibt es eine akute Verstrickung: 2 iranische Kriegsschiffe haben zum ersten Mal seit der Revolution von 1979 die Erlaubnis bekommen, nach Besuchen in omanischen und Saudi-arabischen Häfen durch den Suezkanal zu segeln. Laut DEBKAfile sei das größte Schiff mit Langstreckenraketen für die Hisbollah beladen. USA und Israel sind gem. den UN-Sanktionen gegen den Iran berechtigt, die Schiffe zu entern und durchzukämmen, was laut dem Iran einer Kriegserklärung gleichkomme. Die Tatsache, dass die Schiffe nicht durchsucht wurden, wird mit muslimischen Augen bewundernd als Beweis für die Stärke des heutigen Iran gesehen werden - und wird das Vertrauen in die USA und Israel in der muslimischen Welt weiter abschwächen. Die USA musterten 5 Kriegsschiffe im Roten Meer, darunter den Flugzeugträger, Enterprise, in einem Schikane-Einsatz, der die Durchfahrt der iranischen Schiffe um 48 Stunden verzögerte – aber anscheinend haben sie es nicht gewagt, die Schiffe zu entern – oder haben sie? Plötzlich war es bloss Blackout um die Schiffe!"[253]

---

250 Putz, Ulrike: Irans Atomprogramm: Israels mörderische Sabotage-Strategie, in: spiegel.de vom 01. August 2011, online unter: http://www.spiegel.de/politik/ausland/irans-atomprogramm-israels-moerderische-sabotage-strategie-a-777197.html

251 Putz, Ulrike: Irans Atomprogramm: Israels mörderische Sabotage-Strategie, in: spiegel.de vom 01. August 2011, online unter: http://www.spiegel.de/politik/ausland/irans-atomprogramm-israels-moerderische-sabotage-strategie-a-777197.html

252 Putz, Ulrike: Irans Atomprogramm: Israels mörderische Sabotage-Strategie, in: spiegel.de vom 01. August 2011, online unter: http://www.spiegel.de/politik/ausland/irans-atomprogramm-israels-moerderische-sabotage-strategie-a-777197.html

253 Mord Und Computer Virus Bremst Irans Atomprogramm. Saudi Arabien Verbündet sich Nun Mit Teheran. "USA Wollen Nahost Herunterfahren, Um Russland Und China Herunterzufahren"!, in: euro-med.dk vom 24. Februar 2011, online unter: http://euro-med.dk/?p=21137, unter Berufung auf und nach Übersetzung von zahlreichen internationalen Zeitungs-Quellen

Auch nimmt die Iranische Führung engere Beziehungen zu Saudi-Arabien auf, was den Israelis und US-Amerikanern offenbar nicht gefällt.

„Iranian President Mahmoud Ahmadinejad on Sunday charged Israel and the United States of trying to sabotage relations between Iran and Saudi Arabia, a day after Riyadh denied a report in the Times claiming it had agreed to allow Israel to use its airspace to attack Iran."[254]

Deshalb greift man politisch auch die USA und Israel weiterhin an.

„"Undoubtedly, the U.S. and the Zionist regime are the enemies of Iran and Saudi Arabia, so they are trying to create a gap between Tehran and Riyadh," Mahmoud Ahmadinejad said during a meeting with Saudi Arabia's new ambassador to Tehran."[255]

Der Grund dafür ist naheliegend.

„"If Iran and Saudi Arabia stand together, our enemies won't dare continue with their aggressive behavior, with occupation and pressure on the Muslim world," the Iranian president declared during his speech.

On Saturday, Saudi Arabia's ambassador to Britain, Prince Mohammed bin Nawaf, denied that his country had practiced standing down its anti-aircraft systems to allow Israeli warplanes passage on their way to attack Iran's nuclear installations, the London-based Arabic language paper Alsharq al Awsat reported."[256]

Ebenfalls wird darauf hingewiesen, dass die Hauptziele für einen israelischen Angriff die Anreicherungsanlagen in Natanz und Ghom, die Anlagen in Isfahan und Arak sind.

„Once the Israelis had passed, the kingdom's air defenses would return to full alert, the Times said.

"We all know this. We will let them [the Israelis] through and see nothing," the Times quoted a Saudi government source as saying.

According to the report, the four main targets for an Israeli raid on Iran would be uranium-enrichment facilities at Natanz and Qom, a gas-storage development at Isfahan and a heavy-water reactor at Arak.

Secondary targets may include a Russian-built light-water reactor at Bushehr, which could produce weapons-grade plutonium when complete."[257]

Daneben ist auch der Reaktor in Bushehr ein Ziel.

---

[254] Ahmadinejad: Israel, U.S. trying to sabotage Iran's relations with Saudi Arabia, in: haaretz.com vom 13. Juni 2010, online unter: http://www.haaretz.com/news/world/ahmadinejad-israel-u-s-trying-to-sabotage-iran-s-relations-with-saudi-arabia-1.295932

[255] Ahmadinejad: Israel, U.S. trying to sabotage Iran's relations with Saudi Arabia, in: haaretz.com vom 13. Juni 2010, online unter: http://www.haaretz.com/news/world/ahmadinejad-israel-u-s-trying-to-sabotage-iran-s-relations-with-saudi-arabia-1.295932

[256] Ahmadinejad: Israel, U.S. trying to sabotage Iran's relations with Saudi Arabia, in: haaretz.com vom 13. Juni 2010, online unter: http://www.haaretz.com/news/world/ahmadinejad-israel-u-s-trying-to-sabotage-iran-s-relations-with-saudi-arabia-1.295932

[257] Ahmadinejad: Israel, U.S. trying to sabotage Iran's relations with Saudi Arabia, in: haaretz.com vom 13. Juni 2010, online unter: http://www.haaretz.com/news/world/ahmadinejad-israel-u-s-trying-to-sabotage-iran-s-relations-with-saudi-arabia-1.295932

Um auf den Mordanschlag auf Madschid Schahriari zurückzukommen.

„Majid Shahriyari became an Iranian martyr while he was driving to work on an autumn day in Tehran. As he made his way along Artesh Boulevard, an explosive device ripped through his car. The 45-year-old was a devout man: Iranians would describe him as a Hizbollahi, a person fiercely loyal to the country's Islamic system and easily identified by his unshaven face and simple clothes. But Shahriyari also stood out for another reason. He was one of Iran's leading atomic scientists, an expert on nuclear chain reactions. (...)
On November 29 2010, as the scientist and his wife were on their way to Shahid Beheshti University, where they worked as professors, a motorcycle pulled up alongside their car. The riders then attached an object to the driver's door window, and sped off. A few seconds later, an explosion blew the door off the left side of the car. Moments before the bang, the couple appeared to have an inkling of what was about to unfold. Shahriyari's wife scrambled out of the car and survived. But her husband had no chance. As the remains of the vehicle smouldered in the road, the scientist's body lay slumped on the steering wheel. Later, his wife would tell state television that his death was an honour: "The blood of my martyr is sacrificed for the dignity of the nation." "[258]

Offenbar ist damit einer der getöteten Atomwissenschaftler zum Märtyrer avanciert, was letztlich womöglich sogar dazu führt, dass der Iran leichter junge Menschen für die Ausbildung findet.

„The assassination of a man of his standing would not usually trigger headlines around the world. But Shahriyari was not the only victim that day. On the same morning, Fereydoon Abbasi-Davani, Shahriyari's university colleague and a man close to Iran's elite Revolutionary Guard, survived a similar attack. Eight months previously Massoud Ali Mohammadi, an expert in quantum physics at Tehran University, died when a booby-trapped motorcycle exploded near his house. The murders triggered a mixture of bewilderment and fear across Iran's scientific community. "[259]

Die Sabotage-Aktionen gegen den Iran treffen bei nicht wenigen Personen im Westen auf Zustimmung.

„Die Welt blickt mit Sorge auf das iranische Atomprogramm. Mittlerweile häufen sich Sabotage-Aktionen. Zustimmung kommt aus Deutschland.

Seit geraumer Zeit lässt sich ein deutlicher Anstieg der Undercover-Operationen im Iran beobachten. Iranische Nuklearwissenschaftler werden mitten in Teheran in die Luft gesprengt, Raketenlager explodieren, und dann legt ein raffinierter Computerwurm die Uranzentrifugen lahm. "[260]

Nicht immer ist völlig klar, wer hinter diesen Undercover-Operationen steckt.

„Ob Israel, die USA oder iranische Oppositionsgruppen hinter manchen dieser Aktionen stecken, weiß man nicht genau. Allerdings meinen amerikanische Diplomaten, das Plazet eines deutschen Spitzenwissenschafters zu manchen dieser Aktionen verbuchen zu können. Das lässt sich geheimen

---

258 Blitz, James/Bozorgmehr, Najmeh/Buck, Tobias/Dombey, Daniel/Khalaf, Roula: The sabotating of Iran, in: ft.com vom 11. Februar 2011, online unter: http://www.ft.com/cms/s/2/7d8ce4c2-34b5-11e0-9ebc-00144feabdc0.html
259 Blitz, James/Bozorgmehr, Najmeh/Buck, Tobias/Dombey, Daniel/Khalaf, Roula: The sabotating of Iran, in: ft.com vom 11. Februar 2011, online unter: http://www.ft.com/cms/s/2/7d8ce4c2-34b5-11e0-9ebc-00144feabdc0.html
260 Wergin, Clemens: Wikileaks-Depesche: Deutscher Stiftungschef für Sabotage gegen Iran, in: welt.de vom 21. Januar 2011, online unter: http://www.welt.de/politik/specials/wikileaks/article12280475/Deutscher-Stiftungschef-fuer-Sabotage-gegen-Iran.html

US-Depeschen entnehmen, die der "Welt" vorliegen."[261]

Etwa Volker Perthes von der Stiftung Wissenschaft und Politik hat offenbar Sabotage-Aktionen befürwortet.

„Darin wird behauptet, der Leiter der Stiftung Wissenschaft und Politik (SWP) - des wichtigsten außenpolitischen Thinktanks in Deutschland -, Volker Perthes, befürworte Sabotage-Aktionen. In einer als "vertraulich" gekennzeichneten Depesche der US-Botschaft in Berlin wird von einem Meinungsaustausch mit Perthes und dem Iran-Experten der SWP, Walter Porsch, berichtet. Beide sollen sich demnach für ein Importverbot von konventionellen Waffen gegen den Iran ausgesprochen haben, und Perthes habe gewarnt, ineffektive Sanktionen seien schlimmer als gar keine."[262]

Also positioniert man sich für effektive Sanktionen, insbesondere das Verbot von Waffenlieferungen.

„Bis diese wirksam würden, "empfahl Perthes in der Zwischenzeit eine Politik der verdeckten Sabotage (unerklärliche Explosionen, Unfälle, Computerangriffe etc.), die effektiver wären als ein Militärschlag, dessen Auswirkungen auf die Region furchtbar sein könnten" heißt es in dem Dokument.

Gegenüber der "Welt" sagte Perthes, er wolle sich zu Gesprächen mit Diplomaten nicht im Einzelnen äußern, er sei jedoch der Meinung, dass Sabotageakte deutliche Vorteile gegenüber Militärschlägen hätten, "weil die Führung eines betroffenen Landes nicht darauf reagieren muss, alle können sich darauf zurückziehen, dass es technische Probleme gegeben hat, niemand muss zurückschießen oder bombardieren deswegen", sagte Perthes. Deshalb sei es zur damaligen Zeit richtig gewesen, über Alternativen zu Militärschlägen nachzudenken."[263]

Damit wird klargestellt, dass man gezielte und verdeckte Sabotage-Aktionen für sinnvoller hält, als einen Militärschlag.

„A senior member of Iran's Majlis (parliament) says the Islamic Republic possesses documents that prove US involvement in planning and carrying out acts of terror and sabotage against Iran in the past two years.

We are in possession of documents showing that the US government authorized its military to carry out acts of sabotage following the failure of American CIA operatives to fuel post-election unrest across Iran in 2009, said Chairwoman of the Majlis Human Rights Committee Zohreh Elahian on Sunday."[264]

Der Iran wehrt sich gegen alle Angriffe und Sabotage-Aktion mit dem Hinweis auf die UN-Charta

---

261 Wergin, Clemens: Wikileaks-Depesche: Deutscher Stiftungschef für Sabotage gegen Iran, in: welt.de vom 21. Januar 2011, online unter: http://www.welt.de/politik/specials/wikileaks/article12280475/Deutscher-Stiftungschef-fuer-Sabotage-gegen-Iran.html

262 Wergin, Clemens: Wikileaks-Depesche: Deutscher Stiftungschef für Sabotage gegen Iran, in: welt.de vom 21. Januar 2011, online unter: http://www.welt.de/politik/specials/wikileaks/article12280475/Deutscher-Stiftungschef-fuer-Sabotage-gegen-Iran.html

263 Wergin, Clemens: Wikileaks-Depesche: Deutscher Stiftungschef für Sabotage gegen Iran, in: welt.de vom 21. Januar 2011, online unter: http://www.welt.de/politik/specials/wikileaks/article12280475/Deutscher-Stiftungschef-fuer-Sabotage-gegen-Iran.html

264 'US planning anti-Iran acts of sabotage', in: presstv.ir vom 05. November 2011, online unter: http://www.presstv.ir/detail/208666.html

der Menschenrechte.

„*The evidence indicates that the US engages in terrorist efforts anytime it fails to achieve its foreign policy objectives, said the Iranian legislator, quoted in a Fars news agency report.*

Elahian added that the documents also show that the US has played a leading role in terrorist operations in the Middle East and Iran in recent years.

She noted that Tehran has presented 100 solid evidence to international circles detailing cases of the US government's violation of human rights.

Today, more details of the US human rights violation are disclosed, the legislator said, adding Tehran's documents revealed the US state terrorism to the world."[265]

Eine Terror-Cyber-Attacke der USA und Israel, möglicherweise mit Billigung europäischer und auch russischer Geheimdienste, Wissenschaftler und Politiker, terroristische Akte im iranischen Inland, gezielte Tötungen von Wissenschaftlern, Computer-Viren, Cyber-Attacken. Das sind zwar vielleicht für sich genommen Menschenrechtsverletzungen, aber man sollte doch beachten, wer diejenigen sind, die diese kritisieren. Gerade das iranische Regime ist es doch, das wie selbstverständlich mit Menschenrechtsverletzungen die eigene Bevölkerung unterdrückt, um die Macht zu halten. Insofern ist das als politische Propaganda zu bewerten.

Letztlich sehe ich die Lage daher wie Volker Perthes.

„*Volker Perthes, Direktor, der vom Bundeskanzleramt finanzierten Stiftung Wissenschaft und Politik, riet den USA, statt eines Angriffs auf den Iran lieber auf geheime Sabotage zu setzen. Perthes, der an der Bilderberg Konferenz 2008 teilnahm, empfahl laut einer Botschaftsdepesche, die vom Guardian publiziert wurde:*

" ... that a policy of covert sabotage (unexplained explosions, accidents, computer hacking etc) would be more effective than a military strike whose effects in the region could be devastating.""[266]

Die Gefahr, die durch eine militärische Aufrüstung des Irans, insbesondere mit Atomwaffen ausgeht, ist meines Erachtens im Vergleich zu den Kollateralschäden durch diese Sabotage-Aktionen die höhere Gefahr für Menschenleben, Menschenrechte und den Weltfrieden.

Ich komme letztlich zu folgendem Fazit: Mit den Sabotageversuchen durch die Computerviren Stuxnet, Duqu und Stars, die hauptsächlich von Experten der CIA, des Mossad und deutschen Experten entwickelt wurden, kann das Iranische Atomprogramm verzögert werden. Auf der anderen Seite lieferten offenbar selbst diese Attacken keine neuen Erkenntnisse über den Status des Iranischen Atomprogramms und haben eine beschränkte Wirkung. Die Atomtechnik ist ohnehin aus den Ländern des Westens, Russland oder China importiert worden. Letztlich ist aber jeder Versuch, das iranische Atomprogramm zu stoppen. sinnvoll.

Die gezielten Tötungen von Wissenschaftlern und Militärs sind ein wirksameres Mittel der Sabotage. Zwar sind das ebenfalls Akte, die gegen internationales Recht gerichtet sind, weil

---

[265] 'US planning anti-Iran acts of sabotage', in: presstv.ir vom 05. November 2011, online unter: http://www.presstv.ir/detail/208666.html
[266] Stiftung Wissenschaft und Politik rät zu geheimer Sabotage im Iran, in: freitag.de vom 20. Januar 2011, online unter: http://www.freitag.de/autoren/gsfrb/stiftung-wissenschaft-und-politik-rat-zu-geheimer-sabotage-im-iran

dadurch zum Einen in die territoriale Integrität eingegriffen wird und zum Anderen die Tötungen für sich genommen auch strafbare Handlungen sind, aber in diesem Falle scheint mir dieses Vorgehen legitim, jedoch letztlich nicht wirkungsvoll genug. Diese Form der asymmetrischen Kriegsführung und Sabotage durch USA, NATO und Israel ist die einzige Möglichkeit angesichts der Aussichtslosigkeit eines zeitigen Angriffs auf den Iran mit regulären Truppen.

Der Effekt ist nur gering. Dies kostet den Iran zwar Zeit für dessen Atomprogramm, aber letztlich wird die Aufrüstung regulärer Waffensysteme, etwa Raketensysteme, Panzer, Schiffe, verbesserte Satelliten-Aufklärung, verbesserte Luftabwehr ohnehin weiter betrieben. Dazu ist die Zentralverwaltungswirtschaft, unter Kooperation mit westlichen Firmen, eine hocheffiziente und nützliche Form des Wirtschaftens. Die Kommandowirtschaft unter Führung der Pasdaran im Rüstungssektor hilft dem Iran bei der Aufrüstung, bei der Verbesserung der Ausbildung der Armee, dabei Soldaten zu Spezialisten auszubilden. Das ist alles ähnlich effektiv und geschieht weitestgehend mit dem gleichen Gerät, wie in der ehemaligen Sowjetunion. Insofern ist es meiner Ansicht nach richtig, alles zu unternehmen, um die Atombombe in der Hand der Mullahs zu verhindern.

12. Der Antisemitismus des Mullah-Regimes

Die Regierung im Iran erklärt pausenlos ihre Feindschaft gegenüber Israel und den USA. In diesem Kapitel möchte ich den Antisemitismus des Mullah-Regimes kurz untersuchen, um zu erläutern, warum die iranische Führung diese Propaganda betreibt und warum ihr das politisch nützt. Dies möchte ich tun, um zu dokumentieren wie gewalttätig und hasserfüllt die politische Kommunikation des Mullah-Regimes ist, wie die Argumentation der politischen Führung ist und wie gefährlich das für israelische und europäische Sicherheitsinteressen ist.

Bereits bei der Zurückweisung der Vorwürfe der IAEA durch das Iranische Regime wird ein antisemitisches Stereotyp deutlich.

„Teheran weist alle Vorwürfe von sich - ignoriert jedoch zugleich alle Bitten der Atombehörde um Aufklärung. Die verdächtigen Anlagen bleiben den IAEA-Mitarbeitern versperrt. Sämtliche belastenden Dokumente bezeichnet das iranische Regime rundweg als Fälschungen, als zionistische Propaganda und CIA-Fabrikate."[267]

Antizionismus ist zwar per se noch nicht zwingend antisemitisch, aber angesichts der militärischen Unterstützung für Terrororganisationen durch das Iranische Regime wird hier deutlich, dass sich hinter dem Antizionismus eine antisemitische Einstellung verbirgt, die sozusagen Staatsdoktrin ist.

Dass Israel eine enge politische, militärische und ökonomische Zusammenarbeit mit den USA betreibt ist offensichtlich, aber das Iranische Regime unterstellt den Juden sogar, dass es eine zionistische Lobby gäbe, die die Wirtschafts- und Außenpolitik der USA steuere.

Die Angst der Israelis vor dem Iran angesichts der eigenen geostrategischen Lage ist sehr groß und völlig berechtigt, insbesondere angesichts der ständigen Terroranschläge. In einem Interview macht Israels Vize-Außenminister Daniel Ajalon deutlich, warum dies so ist.

„WELT ONLINE: Herr Minister, die Münchener Sicherheitskonferenz bietet Ihnen die seltene Chance, mit dem iranischen Außenminister Manutschehr Mottaki einige Wort zu wechseln. Haben Sie Interesse?

Daniel Ajalon: Nein, absolut nicht. Der Außenminister vertritt ein besonders radikales Regime, das systematisch alle Menschenrechte verletzt. Iran wird von einem anti-westlichen, antisemitischen und ausnehmend gefährlichen Regime regiert. Einem solchen Regime darf man so wenig Legitimation wie möglich verschaffen. Darum werde ich mich niemals mit dem iranischen Außenminister auch nur in demselben Raum aufhalten.

WELT ONLINE: Sehen Sie Fortschritte bei den Verhandlungen im Atomstreit?

Ajalon: Ich denke schon. International herrscht heute Einigkeit darüber, wie gefährlich der Iran für die Welt ist. Die iranische Regierung hat mehrfach bewiesen, dass sie keine Grenzen kennt und alle ihre Verpflichtungen gegenüber den Vereinten Nationen und der Internationalen Atomenergiebehörde systematisch missachtet.

---

[267] Wetzel, Hubert: Iranisches Atomprogramm – Teherans Arbeit an der Bombe, in: sueddeutsche.de vom 10. November 2011, online unter: http://www.sueddeutsche.de/politik/iranisches-atomprogramm-teherans-arbeit-an-der-bombe-1.1185300

WELT ONLINE: Aber härtere Sanktionen sind bisher ausgeblieben. Und mittlerweile weiß man, dass Teheran erfolgreich Zündmechanismen für atomare Sprengköpfe getestet hat.

Ajalon: Sicher, wir alle sehen mittlerweile, wie uns die Zeit wegläuft. Der Iran lässt mit seinem Verhalten keine Zweifel daran, dass die internationale Gemeinschaft mit freundlichen Gesten absolut nichts erreichen kann. Wir haben es mit einem Regime zutun, dass den unumstößlichen Entschluss gefasst hat, in den Besitz der Atombombe zu kommen. Gleichzeitig strebt dieses Regime aber auch die Vormachtstellung über den Nahen Osten an. Das ist eine brandgefährliche Kombination."[268]

Die mögliche atomare Aufrüstung des Irans ist also für Israel eine Existenzfrage. Und es ist für Israel unbedingt erforderlich so viele Verbündete wie möglich zu haben, um im Falle eines Angriffes gewappnet zu sein.

Das Mullah-Regime nutzt derweil selbst die Vereinten Nationen als Tribüne für seine antisemitische Propaganda.

„In den Vereinten Nationen gab es eine Premiere: Am Dienstag dieser Woche wurde die Rednertribüne der Vollversammlung erstmals für unverhohlene antisemitische Aufstachelung genutzt. Ausgerechnet vor jener Organisation, die im Widerstand gegen die Nazis und als die Quintessenz der Lehren aus den Verbrechen des II. Weltkriegs gegründet worden war – ausgerechnet im UN-Hauptquartier konnte am 23. September 2008 die antijüdische Paranoia eines Adolf Hitlers fröhliche Urständ feiern.

Dass Ahmadinejad seine UN-Auftritte zu Predigten umfunktionieren pflegt, in denen die Wiederankunft des schiitischen Messias herbeigesehnt wird (fünf Stoßgebete für den 12. Imam waren es in diesem Jahr) – ist entsetzlich genug. Diesmal aber war seine Rede zusätzlich von den „Protokollen der Weisen von Zion" inspiriert."[269]

Der iranische Präsident spricht wieder einmal und predigt die Theorie einer zionistischen Weltverschwörung, wie es Adolf Hitler und Joseph Goebbels einst taten.

„Auf der einen Seite, erklärte er den Delegierten aus aller Welt, stünden „die Würde, die Integrität und die Rechte der amerikanischen und europäischen Völker" und auf der anderen Seite deren ewiger Feind: „die kleine aber hinterlistige Zahl von Leuten namens Zionisten."

Obwohl sie nur eine unbedeutende Minderheit seien, belehrte er die Weltgemeinschaft, „beherrschen sie in einer tückischen, komplexen und verstohlenen Art und Weise einen wichtigen Teil der finanziellen Zentren sowie der politischen Entscheidungszentren einiger europäischer Länder und der USA." Zionistische Juden seien weltweit derart einflussreich, „dass einige Präsidentschafts – oder Ministerpräsidentschaftskandidaten gezwungen seien, diese Leute zu besuchen, an ihren Zusammenkünften teilzunehmen und ihre Treue und Verpflichtung gegenüber ihren Interessen zu schwören, um finanzielle und mediale Unterstützung zu erhalten."

Doch auch „die großen Völker Amerikas und verschiedene Nationen in Europa" seien im jüdischen Griff: Sie „müssen einer kleinen Zahl habgieriger und aggressiver Leute gehorchen. Obwohl sie es

---

[268] Borgstede, Michael: Israels Vize-Außenminister – "Iran ist antiwestlich, antisemitisch und gefährlich", in welt.de vom 05. Februar 2010, online unter: http://www.welt.de/politik/ausland/article6270552/Iran-ist-antiwestlich-antisemitisch-und-gefaehrlich.html

[269] Küntzel, Matthias: Adolf Ahmadinejad, in: matthias-kuentzel.de vom 26. September 2008, online unter: http://www.matthiaskuentzel.de/contents/adolf-ahmadinejad-vor-den-un

nicht wollen, überlassen diese Nationen ihre Würde und ihre Ressourcen den Verbrechen, Besatzungen und Bedrohungen des zionistischen Netzwerks."[270]

Der Tenor dieser Äußerungen ist: Das zionistische Netzwerk hätte die halbe Welt im Griff für ihr imperiales Vorgehen. Das ist üble antisemitische Propaganda.

„Doch Befreiung ist in Sicht: Unaufhaltsam, so Ahmadinejad, „schliddert das zionistische Regime in den Zusammenbruch." Es habe nicht die geringste Chance, „aus der von ihm selbst und seinen Unterstützern erzeugten Jauchegrube wieder herauszukommen."

Natürlich ist der Antisemitismus, den Ahmadinejad in New York predigte, nicht neu. Schon im Dezember 2006 hatte er vor der internationalen Konferenz der Holocaust-Leugner in Teheran die Auslöschung Israels als den wichtigsten Schritt zur „Befreiung für die Menschheit" propagiert und damit eben jenem „Erlösungsantisemitismus" (Saul Friedländer) das Wort gesprochen, der schon dem „Befreiungswerk" der Nazis zugrunde lag."[271]

Ganz offenbar hat die Iranische Führung die Vernichtung der Juden ebenso im Sinn, wie einst die Nazis.

Doch woher kommt diese Gesinnung?

„Ein zentraler Bestandteil des Islamismus als politischen Islam ist der Antisemitismus. Jüdinnen und Juden waren wie Christen über Jahrhunderte lediglich „Geduldete" (so genannte „Dhimmis") im islamischen Herrschaftsbereich. Auch gab es – vor allem im 19. und 20. Jahrhundert – häufig Pogrome gegen jüdische Menschen in islamischen Ländern. Vor diesem Hintergrund gilt es zu analysieren, ob der „islamische Antisemitismus" spezifische Ursachen hat oder ob es sich um einen Import antijüdischer Stereotype aus Europa handelt."[272]

Der Iran ist ein totalitäres Regime, eine Einparteiendiktatur von religiösen Fanatikern. Der politische Islam hat als totalitäre Ideologie also eine klar antisemitische Ausrichtung. Das ist unbestritten.

„Jüdinnen und Juden sind ein zentrales Feindbild im politischen Islam. Die eigene gewünschte Macht des Islam wird auf eine andere Gruppe, Jüdinnen und Juden und ihre vermeintlichen „Partner", projiziert. Diese andere Gruppe repräsentiert für den politischen Islam das moderne Leben inklusive einer ganzen Vielfalt von Widersprüchen und Uneindeutigkeiten. Diese Vielfalt aber wird vom an Homogenität interessierten Islam abgelehnt. Er negiert Aufklärung, Gleichberechtigung der Geschlechter, Demokratie im weitesten Sinne sowie die Trennung von Staat/Politik und Religion aggressiv und steht der philosophischen und politischen Moderne entgegen. Diese menschenfeindliche Ideologie erlangt auch in Deutschland immer mehr Einfluss."[273]

Der Journalist Jörg Lau hat mich auf einen Artikel aufmerksam gemacht, in dem die Ursachen des

---

270 Küntzel, Matthias: Adolf Ahmadinejad, in: matthias-kuentzel.de vom 26. September 2008, online unter: http://www.matthiaskuentzel.de/contents/adolf-ahmadinejad-vor-den-un
271 Küntzel, Matthias: Adolf Ahmadinejad, in: matthiaskuentzel.de vom 26. September 2008, online unter: http://www.matthiaskuentzel.de/contents/adolf-ahmadinejad-vor-den-un
272 Süsskind, Lala: Juden als Feindbilder des politischen Islams, in: POLICY – Politische Akademie Nr. 27, S. 4, online unter: http://library.fes.de/pdf-files/akademie/berlin/05925.pdf
273 Süsskind, Lala: Juden als Feindbilder des politischen Islams, in: POLICY – Politische Akademie Nr. 27, S. 4, online unter: http://library.fes.de/pdf-files/akademie/berlin/05925.pdf

Antisemitismus in Iran erforscht wurden.

"Der Sprecher der "Liberalen Studenten des Iran", Saeed Ghasseminejad, hat einen hilfreichen Artikel über die Quellen des modernen Antisemitismus im Iran geschrieben. Er beschreibt kurz und knapp, wie der deutsche und der französische Faschsimus, der russische Kommunismus, eine bestimmte Lektüre der koranischen Quellen über Mohammed und die Juden und zuletzt der Tiersmondisme zu der verhärteten antisemitischen Haltung des Regimes führten.

Wichtig scheint mir sein Hinweis, dass Antisemitismus – so sehr er nun zu Obsession der Herrschenden geworden ist – keine tiefen Wurzeln in der langen Geschichte des Iran hat. Und ich hoffe, dass Ghasseminejad (Jg. 1982) auch Recht damit hat, dass die jüngere Generation dieser Obsession befremdet gegenübersteht und sie nicht teilt. Ghasseminejad lebt nach den Exzessen des letzten Jahres gegen die Grüne Bewegung in Paris."[274]

In diesem Artikel von Saeed Ghasseminjad wird dargestellt, dass der Antisemitismus im Islam eine neue Erscheinung ist, die erst im Zusammenhang mit dem politischen Islam aufkam.

"Anti-Semitism in Iran is a new obsession. Literature is a mirror which reflects the thoughts of a nation during its history. In Persian literature the Jews are not the bad characters. To be more precise Persian literature does not really speak about the Jews as much. Anti-Semitic thoughts began to become popular in Iran some years before the Second World War. It can be said that anti-Semitism in Iran has four roots.

1- German and French Fascism:

Many students were sent to Europe, mostly Germany and France, a few years before the beginning of the Second World War. These students became the architects of new Iran. Unfortunately one of the things they brought back as a gift was anti-Semitism which was widespread in Germany and France then. Ahmad Fardid was a good example of such students. He went to France and came back a disciple of Heidegger, a fascist and an anti-Semite. After the Islamic revolution in 1979 he became the spiritual guide of Islamist and anti-Semite militia-intellectuals and tried to justify ayatollah Khomeini's anti-Semitic and anti-liberal efforts by combining Islam and fascism."[275]

Der deutsche und französische Antisemitismus galt dabei offenbar als Vorbild.

In einer Publikation des American-Jewish Committee kann man eine Reihe von Zitaten von Vertretern des Iranischen Regimes finden, die eine eindeutig antisemitische Grundeinstellung des Iranischen Regimes belegen.

Erstmal durch den iranischen Präsidenten Achmadinedschad.

"Auch wenn die Hauptlösung die Eliminierung des zionistischen Regimes ist, muss zu diesem Zeitpunkt ein unverzüglicher Waffenstillstand implementiert werden."[276]

---

[274] Lau, Jörg: Die Wurzeln des iranischen Antisemitismus, in: blog.zeit.de vom 03. Oktober 2010, online unter: http://blog.zeit.de/joerglau/2010/10/03/die-wurzeln-des-iranischen-antisemitismus_4201

[275] Ghasseminejad, Saeed: The roots of Anti-Semitism in Iran, in: roozonline.com vom 02. August 2010, online unter: http://www.roozonline.com/english/news3/newsitem/article/the-roots-of-anti-semitism-in-iran.html

[276] American Jewish Committee Berlin Office: Antisemitismus "Made in Iran": Die Internationale Dimension des Al-Quds-Tages, Berlin, 2006, S. 16, in: ajcgermany.org, online unter: http://www.ajcgermany.org/atf/cf/%7B46AEE739-55DC-4914-959A-D5BC4A990F8D%7D/Neuauflage%20Al%20Quds%20Okt%202006%20FINAL.pdf

Die Auslöschung Israels soll also die Hauptlösung sein. Und dazu werden alle eingeladen, sich daran zu beteiligen.

„Ich lade die Gläubigen ein auf gute Nachrichten zu warten [...] Wir werden bald die Vernichtung des zionistischen Schandflecks bezeugen können."[277]

Die Behauptung, Israel wäre ein tyrannisches Regime ist dabei der Grund die Juden auszulöschen.

„[Israel ist] ein tyrannisches Regime, das eines Tages zerstört werden wird"[278]

Der Holocaust wird in Frage gestellt und gleichzeitig wird von einem Holocaust durch Israel an den Palästinensern gesprochen.

„Es mag Zweifel über den Holocaust geben. Aber es gibt definitiv keine Zweifel über den Holocaust der vergangenen Jahre in Palästina."[279]

Weiterhin werden die Terroranschläge gegen Israel als „überlegtes und kluges Vorgehen" legitimiert, um das Endziel der Auslöschung Israels durchzusetzen.

„Ich hoffe, dass die Palästinenser weiterhin so überlegt und klug vorgehen, wie sie es in ihren Kämpfen in den letzten 10 Jahren unter Beweis gestellt haben. Diese Phase wird nicht lange dauern und wenn wir sie erfolgreich hinter uns gebracht haben, wird die Eliminierung des zionistischen Regimes glatt und einfach sein. [...] Wenn jemand unter Druck der Hegemonialmächte etwas falsch versteht, oder wenn er aus Naivität, Egoismus oder Hedonismus dazu kommt, das zionistische Regime anzuerkennen – sollte er wissen, dass er im Feuer der islamischen Gemeinschaft [Ummah] verbrennen wird."[280]

Außerdem äußerte sich Haschemi Rafsandschani und sieht einen satanischen Staat Israel.

„Die Gründung des Staates Israel war ein satanischer Plan und die teuflischen Ziele dieses Staates müssen weiterhin genau studiert werden."[281]

---

277 American Jewish Committee Berlin Office: Antisemitismus "Made in Iran": Die Internationale Dimension des Al-Quds-Tages, Berlin, 2006, S. 16, in: ajcgermany.org, online unter: http://www.ajcgermany.org/atf/cf/%7B46AEE739-55DC-4914-959A-D5BC4A990F8D%7D/Neuauflage%20Al%20Quds%20Okt%202006%20FINAL.pdf

278 American Jewish Committee Berlin Office: Antisemitismus "Made in Iran": Die Internationale Dimension des Al-Quds-Tages, Berlin, 2006, S. 16, in: ajcgermany.org, online unter: http://www.ajcgermany.org/atf/cf/%7B46AEE739-55DC-4914-959A-D5BC4A990F8D%7D/Neuauflage%20Al%20Quds%20Okt%202006%20FINAL.pdf

279 American Jewish Committee Berlin Office: Antisemitismus "Made in Iran": Die Internationale Dimension des Al-Quds-Tages, Berlin, 2006, S. 16, in: ajcgermany.org, online unter: http://www.ajcgermany.org/atf/cf/%7B46AEE739-55DC-4914-959A-D5BC4A990F8D%7D/Neuauflage%20Al%20Quds%20Okt%202006%20FINAL.pdf

280 American Jewish Committee Berlin Office: Antisemitismus "Made in Iran": Die Internationale Dimension des Al-Quds-Tages, Berlin, 2006, S. 17, in: ajcgermany.org, online unter: http://www.ajcgermany.org/atf/cf/%7B46AEE739-55DC-4914-959A-D5BC4A990F8D%7D/Neuauflage%20Al%20Quds%20Okt%202006%20FINAL.pdf

281 American Jewish Committee Berlin Office: Antisemitismus "Made in Iran": Die Internationale Dimension des Al-Quds-Tages, Berlin, 2006, S. 17, in: ajcgermany.org, online unter: http://www.ajcgermany.org/atf/cf/%7B46AEE739-55DC-4914-959A-D5BC4A990F8D%7D/Neuauflage%20Al%20Quds%20Okt%202006%20FINAL.pdf

Gleichzeitig gibt es die Drohung eines Dritten Weltkrieges gegen alle, die Israel zur Unterstützung helfen wollen.

„Die Anwendung einer einzigen Atombombe würde Israel völlig zerstören, während sie der islamischen Welt nur begrenzte Schäden zufügen würde. Die Unterstützung des Westens für Israel ist geeignet, den Dritten Weltkrieg hervorzubringen, zwischen den Gläubigen, die den Märtyrertod suchen, und jenen, die der Inbegriff der Arroganz."[282]

Ebenfalls gibt es die eindeutigen Äußerungen durch Ayatollah Khamenei über Israel.

„Dieses Regime ist ein infektiöser Tumor für die gesamte islamische Welt"[283]

Auch in Bezug auf die Gaskammern der Nazis wird behauptet, dass es den Holocaust gar nicht gegeben hätte.

„Alle Politiker, alle Journalisten, alle Intellektuelle, alle Offizielle und alle Experten des Westens sollen ihre Köpfe verbeugen, um der Gaskammern zu gedenken. Dabei sollen sie alle einem Märchen beipflichten, dessen Authentizität gar nicht klar ist, und sich selbst schuldig fühlen aufgrund dieser Geschichte."[284]

Und weiter fordert Ayatollah Khomeini ganz eindeutig zu Gewalt an Juden auf und es wird mit dem Al-Quds-Tag ein regelrechter Kult inszeniert.

„Ich fordere alle Muslime der Welt und alle muslimischen Regierungen auf, den Usurpatoren und ihren Unterstützern die Hände abzuhacken. Und ich lade alle Muslime der Welt dazu ein, gemeinsam den letzten Freitag im heiligen Monat Ramadan zum Al-Quds-Tag zu machen und ihre internationale muslimische Solidarität zur Unterstützung der legitimen Rechte des muslimischen palästinensischen Volkes zu erklären. Ich bitte den allmächtigen Gott um den Sieg der Muslime über die Gottlosen. Ruhollah Mussawi Khomeini."[285]

Auch direkt in der Arbeit des iranischen Parlaments kann man antisemitische Stereotype wahrnehmen, wie Wahied Wahdat-Hagh feststellte.

„Die sogenannte wissenschaftliche Abteilung des iranischen Pseudo-Parlaments hat im Juli/August 2011 eine Studie unter dem Titel „Zionistische Lobby in der Machtstruktur Englands" herausgegeben. In dem 27-seitigen Bericht wird ausführlich auf die in der internationalen Presse

---

[282] American Jewish Committee Berlin Office: Antisemitismus "Made in Iran": Die Internationale Dimension des Al-Quds-Tages, Berlin, 2006, S. 17, in: ajcgermany.org, online unter: http://www.ajcgermany.org/atf/cf/%7B46AEE739-55DC-4914-959A-D5BC4A990F8D%7D/Neuauflage%20Al%20Quds%20Okt%202006%20FINAL.pdf

[283] American Jewish Committee Berlin Office: Antisemitismus "Made in Iran": Die Internationale Dimension des Al-Quds-Tages, Berlin, 2006, S. 17, in: ajcgermany.org, online unter: http://www.ajcgermany.org/atf/cf/%7B46AEE739-55DC-4914-959A-D5BC4A990F8D%7D/Neuauflage%20Al%20Quds%20Okt%202006%20FINAL.pdf

[284] American Jewish Committee Berlin Office: Antisemitismus "Made in Iran": Die Internationale Dimension des Al-Quds-Tages, Berlin, 2006, S. 17, in: ajcgermany.org, online unter: http://www.ajcgermany.org/atf/cf/%7B46AEE739-55DC-4914-959A-D5BC4A990F8D%7D/Neuauflage%20Al%20Quds%20Okt%202006%20FINAL.pdf

[285] American Jewish Committee Berlin Office: Antisemitismus "Made in Iran": Die Internationale Dimension des Al-Quds-Tages, Berlin, 2006, S. 17, in: ajcgermany.org, online unter: http://www.ajcgermany.org/atf/cf/%7B46AEE739-55DC-4914-959A-D5BC4A990F8D%7D/Neuauflage%20Al%20Quds%20Okt%202006%20FINAL.pdf

diskutierte Abhöraffäre eingegangen.

Dem Bericht des iranischen Pseudo-Parlaments zufolge ist die „zionistische Lobby" personifiziert durch den Medienunternehmer Rupert Murdoch schuld an der Abhöraffäre. Da es sich nicht nur um einen antisemitischen Hintergrundbericht einer iranischen Nachrichtenagentur, sondern um einen „parlamentarischen" Bericht handelt, ist es angebracht den Bericht genauer unter die Lupe zu nehmen.

Die iranischen Machthaber versuchen unbestritten vorhandene Skandale in einer freien Gesellschaft, wie die britische, antisemitisch zu erklären.

In dieser Studie wird behauptet, dass Murdoch ein „jüdisch australisch-US-amerikanischer Kapitalist", ein „jüdischer Zionist" und „rechts-konservativ" sei. Es wird behauptet, dass Rupert Murdoch eine jüdische Mutter habe, die ihn jüdisch erzogen habe. Vorweg: Murdoch versteht sich selbst nicht als Jude. Seine Vorfahren sollen Christen sein."[286]

Es macht bald den Eindruck, als würde die Iranische Regierung sich ein Parlament nur halten, um demagogische normative „Forschung" gegen Israel und die Juden zu produzieren.

„Das Ziel des Berichts ist eindeutig. Schuld am Problem der britischen Abhöraffäre sind die Juden.

Die von Murdoch kontrollierten Medien würden einen „starken Einfluss auf die Politik der westlichen Staaten ausüben." BBC soll im Interesse der zionistischen Lobby und Israel arbeiten. Der Autor des Berichts, Mehdi Javdani Moqadam, verschweigt, dass BBC zu den israelkritischsten Medien weltweit gehört. (...)

Murdoch habe einige Schwerpunkte in seiner Arbeit, die in der Studie wie folgt aufgezählt werden: „Unterstützung des zionistischen Regimes und der Juden weltweit; Propagierung und Stärkung der westlichen Kultur sowie der politischen Kultur des Liberalismus und des Wirtschaftsliberalismus; Gegnerschaft zu Muslimen und farbigen Migranten; Unterstützung der expansionistischen und militärischen Politik insbesondere der USA und Großbritanniens.""[287]

Man mag zwar sicher behaupten, dass Murdoch ein Medien-Mogul ist, der erheblichen Einfluss auf die Meinungsbildung hat, aber die Unterstützung für die Juden ihm zum Vorwurf zu machen ist sicher ein sehr kranker Vorwurf, der ohne Zweifel antisemitisch motiviert ist.

Deshalb komme ich nach Durchsicht der angeführten Quellen zu folgendem Fazit: Das Iranische Regime betreibt üble antisemitische Propaganda, die nicht verschieden ist von der Agitation der Nazis. Es ist klar, dass dies eigentlich nicht wirklich im eigenen Interesse liegen kann, aber die antisemitische Propaganda der Iranischen Führung erfüllt mindestens drei Zwecke. Zum Einen ist er eine Taktik um Zeit zu gewinnen für die militärische Aufrüstung. Zum Zweiten wird damit die eigene Armee auf den Feind, unter Nutzung der Staatsideologie, eingeschworen und mobilisiert. Zum Dritten wird dadurch die Machtstellung innerhalb des Islamischen Blocks gestärkt und es werden die terroristischen Untergrundorganisationen Hamas, Hisbollah und Islamischer Dschihad zum Angriff angeheizt, denn Ideologen neigen zur Selbstüberschätzung und zur Gewalt.

---

[286] Wahdat-Hagh, Wahied: Der Antisemitismus des iranischen „Parlaments", in: honestlyconcerned.info vom 12. August 2011, online unter: http://honestlyconcerned.info/bin/articles.cgi?ID=IR92811&Category=ir&Subcategory=19

[287] Wahdat-Hagh, Wahied: Der Antisemitismus des iranischen „Parlaments", in: honestlyconcerned.info vom 12. August 2011, online unter: http://honestlyconcerned.info/bin/articles.cgi?ID=IR92811&Category=ir&Subcategory=19

Insofern kann man nun die ethischen Werte des Islamismus kritisieren oder etwa durch politische Zusammenarbeit der USA, Europäischen Union und Russland militärische Vorsichtsmaßnahmen ergreifen. Das wird Islamisten aber weder von ihrer antisemitischen Ideologie abhalten, noch von ihrer militärischen Strategie.

In jedem Falle bleibt festzuhalten, dass Ahmadinedschad und die Mullahs wie das Nazi-Regime unter Hitler oder die Sowjets unter Stalin agieren: Rücksichtslos für eigenes Großmachtstreben wird gegen die eigene Bevölkerung und gegen Israel mit Gewalt und Terror agiert.

Es kann kein Zweifel daran bestehen, dass die iranische Führung es liebend gern sehen würde, wenn Israel von der Landkarte verschwindet. Auf der anderen Seite ist es eine erfolgreiche Taktik der psychologischen Kriegsführung der Mullahs mit Hass gegen Juden den eigenen politischen und ökonomischen Machtbereich zu erweitern. Insofern mag es für Israel eine bittere Erkenntnis sein, aber: Ein militärischer Erstschlag brächte auch die Länder der Europäischen Union in ernste Gefahr, weil nicht ausgeschlossen werden kann, dass das iranische Regime sobald es Atomwaffen hat, eine imperiale Militärstrategie verfolgt und deshalb Raketen bis nach Europa schickt und Israel total vernichtet.

13. Politische Positionen zur iranischen Rüstungspolitik

In diesem Kapitel möchte ich die politischen Positionen zur iranischen Rüstungspolitik untersuchen und insbesondere ihre Ursachen hinterfragen. Ich möchte mich hier nicht nur auf die nukleare Aufrüstung fokussieren, sondern auch allgemein darstellen, wie sich die Regierungen anderer Staaten zum iranischen Regime verhalten. Das betrifft insbesondere auch die antisemitischen Äußerungen von Präsident Ahmadinedschad, aber auch die Zusammenarbeit der iranischen Führung mit anderen islamischen Staaten, wie etwa Pakistan, Irak und Afghanistan

„Der Westen ist gespalten. Der Iran weiß das und betreibt seit Beginn der 90er Jahre eine Spaltpilzaußenpolitik. Zunächst wollte man die Europäer von den US-Amerikanern spalten. Der Iran gab Europa wirtschaftliche Anreize einer Zusammenarbeit und forderte als Konsequenz eine unabhängige Politik von den USA. In islamistischer Perspektive sollte Europa eine antiamerikanische und antiisraelische Politik betreiben.
Gleichzeitig baute man mit einigen Staaten der Dritten Welt, wie mit Venezuela und Brasilien, aber auch mit Nordkorea, China und Russland Parallelschienen auf. Die Diktatur wollte sich langfristig auch von Europa verselbständigen, falls die Europäer sich nicht gänzlich von den USA ablösen würden."[288]

Man versucht also einerseits die Europäer für die eigene Politik einzuspannen und andererseits mit anderen autoritären Regimen zu kooperieren.

Dem in der Einleitung dieses Buches erwähnten Artikel aus dem Berliner Kurier kann man ein Statement des russischen Außenministers Sergej Lawrow entnehmen:

„Außenminister Sergej Lawrow: „Ein Angriff wäre ernster Fehler, dessen Folgen unabsehbar wären." Lawrow weiter: „Militärschläge bringen keine Lösungen, sondern nur sehr viele Opfer.""[289]

Diese Aussage Lawrows wird hier in diesem Artikel als Drohung interpretiert, die im Einklang mit den „kriegerischen Tönen" aus Teheran verlautet wird. Wenn man dem Glauben schenkt, könnte man dies als Anhaltspunkt dafür deuten, dass es Russland wäre, das in den außenpolitischen Positionen immer noch in den Gedankenspielen der Blockkonfrontation gefangen ist. Sergej Lawrow ist ohne Zweifel ein Kader der alten KPdSU-Garde, hat aber offenbar die Rückendeckung durch Wladimir Putin und Dmitri Medwedew. Der Wille zur Zusammenarbeit zwischen Russland und den USA beim Wiederaufbau in Afghanistan und die friedlichen Beziehungen Russlands zur EU zeigen mir jedoch, dass die russische Regierung an friedlichen Konfliktlösungen der weltweiten Krisen interessiert ist. Andernfalls müsste man davon ausgehen, dass die russische Regierung die atomare Aufrüstung des Irans bewusst forcieren würde, was keinen Sinn ergibt, denn man würde sich damit selbst einer unkalkulierbaren Gefahr aussetzen. Ich gehe davon aus, dass es sich hier um international agierende, auch russische, Firmen handelt, die militärisches Gerät in den Iran transportiert und wissenschaftliche Mitarbeiter geschult haben, um einen Gewinn mit der iranischen Rüstung zu erwirtschaften.

---

[288] Interview mit Dr. Wahdat-Hagh: Wahlsystem in Iran eine Fiktion, in: freiewelt.net vom 04. August 2009, online unter: http://www.freiewelt.net/nachricht-1675/wahlsystem-in-iran-eine-fiktion---interview-mit-dr.-wahdat-hagh.html
[289] Berliner Kurier vom 08. November 2011: Mullah-Hitler – In 6 Monaten hat er die Bombe, S. 3

Deshalb denke ich, dass diese Aussage von Sergej Lawrow keine Drohung gegen Israel oder die USA bedeutet, sondern lediglich auf das Gefahrenpotential eines Erstschlages durch Israel hinweisen soll. Es scheinen eher die US-Amerikaner zu sein, die in ihrer Großmannssucht die politische Demagogie der Blockkonfrontation jetzt auf die islamische Welt projizieren wollen, was insbesondere die beiden Angriffskriege in Afghanistan und im Irak unzweideutig dokumentieren. Damit schüren sie den Hass auf sich selbst und schweißen den Gegner zusammen. Diese Gefahr hat nicht nur die Deutsche Bundesregierung unter Bundeskanzler Gerhard Schröder und Außenminister Joseph Fischer erkannt, sondern auch der kürzlich verstorbene US-amerikanische Wissenschaftler Samuel P. Huntington, den ich am Anfang dieses Buches zitiert hatte.

In Folge der Inbetriebnahme des iranischen Kernkraftwerkes Buschehr und der seitdem immer wieder aufkommenden kritischen Veröffentlichungen der IAEA hat sich der Gouverneursrat und der UN-Sicherheitsrat mehrfach getroffen, um mögliche Antworten und Vorgehensweisen zu koordinieren. Hierzu hieß es zunächst von der Seite Israels:

„Bereits vor Beginn der Sitzung hatte Israel für schärfere Strafmaßnahmen gegen den Iran geworben. "Wir müssen die politischen Führer der Welt davon überzeugen, dass (das iranische Atomprogramm) nicht nur gegen Israel gerichtet ist, sondern gegen die Grundfesten der Weltordnung", sagte Verteidigungsminister Barak dem israelischen Rundfunk. "Ich hoffe, dass wir jetzt härtere Sanktionen sehen werden, aber ich kann nicht sagen, dass ich sehr optimistisch bin."

Zu einem Militärschlag als letztem Ausweg sagte der 69-Jährige: "Man darf keine der Optionen vom Tisch nehmen." Israel dürfe nicht den Eindruck eines Landes erwecken, "das weinend und verängstigt dasitzt", sagte Barak. "Dies ist eine Herausforderung für die ganze Welt, weil es die ganze Welt bedroht."[290]

Offenbar sind also nicht wenige israelische Politiker zum Äußersten bereit, um ein militärisches Nuklearprogramm des Irans zu verhindern.

Anfang des Jahres 2011 wurde der politische Druck auf die iranische Führung durch die IAEA erheblich erhöht.

„Die Internationale Atomenergieagentur IAEA hat Iran bis März eine Frist gesetzt, um alle offenen Punkte zu seinem Atomprogramm zu beantworten. Die Resolution wurde in Wien von einer Mehrheit der 35 im Gouverneursrat vertretenen Mitgliedsländer angenommen, darunter Russland und China."[291]

Das ist eine politische Aussage von sehr vielen Staaten, um die Dringlichkeit für ein politisches und geheimdienstliches Handeln zu dokumentieren.

„China und Russland haben die Resolution gemeinsam mit den USA, Frankreich, Großbritannien und Deutschland verfasst. 32 der 35 IAEA-Mitgliedstaaten des IAEA-Gouverneursrat stimmten dem Text zu. Kuba und Ecuador stimmten gegen den Text, Indonesien enthielt sich."[292]

Der Iran konterte das locker und machte seinerseits gut begründbare Vorwürfe an die IAEA, die

---

[290] IAEA fordert Antworten: Israel droht Iran weiter mit Militärschlag, in: n24.de vom 17. November 2011, online unter: http://www.n24.de/news/newsitem_7426354.html
[291] Atomprogramm: IAEA stellt Iran Ultimatum, in: zeit.de vom 18. November 2011, online unter: http://www.zeit.de/politik/ausland/2011-11/IAEA-Iran-Atomprogramm
[292] Harter Kurs im Atomstreit: IAEA stellt Iran Ultimatum, in: n-tv.de vom 18. November 2011, online unter: http://www.n-tv.de/politik/IAEA-stellt-Iran-Ultimatum-article4810661.html

ihrer Ansicht nach terroristische Anschläge gegen iranische Wissenschaftler und Einrichtungen legitimiert.

„Irans Botschafter bei der IAEA, Ali-Asgar Soltanieh, warf der Agentur vor, ihr Bericht sei politisch motiviert. Iran behalte sich das Recht auf Schadenersatzforderungen vor, falls Personen oder Eigentum zu Schaden kommen sollten, berichtete der iranische Fernsehsender Press TV. Soltanieh kritisierte außerdem, dass Namen von iranischen Atomwissenschaftlern veröffentlicht wurden. Dies habe die Wissenschaftler zu Angriffszielen für Terrororganisationen, Israel sowie US-Geheimdienste gemacht."[293]

Das ist zwar nicht von der Hand zu weisen, aber Sabotage-Aktionen gegen das Atomprogramm scheinen, insbesondere aus Sicht Israels und der USA, der einzige Weg zu sein, die Mullahs davon abzuhalten Atombomben zu produzieren, ohne einen regulären Krieg zu beginnen.

„Das Zustandekommen der Resolution gilt als Erfolg, weil sich die fünf ständigen Sicherheitsratsmitglieder und Deutschland auf eine gemeinsame Position verständigen konnten. Die Sechser-Gruppe war nach der Veröffentlichung des jüngsten IAEA-Berichts gespalten. Russland und China lehnten härtere Sanktionen, wie sie Deutschland, Frankreich, Großbritannien und die USA forderten, ab. Es wird befürchtet, dass Israel einen Angriff auf Iran unternimmt, wenn es den Glauben an eine diplomatische Lösung des Konflikts verlieren sollte."[294]

Insbesondere die Haltung Russlands und Chinas verschafft aus meiner Sicht dem Iran eine Legitimität für sein Vorgehen.

Ebenfalls gibt es bereits seitens der EU offene Wirtschaftssanktionen gegen den Iran. Hier nur ein Beispiel.

„Kein Wunder also, dass viele Regierungen dieser Welt erleichtert aufatmeten, als am 23. Mai 2011 die "Europäisch-Iranische Handelsbank" in Hamburg auf die EU-Sanktionsliste gesetzt wurde. Diese Bank unterliegt der deutschen Bankenaufsicht, gehört aber zu 100 Prozent dem iranischen Regime. Je flächendeckender die andere Banken ihre Geschäftsverbindungen mit Iran abbrachen, desto wichtiger wurde die EIH-Bank für die Machthaber in Teheran: Man nutzte sie als Schlupfloch, um die internationalen Sanktionen zu unterlaufen und die Finanzierung des Atomwaffenprogramms zu unterstützen."[295]

So sollen dem Atomwaffenprogramm des Irans die Finanzquellen abgeschnitten werden, was sich aber nicht als unproblematisch darstellt.

„In Wirklichkeit geschieht das Gegenteil. Zwar hatte im April 2011 selbst das Auswärtige Amt "deutlich zunehmende Hinweise auf ... eine wachsende Rolle der EIH-Bank für verbotene Aktivitäten des Iran" ausgemacht - gleichwohl erklärte die Bundesbank als die zuständige Aufsichtsbehörde, dass nach dem Sanktionsbeschluss neue Aufträge zwar nicht getätigt werden dürften, "dass die EIH-Bank aber weiterhin all die Verträge ausführen dürfe, die vor dem Sanktionsbeschluss vereinbart worden sind." Mehr noch: Wie die EIH-Bank in ihrer Stellungnahme

---

[293] Atomprogramm: IAEA stellt Iran Ultimatum, in: zeit.de vom 18. November 2011, online unter: http://www.zeit.de/politik/ausland/2011-11/IAEA-Iran-Atomprogramm
[294] Nach Bericht über Atomprogramm: IAEA beschließt Resolution gegen Iran, in: sueddeutsche.de vom 18. November 2011, online unter: http://www.sueddeutsche.de/politik/nach-bericht-ueber-atomprogramm-iaea-beschliesst-resolution-gegen-iran-1.1194293
[295] Küntzel, Matthias: Iran / EIH-Bank: "Nichts hat sich verändert!", IGFM- Report: Menschenrechte im Iran, 3/2011, in: igfm.de, online unter: http://www.igfm.de/Iran-EIH-Bank-Nichts-hat-sich-veraendert.2956.0.html

zum Sanktionsbeschluss betont, plant sie, ihre normalen Geschäftsbeziehungen auch mit jenen iranischen Banken aufrechtzuerhalten, die wegen ihrer offenkundigen Zuträgerdienste für das Atomwaffenprogramm schon weitaus früher sanktioniert worden sind. Mit anderen Worten: Eben das, was den Sanktionsbeschluss ausgelöst hatte, soll weitergehen."[296]

Letztlich zeigt sich daher bisher eine relative Unwirksamkeit.

„Noch steht der Sanktionsbeschluss gegen die EIH-Bank nur auf dem Papier. Der Bundestag und die deutsche Öffentlichkeit sollten dafür sorgen, dass die Bankenaufsicht dieses Werkzeug des iranischen Regimes endlich schließt."[297]

In jedem Falle ist eine militärische Intervention, sprich einen Angriff auf den Iran, nicht anzuraten, denn Sicherheitsexperten warnen vor den Konsequenzen.

„Auch bei neuen Belegen für einen Atomwaffenkurs des Iran sollte es nach Ansicht des führenden deutschen Sicherheitsexperten Wolfgang Ischinger unbedingt beim "Nein zu einem militärischen Eingreifen" bleiben."[298]

Es gibt noch weitere Möglichkeiten den wirtschaftlichen und politischen Druck auf die iranische Führung zu erhöhen, ohne einen militärischen Erstschlag zu forcieren.

„"Die Möglichkeiten, den Sanktionsdruck auf Teheran weiter zu erhöhen, sind noch lange nicht ausgeschöpft", sagte der Vorsitzende der Münchner Sicherheitskonferenz im Gespräch mit unserer Redaktion.

Für einen präemptiven Militärschlag gebe es "weder eine tragfähige Rechtsgrundlage noch eine hinreichende Erfolgschance". Als Antwort der internationalen Gemeinschaft auf eine befürchtete iranische Nuklearwaffe empfahl Ischinger die aus dem Kalten Krieg bewährte Strategie der Abschreckung."[299]

Dabei gibt es eine Analogie zum Kalten Krieg und der Strategie der NATO gegenüber der Sowjetunion.

„"Wenn diese Strategie über ein halbes Jahrhundert gegenüber der Sowjetunion funktionierte, warum soll sie notfalls nicht auch gegenüber dem Iran wirksam sein können", fragte Ischinger.

Der Westen verfüge über sämtliche Fähigkeiten und Elemente, um den Iran vom Einsatz nuklearer Waffen "glaubwürdig, dauerhaft und damit erfolgreich" abzuschrecken, hob Ischinger hervor. Durch das Raketenabwehrsystem, das Nato und Russland planten, könne dieses Strategie ergänzt und eines Tages vielleicht sogar ganz abgelöst werden."[300]

---

[296] Küntzel, Matthias: Iran / EIH-Bank: "Nichts hat sich verändert!", IGFM- Report: Menschenrechte im Iran, 3/2011, in: igfm.de, online unter: http://www.igfm.de/Iran-EIH-Bank-Nichts-hat-sich-veraendert.2956.0.html
[297] Küntzel, Matthias: Iran / EIH-Bank: "Nichts hat sich verändert!", IGFM- Report: Menschenrechte im Iran, 3/2011, in: igfm.de, online unter: http://www.igfm.de/Iran-EIH-Bank-Nichts-hat-sich-veraendert.2956.0.html
[298] "Sanktionsdruck weiter erhöhen": Experte warnt vor Militärschlag gegen Iran, in: rp-online.de vom 09. November 2011, online unter: http://www.rp-online.de/politik/ausland/experte-warnt-vor-militaerschlag-gegen-iran-1.2546459
[299] "Sanktionsdruck weiter erhöhen": Experte warnt vor Militärschlag gegen Iran, in: rp-online.de vom 09. November 2011, online unter: http://www.rp-online.de/politik/ausland/experte-warnt-vor-militaerschlag-gegen-iran-1.2546459
[300] "Sanktionsdruck weiter erhöhen": Experte warnt vor Militärschlag gegen Iran, in: rp-online.de vom 09. November 2011, online unter: http://www.rp-online.de/politik/ausland/experte-warnt-vor-militaerschlag-gegen-iran-1.2546459

Auf der anderen Seite gibt es auch verschiedene politische Verlautbarungen aus Europa unter dem Einfluss der Kriegspläne der USA, die einer militärischen Intervention nicht ablehnend gegenüberstehen.

„Der niederländische Außenminister Uri Rosenthal stimmte in das Säbelrasseln einiger US-Republikaner und Israelis ein, die aus Angst vor einer iranischen Atombombe eine militärische Drohkulisse aufbauen. „Ich schließe keine Option aus", sagte Rosenthal zum Auftakt eines EU-Außenministertreffens am Montag in Brüssel. Einen Angriff „ein- oder auszuschließen" sei derzeit „nicht in Ordnung"."[301]

Weitere politische Positionen gibt es aus Frankreich und Luxemburg.

„Luxemburgs Außenminister Jean Asselborn wandte sich scharf gegen einen Angriff. „Damit würde das Ziel nicht erreicht, die Konsequenzen wären verheerend und die Debatte würde Teheran ganz stark helfen." Frankreichs Chefdiplomat Alain Juppé forderte eine geschlossene Position, die Sanktionen zu verschärfen. Damit müsse ein „irreparables Eingreifen", also ein Militärschlag, verhindert werden."[302]

In jedem Fall wird der öffentliche Diskurs auf die Problematik des iranischen Atomprogramms gelenkt und es wird versucht in der EU eine gemeinsame Linie zu vertreten.

„Immerhin herrscht in der EU Einigkeit darüber, dass der Iran nicht weitermachen kann wie bisher. „Wir müssen klar machen, dass das Vorgehen nicht hinnehmbar ist", sagte die EU-Außenbeauftragte Catherine Ashton. Jetzt müsse die EU behutsam entscheiden, wie sie weiter vorgehen könne. Mit einem Beschluss zu neuen einseitigen EU-Sanktionen war am Montag nicht zu rechnen."[303]

Härtere Töne gab es wiederum aus Israel zu hören.

„Israels Ministerpräsident Benjamin Netanjahu hat ein entschlossenes internationales Vorgehen gegen eine militärische Nutzung des iranischen Atomprogramms gefordert. Netanyahu sagte am Sonntag während einer Debatte seines Kabinetts über den Bericht der Internationalen Atomenergie-Organisation (IAEA) zum Iran: "Die internationale Gemeinschaft muss das iranische Rennen um eine Aufrüstung mit nuklearen Waffen rechtzeitig stoppen.""[304]

Insbesondere der französische Präsident Nicolas Sarkozy sagte Israel, auch im Namen weiterer EU-Mitgliedsstaaten, politische Unterstützung zu.

„In einem persönlichen Brief hat der französische Präsident Nicolas Sarkozy Israels Regierungschef Benjamin Netanyahu einem Bericht zufolge zugesagt, sich für harte Sanktionen gegen den Iran stark zu machen. Wie die israelische Zeitung "Jediot Ahronot" am Sonntag

---

[301] Niederlande schließen Angriff nicht aus: EU streitet über Militärschlag gegen Iran, in: rp-online.de vom 14. November 2011, online unter: http://www.rp-online.de/politik/ausland/eu-streitet-ueber-militaerschlag-gegen-iran-1.2588581

[302] Niederlande schließen Angriff nicht aus: EU streitet über Militärschlag gegen Iran, in: rp-online.de vom 14. November 2011, online unter: http://www.rp-online.de/politik/ausland/eu-streitet-ueber-militaerschlag-gegen-iran-1.2588581

[303] Niederlande schließen Angriff nicht aus: EU streitet über Militärschlag gegen Iran, in: rp-online.de vom 14. November 2011, online unter: http://www.rp-online.de/politik/ausland/eu-streitet-ueber-militaerschlag-gegen-iran-1.2588581

[304] Netanjahu: "Aufrüstung mit nuklearen Waffen stoppen", in: diepresse.com vom 13. November 2011, online unter: http://diepresse.com/home/politik/aussenpolitik/708184/Netanjahu_Aufruestung-mit-nuklearen-Waffen-stoppen

berichtete, sicherte Sarkozy Israel in dem Schreiben zu, für "harte und beispiellose Sanktionen" gegen Teheran einzutreten, sollte der Iran nicht mit der Internationalen Atomenergiebehörde kooperieren. Sarkozy habe sich überzeugt gezeigt, dass Israels Existenz von Teheran bedroht werde."[305]

Der Iran interpretiert alle Verlautbarungen, z.B. aus Israel, der EU und den USA als unberechtigten Angriff auf sich und kritisiert seinerseits die UNO.

„Der iranische Außenminister Ali Akbar Salehi sieht im Streit um das Nuklearprogramm seines Landes keinen Spielraum für Kompromisse. "Ich glaube, es hat keinen Zweck mehr, zusätzliche Konzessionen zu machen", sagte er dem Hamburger Nachrichtenmagazin "Der Spiegel". Die Atomfrage sei nur ein Vorwand, um sein Land mit allen Mitteln zu schwächen.

Salehi kritisierte den Bericht der UNO-Atombehörde. Weil der Report vor der "möglichen militärischen Dimension" des iranischen Nuklearprogramms warne, habe die Organisation ihre "frühere Objektivität" aufgegeben. Auf den Generaldirektor der IAEO, Yukiya Amano, kämen schwere Zeiten zu. "Wir werden ihn und die Atomenergiebehörde für diese Schlussfolgerungen zur Rechenschaft ziehen", kündigte Salehi an."[306]

Insbesondere für Israel ist der Iran angesichts der offenen antisemitischen Drohungen (siehe Kapitel 12) eine extreme Gefahr.

„Die Israeli haben gute Gründe, in Iran eine Bedrohung zu sehen. Eine Welt ohne den Staat Israel wäre der iranischen Führung am liebsten. Lange bevor Ahmadinejad im Oktober 2005 Khomeiny mit der Äusserung zitierte, dass das Jerusalem besetzende Regime aus den Seiten der Geschichte verschwinden müsse, hatte der Revolutionsführer Khamenei im Mai 1999 Widerstand und Kampf als einzige Mittel genannt, um das «Krebsgeschwür Israel» auszurotten. Angesichts dessen ist die schiefe Übersetzung westlicher Medien des Khomeiny-Zitats von Ahmadinejad irrelevant. Eher bemerkenswert ist, dass die iranische Führung den Untergang Israels in aller Regel unpersönlich, quasi als geschichtliche Notwendigkeit, darstellt, nicht aber sagt, dass man es selbst besorgen werde. Doch dies kann Israel natürlich nicht beruhigen."[307]

Es ist ohne Zweifel eine rücksichtslose Vorgehensweise der iranischen Führung gegenüber Israel festzustellen, die wie im vorangegangenen Kapitel dargestellt als Ursache religiöse Konventionen hat und antisemitischen Denkmustern der Nazis folgt, aber gleichzeitig außenpolitisch dem Nützlichkeitsprinzip dient.

Dennoch wird seitens der UNO versucht, weiterhin diplomatisch zu verhandeln.

„Irans Antwort auf das Anreizpaket der fünf Vetomächte des Uno-Sicherheitsrats und Deutschlands lässt neue Verhandlungen möglich erscheinen. Diese Entwicklung erfordert die volle Unterstützung der USA. Sanktionen allein sind entgegen der ständigen Behauptung Washingtons noch keine Diplomatie, sondern sind ohne Einbindung in eine politische Strategie nichts anderes als eine

---

[305] Netanjahu: "Aufrüstung mit nuklearen Waffen stoppen", in: diepresse.com vom 13. November 2011, online unter: http://diepresse.com/home/politik/aussenpolitik/708184/Netanjahu_Aufruestung-mit-nuklearen-Waffen-stoppen

[306] Netanjahu: "Aufrüstung mit nuklearen Waffen stoppen", in: diepresse.com vom 13. November 2011, online unter: http://diepresse.com/home/politik/aussenpolitik/708184/Netanjahu_Aufruestung-mit-nuklearen-Waffen-stoppen

[307] Reissner, Johannes: Wie gefährlich wäre ein Militärschlag gegen Iran?: Israelisches Vormachtstreben als Hindernis bei der Suche nach Gleichgewicht, in: Neue Zürcher Zeitung vom 26. Juli 2008, S. 4, online unter: http://www.swp-berlin.org/fileadmin/contents/products/medienbeitraege/080726_NZZ_Iran_Israel_Militaerschlag_Rsn_Verf.ks.pdf

nichtmilitärische Strafaktion, deren inhärente Gefahr der Eskalation offensichtlich ist."[308]

Offenbar sind also wirtschaftliche Sanktionen und politische Verhandlungen gewollt. Ein Krieg gegen den Iran wäre für Viele die denkbar unangenehmste Option. Allerdings stellt für Israel sich die Lage aufgrund der ständigen Terroranschläge, die ein Mittel der vom Iran forcierten asymmetrischen Kriegsführung sind, anders dar.

„In Israel wird argumentiert, dass ein Militärschlag die nukleare Rüstung Irans zumindest verzögern würde. Die internationale Gemeinschaft könnte dann die Zeit nutzen, nach einer dauerhaften Lösung zu suchen. Doch die Frage ist, ob es nach einem Militärschlag überhaupt eine kontrollierbare und verhandlungsoffene Situation gibt. Seit einem Jahr herrscht in Israel die Meinung vor, dass sich die unmittelbaren Reaktionen «managen» liessen. Ob Iran es tatsächlich wagen würde, Israel mit Raketen anzugreifen und einen Krieg zu entfesseln, ob der libanesische Hizbullah und Syrien zur Entlastung Irans Israel angreifen würden, all dies sei ungewiss. So schwierig dergleichen auch zu bewältigen sei, so sei es doch immerhin noch eher zu verkraften als ein nuklear gerüstetes Iran. Israels grundsätzliche strategische Überlegenheit in der Region bliebe erhalten."[309]

Ob dies wirklich so ist, dass Israel eine strategische Überlegenheit hat und weiter haben wird, würde ich angesichts der in Kapitel 10 dargestellten militärstrategischen Kooperation des Irans mit anderen islamischen Staaten langsam aber sicher in Zweifel ziehen. Der Publizist Josef Joffe kommt zu folgenden Erkenntnissen:

„Die Versatzstücke bleiben gleich: Orakelhafte Sprüche aus Washington ("alle Optionen auf dem Tisch"), Drohungen aus Jerusalem, gut publizierte Übungen der israelischen Luftwaffe und Marine, Signale aus Saudi-Arabien, wonach Riad den Luftraum öffnen würde (sofort dementiert)."[310]

Es ist also ein Geplänkel im öffentlichen Diskurs zu konstatieren, das seit Jahren dem selben Muster folgt. Die strategische Lage stellt sich aus der Sicht des Westens wie folgt dar.

„Dazu in aller Kürze, erstens: Solche Berichte sind immer gut für die psychologische Kriegsführung gegen das Ahmadineschad-Regime. Zweitens: Israel will, aber kann nicht; Amerika kann, aber will nicht. Zum Strategischen: Es geht um rund fünfzig relevante Ziele in Iran – manche davon inmitten von Städten wie Isfahan, andere besonders sorgfältig "gehärtet" mit dicken Bunkermauern wie die Anreicherungsanlage von Natans. Sie zu vernichten, wäre kein Spaziergang wie 1981 der Nachmittagsausflug gegen den irakischen Osirak-Reaktor, den die israelische Luftwaffe zerstörte."[311]

Es wäre ganz sicher ein langjähriger Einsatz für die NATO-Allianz, der womöglich nicht zu gewinnen ist. Ich würde davor warnen, einen solchen Einsatz zu beginnen. Josef Joffe und Andere stehen dem jedoch zustimmend gegenüber.

---

308 Reissner, Johannes: Wie gefährlich wäre ein Militärschlag gegen Iran?: Israelisches Vormachtstreben als Hindernis bei der Suche nach Gleichgewicht, in: Neue Zürcher Zeitung vom 26. Juli 2008, S. 4, online unter: http://www.swp-berlin.org/fileadmin/contents/products/medienbeitraege/080726_NZZ_Iran_Israel_Militaerschlag_Rsn_Verf.ks.pdf

309 Reissner, Johannes: Wie gefährlich wäre ein Militärschlag gegen Iran?: Israelisches Vormachtstreben als Hindernis bei der Suche nach Gleichgewicht, in: Neue Zürcher Zeitung vom 26. Juli 2008, S. 4, online unter: http://www.swp-berlin.org/fileadmin/contents/products/medienbeitraege/080726_NZZ_Iran_Israel_Militaerschlag_Rsn_Verf.ks.pdf

310 Joffe, Josef: Nahost: Israel im Alleingang gegen Iran?, in: zeit.de vom 11. August 2010, online unter: http://www.zeit.de/politik/ausland/2010-08/israel-iran/komplettansicht

311 Joffe, Josef: Nahost: Israel im Alleingang gegen Iran?, in: zeit.de vom 11. August 2010, online unter: http://www.zeit.de/politik/ausland/2010-08/israel-iran/komplettansicht

„Es wäre, noch einmal, ein richtiger Krieg, doch Amerika führt schon einen in Afghanistan und einen halben im Irak. Es müsste, anders als Israel, im Weltmaßstab denken. Über hochschießende Ölpreise in einer sehr wackeligen Weltkonjunktur, über iranische Entlastungsschläge in Afghanistan und im Irak, über die Blockade des Golfs, der Welt-Ölader, über Terroranschläge in Amerika, über eine zweite und dritte Front gegen Israel durch die Raketenoffensiven der Hisbollah im Norden und der Hamas im Süden. Die israelische Vergeltung könnte Syrien in den Krieg ziehen, einem Quasi-Verbündeten der Türkei. Welcher Präsident möchte da den ersten Zug machen?"[312]

Ich denke hier ganz anders: Dieser Krieg wäre der größte Fehler der westlichen Zivilisation und eine extreme Gefahr, insbesondere für die Staaten der Europäischen Union und durch die Gefahr terroristischer Anschläge auch für die USA.

„Schließlich würde Washington einen israelischen Alleingang zu verhindern wissen. Denn: Niemand würde bei einem so engen Verbündeten an einen Alleingang glauben – mitgefangen, mitgehangen. Entweder beide oder keiner.

Was bleibt? Vorweg die Gewissheit, dass die iranische Bombe eine existenzielle Bedrohung für Israel und das Ende der amerikanischen Vorherrschaft in Mittelost bedeutet. Die sogenannten arabischen Verbündeten der USA würden entweder einen Deal mit Teheran machen oder selber zur Bombe greifen. Es ist nicht vorstellbar, dass Washington und Jerusalem diese Konsequenzen hinnehmen. Aber Krieg ist auch unvorstellbar. Also wird eine Art Krieg hinter den Kulissen ablaufen."[313]

Einen israelischen Alleingang wird es nicht geben. Es ginge nur mit einer Gesamtstrategie der NATO und Israel, und auch nur dann, wenn zumindest Russland dem nicht ablehnend gegenübersteht. Dieser Einsatz birgt aber erhebliche Gefahren, die unkalkulierbar sind.

„Die psychologische Kriegsführung, wie sie in diesem Sommer wieder eskaliert, ist nicht Kriegsvorbereitung gegen, sondern Realismus-Therapie für Ahmadineschad. Um tatsächlich den Krieg loszutreten, müsste er Amerika und Israel mit einer Vehemenz provozieren, die nicht sein Stil ist – bislang jedenfalls nicht war."[314]

Aus Deutschland kamen mehrere Verlautbarungen von politischen Vertretern, die insgesamt deutlich leisere Töne anstimmen.

„Nach der ersten Lektüre des Berichts der Internationalen Atomenergiebehörde IAEA zum iranischen Nuklearprogramm ließ Außenminister Guido Westerwelle (FDP) keinen Zweifel daran, dass er den Inhalt des Papiers für sehr glaubwürdig und plausibel hält. „Iran setzt seine Anreicherungstätigkeit ungeachtet aller internationalen Forderungen offenbar mit Nachdruck fort", sagte Westerwelle."[315]

Der deutsche Außenminister Guido Westerwelle weist nochmal darauf hin, dass der Iran sich nicht

---

[312] Joffe, Josef: Nahost: Israel im Alleingang gegen Iran?, in: zeit.de vom 11. August 2010, online unter: http://www.zeit.de/politik/ausland/2010-08/israel-iran/komplettansicht

[313] Joffe, Josef: Nahost: Israel im Alleingang gegen Iran?, in: zeit.de vom 11. August 2010, online unter: http://www.zeit.de/politik/ausland/2010-08/israel-iran/komplettansicht

[314] Joffe, Josef: Nahost: Israel im Alleingang gegen Iran?, in: zeit.de vom 11. August 2010, online unter: http://www.zeit.de/politik/ausland/2010-08/israel-iran/komplettansicht

[315] Jungholt, Thorsten: IAEA-Bericht: Westerwelle lehnt Militärschlag gegen Iran strikt ab, in: welt.de vom 09. November 2011, online unter: http://www.welt.de/politik/deutschland/article13707903/Westerwelle-lehnt-Militaerschlag-gegen-Iran-strikt-ab.html

an internationale Verträge hält.

„Die ohnehin schon erheblichen Sorgen der Bundesregierung seien durch den Bericht noch einmal verstärkt worden: „Die Staatengemeinschaft kann jetzt nicht einfach zur Tagesordnung übergehen."

Zu einer Änderung der deutschen Strategie gegenüber dem Mullah-Regime sieht Westerwelle dennoch keinen Anlass. Getreu seinem Dogma einer „Kultur der militärischen Zurückhaltung" setzt der Außenminister auch im Angesicht der fortschreitenden Bemühungen Teherans um den Bau der Atombombe auf politischen Druck und Dialog. Die von Israel ins Spiel gebrachte Variante eines Militärschlags wollte er nicht einmal als Möglichkeit zum Aufbau einer Drohkulisse erwägen: „Eine Diskussion über militärische Optionen lehnen wir ab. " "[316]

Damit wird nochmal klargestellt, dass die Deutsche Bundesregierung eindeutig gewillt ist, alle Möglichkeiten der Diplomatie anzuwenden. Das gilt auch für die SPD.

„Die Debatte über einen Militärschlag hält die Bundesregierung auch angesichts der instabilen Lage in der Nahost-Region für unverantwortbar. Man fürchtet eine Spaltung der Weltgemeinschaft in die alten Lager des Westens einerseits und der arabischen Staaten andererseits. Diese Position erfährt die Unterstützung der SPD.

„Es gibt keine vernünftige Alternative zur Diplomatie und einer substanziellen Sanktionspolitik", sagte der außenpolitische Sprecher der Sozialdemokraten, Rolf Mützenich. „Ein Militärschlag ist keine Option." Er forderte die Bundesregierung allerdings auf, sich deutlicher als bisher „für ein geschlossenes Vorgehen der EU" zu engagieren."[317]

Damit setzt die SPD auf eine europäische Strategie, weil wirtschaftliche Sanktionen und diplomatischer Druck so wirksamer umgesetzt werden können.

Auch aus der FDP-Fraktion wird vor einem militärischen Konflikt gewarnt.

„Auch der Iran-Experte der FDP-Fraktion, Bijan Djir-Sarai, mahnte: „Eine militärische Auseinandersetzung zwischen Israel und Iran wäre eine Katastrophe für den gesamten Nahen und Mittleren Osten. Ein solcher Konflikt würde die zarten positiven Entwicklungen in der arabischen Welt nachhaltig zerstören und die gesamte Region von Nordafrika bis Afghanistan in eine schwere Krise stürzen.""[318]

Es ist richtig, dass ein solcher Konflikt die gesamte Region in Gefahr brächte.

Von Seiten der CDU/CSU-Fraktion werden härtere Töne verlautet und neben härteren und kraftvolleren Sanktionen auch andere Optionen nicht kategorisch ausgeschlossen.

---

[316] Jungholt, Thorsten: IAEA-Bericht: Westerwelle lehnt Militärschlag gegen Iran strikt ab, in: welt.de vom 09. November 2011, online unter: http://www.welt.de/politik/deutschland/article13707903/Westerwelle-lehnt-Militaerschlag-gegen-Iran-strikt-ab.html
[317] Jungholt, Thorsten: IAEA-Bericht: Westerwelle lehnt Militärschlag gegen Iran strikt ab, in: welt.de vom 09. November 2011, online unter: http://www.welt.de/politik/deutschland/article13707903/Westerwelle-lehnt-Militaerschlag-gegen-Iran-strikt-ab.html
[318] Jungholt, Thorsten: IAEA-Bericht: Westerwelle lehnt Militärschlag gegen Iran strikt ab, in: welt.de vom 09. November 2011, online unter: http://www.welt.de/politik/deutschland/article13707903/Westerwelle-lehnt-Militaerschlag-gegen-Iran-strikt-ab.html

„Die Union kann sich dagegen ein energischeres Vorgehen vorstellen. „Der IAEA-Bericht zeigt schwarz auf weiß, dass der Iran nicht mit offenen Karten spielt und die Bedrohung durch einen atomaren Angriff real ist", sagte der außenpolitische Sprecher der CDU/CSU-Bundestagsfraktion, Philipp Mißfelder, "Welt Online".

Die internationale Gemeinschaft könne es sich nicht leisten, noch länger den passiven Beobachter zu spielen. „Unsere diplomatischen Bemühungen müssen härter und kraftvoller werden", sagte Mißfelder. „Deshalb könnten andere Optionen dies unterstreichen. "[319]

Alles in Allem ist die gesamte deutsche Politik aber eher zurückhaltend im Vergleich zu Verlautbarungen aus den USA und insbesondere im Vergleich zu Verlautbarungen aus Israel.

Von der Seite von Wissenschaftlern werden gefälschte Geheimdienstinformationen kritisiert, die den Konflikt unnötig anheizen könnten.

Der kanadische Ökonomie-Professor Michel Chossudovsky etwa nennt ein Beispiel.

„Im November 2005 veröffentlichte die New York Times einen Bericht von William J. Broad und David E. Sanger mit der Überschrift USA stützen ihre Beweise für die tatsächlichen Ziele des iranischen Nuklearprogramms auf Computer. Die von Washington erhobenen Vorwürfe, auf die sich die New York Times bezog, stützten sich auf Dokumente, die »sich auf einem iranischen Computer befanden, der von einem Unbekannten im Jahr 2004 gestohlen und dann amerikanischen Nachrichtendiensten übergeben worden war«. "[320]

Dokumente auf einem gestohlenen iranischen Computer unbekannter Herkunft sollen ein Beweis sein?

„Die Authentizität dieser Dokumente wurde verschiedentlich bestritten, und erst vor Kurzem bestätigte ein Artikel des investigativen Journalisten Gareth Porter zweifelsfrei, dass die Dokumente auf dem mysteriösen Notebook eine Fälschung darstellen. Die Zeichnungen in den Dokumenten stehen in keinem Zusammenhang mit den Schahab-Raketen, sondern beziehen sich auf ein veraltetes nordkoreanisches Raketensystem, was vom Iran bereits Mitte der 70er-Jahre ausgemustert wurde. "[321]

Es handelt sich also offensichtlich um gefälschte Dokumente, die einen gewünschten politischen Effekt auslösen sollten.

„Wir haben es hier mit einem klaren Fall von gefälschten Geheimdienstinformationen zu tun, der fatal an die Vorgehensweise des damaligen amerikanischen Außenministers Colin Powell im Februar 2003 im Zusammenhang mit den angeblichen irakischen Massenvernichtungswaffen erinnert. Die gefälschten Geheimdienstinformationen dienten damals der Rechtfertigung der Irak-

---

[319] Jungholt, Thorsten: IAEA-Bericht: Westerwelle lehnt Militärschlag gegen Iran strikt ab, in: welt.de vom 09. November 2011, online unter: http://www.welt.de/politik/deutschland/article13707903/Westerwelle-lehnt-Militaerschlag-gegen-Iran-strikt-ab.html

[320] Chossudovsky, Michel: Gefälschte Geheimdienstinformationen sollen Krieg gegen Iran legitimieren, in: kopp-online.com vom 10. November 2011, online unter: http://info.kopp-verlag.de/hintergruende/geostrategie/prof-michel-chossudovsky/gefaelschte-geheimdienstinformationen-sollen-krieg-gegen-iran-legitimieren.html

[321] Chossudovsky, Michel: Gefälschte Geheimdienstinformationen sollen Krieg gegen Iran legitimieren, in: kopp-online.com vom 10. November 2011, online unter: http://info.kopp-verlag.de/hintergruende/geostrategie/prof-michel-chossudovsky/gefaelschte-geheimdienstinformationen-sollen-krieg-gegen-iran-legitimieren.html

Invasion im März 2003."[322]

Auch von anderer Seite wurden diese Dokumente als vorgeschobener Versuch interpretiert, einen militärischen Erstschlag zu begründen.

„In mid-July, senior American intelligence officials called the leaders of the international atomic inspection agency to the top of a skyscraper overlooking the Danube in Vienna and unveiled the contents of what they said was a stolen Iranian laptop computer.

The Americans flashed on a screen and spread over a conference table selections from more than a thousand pages of Iranian computer simulations and accounts of experiments, saying they showed a long effort to design a nuclear warhead, according to a half-dozen European and American participants in the meeting."[323]

Es wurde also eine Alarmstimmung signalisiert, um Fachleute zu zwingen, sich mit der Thematik auseinander zu setzen.

„The documents, the Americans acknowledged from the start, do not prove that Iran has an atomic bomb. They presented them as the strongest evidence yet that, despite Iran's insistence that its nuclear program is peaceful, the country is trying to develop a compact warhead to fit atop its Shahab missile, which can reach Israel and other countries in the Middle East.

The briefing for officials of the United Nations' International Atomic Energy Agency, including its director Mohamed ElBaradei, was a secret part of an American campaign to increase international pressure on Iran. But while the intelligence has sold well among countries like Britain, France and Germany, which reviewed the documents as long as a year ago, it has been a tougher sell with countries outside the inner circle.

The computer contained studies for crucial features of a nuclear warhead, said European and American officials who had examined the material, including a telltale sphere of detonators to trigger an atomic explosion. The documents specified a blast roughly 2,000 feet above a target - considered a prime altitude for a nuclear detonation."[324]

Dies war also ein Teil der US-amerikanischen Strategie, gegen den Iran mehr politischen Druck auszuüben. Die Dokumente auf diesem Laptop aber beweisen nichts und sind ganz offensichtlich ein Täuschungsmanöver.

„Once the intelligence documents that have been used to indict Iran as plotting to build nuclear weapons are discounted as fabrications likely perpetrated by a self-interested party, there is no solid basis for the US policy of trying to coerce Iran into ending all uranium enrichment. And there is no reason for insisting that Iran must explain the allegations in those documents to the IAEA as a condition for any future US-Iran negotiations.

---

[322] Chossudovsky, Michel: Gefälschte Geheimdienstinformationen sollen Krieg gegen Iran legitimieren, in: kopp-online.com vom 10. November 2011, online unter: http://info.kopp-verlag.de/hintergruende/geostrategie/prof-michel-chossudovsky/gefaelschte-geheimdienstinformationen-sollen-krieg-gegen-iran-legitimieren.html

[323] Broad, William J./Sanger, David E.: Relying on Computer, U.S. Seeks to Prove Iran's Nuclear Aims, in: nytimes.com vom 13. November 2005, online unter: http://www.nytimes.com/2005/11/13/international/middleeast/13nukes.html?_r=3&pagewanted=print&

[324] Broad, William J./Sanger, David E.: Relying on Computer, U.S. Seeks to Prove Iran's Nuclear Aims, in: nytimes.com vom 13. November 2005, online unter: http://www.nytimes.com/2005/11/13/international/middleeast/13nukes.html?_r=3&pagewanted=print&

News coverage of the purported intelligence documents over the past few years has created yet another false narrative that distorts public discourse on the subject. Almost entirely ignored is the possibility that the real aim of Iran's nuclear program is to maintain a bargaining chip with the United States, and to have a breakout capability to serve as a deterrent to a US or Israeli attack on Iran.

The evidence that documents at the center of the case for a covert Iranian nuclear weapons program are fraudulent suggests the need for a strategic reset on Iran policy. It raises both the possibility and the need for serious exploration of a diplomatic solution for the full range of issues dividing the two countries, which is the only sensible strategy for ensuring that Iran stays a non-nuclear state."[325]

Letztlich helfen gefälschte Geheimdienstdokumente auch nicht weiter. Denn zu einer diplomatischen Lösung gibt es meiner Meinung nach keine Alternative. Hier zeigt sich auch eine Analogie zum Irak-Krieg, wo ebenfalls gefälschte Dokumente und öffentliche Propaganda zu einem Angriff durch die USA auf den Irak führten.[326]

Insgesamt wird der Druck auf die Iranische Führung jedoch erhöht.

„Im Atomstreit mit Iran erhöht der Westen den Druck auf Teheran. Nach einem alarmierenden Bericht der Internationalen Atomenergiebehörde (IAEA) über ein iranisches Atomwaffenprogramm verhängten die USA, Großbritannien und Kanada weitere Sanktionen. Erstmals zielen die USA dabei auf die petrochemische Industrie in Iran und werfen der Zentralbank des Landes Geldwäsche vor. »Iran hat den Weg der internationalen Isolation gewählt«, sagte US-Präsident Barack Obama."[327]

Hier setzt der US-Präsident also bei der petrochemischen Industrie an und somit bei dem Haupt-Exportgut des Irans. Hier könnte eine Einschränkung des Handels den Iran erheblich treffen, ebenso wie die Stabilität der Währung zu verringern durch den Vorwurf an die iranische Zentralbank.

„Zuvor hatte Großbritannien in einem beispiellosen Schritt sämtliche Verbindungen zu iranischen Banken abgebrochen. Die Regierung in London rief am Montag alle Geldhäuser des Landes auf, vom Nachmittag an den Handel mit iranischen Finanzinstituten einzustellen.»Die heutige Ankündigung ist ein weiterer Schritt, um zu verhindern, dass das iranische Regime Atomwaffen an sich bringen kann«, sagte Schatzkanzler George Osborne."[328]

Auch in Großbritannien wird also der Weg eines Wirtschaftsboykottes über die Nichtkooperation mit den iranischen Banken gegangen.

„Frankreichs Präsident Nicolas Sarkozy forderte, das iranische Zentralbankvermögen einzufrieren und Öleinfuhren aus dem Land zu verbieten. Sarkozy machte in einem Brief an Bundeskanzlerin Angela Merkel und andere Staats- und Regierungschefs konkrete Vorschläge für neue Sanktionen.

---

[325] Porter, Gareth: The Mysterious Laptop Documents: "Evidence" of Iran Nuclear Weapons Program May Be Fraudulent, in: gloalresearch.ca vom 18. November 2010, online unter: http://www.globalresearch.ca/the-mysterious-laptop-documents-evidence-of-iran-nuclear-weapons-program-may-be-fraudulent/21994

[326] Siehe hierzu: Leopold, Jason: Powell Denies Intelligence Failure: In Buildup To War, But Evidence Doesn't Hold Up, in: globalresearch.ca vom 10. Juni 2003, online unter: http://globalresearch.ca/articles/LEO306C.html

[327] Sanktionen gegen Iran verschärft, in: neues-deutschland.de vom 29. November 2011, online unter: http://www.neues-deutschland.de/artikel/211718.sanktionen-gegen-iran-verschaerft.html

[328] Sanktionen gegen Iran verschärft, in: neues-deutschland.de vom 29. November 2011, online unter: http://www.neues-deutschland.de/artikel/211718.sanktionen-gegen-iran-verschaerft.html

Paris befürworte »Sanktionen beispiellosen Ausmaßes«."[329]

Die Öleinfuhren zu stoppen, würde den Iran in der Tat sehr schmerzhaft treffen, da mehr als 80% der Staatseinnahmen durch Ölexporte generiert werden.

"Russland hat die Verschärfung der Sanktionen als inakzeptabel und als Verstoß gegen internationales Recht kritisiert. »Diese Praxis (...) erschwert den Weg zu einem konstruktiven Dialog mit Teheran ungemein«, sagte eine Sprecherin des Außenministeriums in Moskau am Dienstag der Agentur Interfax.

Auch Unternehmen aus Drittländern seien von den Zwangsmaßnahmen betroffen, vor allem im Öl- und Gassektor. Moskau ist ein enger Handelspartner Teherans und hat vor kurzem das erste iranische Atomkraftwerk fertiggestellt."[330]

Von russischer Seite wird die Praxis der Wirtschaftssanktionen also kritisiert, aber hier hat man ohnehin ja eine andere Auffassung im UN-Sicherheitsrat, ebenso wie in China.

"Zweite Nachricht: Die israelische Luftwaffe (IAF) hat gerade über Sardinien ein Manöver mit der italienischen beendet für das Auftanken über eine große Distanz. Das Terrain, so die Einflüsterer, gleiche dem iranischen

Drittens berichtet der britische „Guardian", die britischen Streitkräfte bereiteten sich auf einen US-geführten Angriff vor, um auf See und in der Luft zu helfen.

Viertens hat Israels Heimatschutz letzte Woche überraschend eine Alarmübung in Tel Aviv durchgezogen, die einen Raketenangriff simulierte.

Fünftens meldet ein hochgestellter US-Militär, anonym versteht sich, dass Washington „absolut besorgt" über einen möglichen israelischen Angriff sei. Auf Englisch nennt man das „am Gitter rütteln", auf Deutsch Säbelrasseln. Die Wirklichkeit aber ist so neu nicht. Ganz knapp lautet sie: Israel will, kann aber nicht; Amerika kann, will aber nicht."[331]

Offenbar wird von Seiten Israels, der USA und Großbritanniens ein Angriff auf den Iran nicht mehr ausgeschlossen und der Ernstfall wird in Manövern vorbereitet und erprobt.

Auch Waffenlieferungen an Israel, die vorher noch nicht genehmigt wurden, sind durch die Regierung Obama vorgenommen worden, um den Israelis zu helfen.

„Wenn da nicht Meldung Nummer sechs wäre, wonach die Regierung Obama laut „Newsweek" 55 Bomben vom Typ „Bunkerbrecher" an Israel geliefert habe. Diese Betonknacker hatte Bush 2007 noch verweigert. Mächtig genug, um 30 Meter Erde oder sechs Meter Beton zu durchschlagen, sind sie handlich genug für die taktischen Flugzeuge der IAF, die F-15 und F-16. Die letzten zehn Kilometer fliegt das Zwei-Tonnen-Ding allein, der Pilot kann der dichten Flugabwehr am Ziel

---

[329] Sanktionen gegen Iran verschärft, in: neues-deutschland.de vom 29. November 2011, online unter: http://www.neues-deutschland.de/artikel/211718.sanktionen-gegen-iran-verschaerft.html
[330] Sanktionen gegen Iran verschärft, in: neues-deutschland.de vom 29. November 2011, online unter: http://www.neues-deutschland.de/artikel/211718.sanktionen-gegen-iran-verschaerft.html
[331] Joffe, Josef: USA und Israel drohen Iran - aber bombardieren nicht, in: handelsblatt.com vom 08. November 2011, online unter: http://www.handelsblatt.com/politik/international/kommentar-usa-und-israel-drohen-iran-aber-bombardieren-nicht-seite-all/5810946-all.html

entgehen."[332]

Die chinesische Regierung hat sich weiterhin gegen die Sanktionen ausgesprochen, weil diese nicht zielführend seien.

„Die Einführung von weiteren Sanktionen gegen den Iran bewirkt laut dem offiziellen Sprecher des chinesischen Außenamtes, Hong Lei, keine Lösung des iranischen Atomproblems. Die Internationale Atomenergiebehörde (IAEO) müsse eher einen Dialog und die entsprechende Zusammenarbeit fördern.

„Wir hielten schon immer daran fest, dass Dialog und Zusammenarbeit der richtige Weg zur Lösung des iranischen Atomproblems sind. Die Sanktionen können das iranische Problem nicht grundlegend lösen", antwortete Hong am Donnerstag auf die Frage, ob die USA weitere einseitige Sanktionen gegen den Iran beschließen könnten."[333]

Man könnte aber auch behaupten, dass die chinesische Politik dem Iran hilft. Zum Einen wurden Waffen aus China in den Iran geliefert, zum Anderen auch nordkoreanische Raketen vermutlich über den Handelsweg Chinas. Insofern steht die Äußerung von der chinesischen Regierung in anderem Lichte da.

Auch in Bezug einer Defensivmaßnahme, namentlich der Stationierung des Raketenabwehrsystems in Osteuropa, wird bezweifelt, dass diese einen ausreichenden Schutz liefert.

„Eine Studie des wissenschaftlichen Dienstes des Deutschen Bundestages kommt zu dem Schluss, dass die Raketenabwehr keine Sicherheitsgarantie vor potentiellen Angriffen aus Iran und Nordkorea bietet. Gleichzeitig drohen offizielle Instanzen des iranischen Regimes mit einem asymmetrischen Krieg. Gegen Terroreinheiten, die mit schmutzigen Waffen unterwegs sind, würde die Raketenabwehr tatsächlich wenig bewirken."[334]

Insofern scheint es so, als müsste man in Europa damit rechnen, dass Terroranschläge durch iranische Guerilla-Krieger verübt werden, zumindest in jedem Falle dann, wenn man einen Angriff gegen den Iran unternimmt.

Ich komme daher zu folgendem Fazit: Bis auf einige übermütige US-amerikanische Politiker, konservative Hardliner in Israel und einige übermütige Journalisten, hat niemand so wirklich im Sinn, einen Militärschlag gegen den Iran zu forcieren. Dennoch gibt es eine erhöhte Alarmbereitschaft und es wird für den Fall eines nötigen Angriffs geübt und ausgebildet. Das Raketenabwehrsystem in Osteuropa ist bisher noch kein ausreichend wirksamer Schutz gegen die iranischen Raketen. Die Länder der Europäischen Union sollten dringend ein interkontinentales Raketenabwehrsystem errichten und eine europäische Armee aufbauen, die feindlichen Angriffen wirklich standhalten kann.

Die westliche Welt und auch die Großmächte Russland und China scheinen ratlos bis desinteressiert gegenüber der nuklearen Aufrüstung des Irans zu sein, weil sie sich selbst bisher relativ sicher

---

[332] Joffe, Josef: USA und Israel drohen Iran - aber bombardieren nicht, in: handelsblatt.com vom 08. November 2011, online unter: http://www.handelsblatt.com/politik/international/kommentar-usa-und-israel-drohen-iran-aber-bombardieren-nicht-seite-all/5810946-all.html

[333] Atomstreit: China stuft Sanktionen gegen Iran als wirkungslos ein, in: de.rian.ru vom 10. November 2011, online unter: http://de.rian.ru/politics/20111110/261353269.html

[334] Wahdat-Hagh, Wahied: Iran: Die Antworten auf die Raketenabwehr, in: spme.net vom 26. Oktober 2007, online unter: http://spme.net/cgi-bin/articles.cgi?ID=3097

fühlen können. Das könnte sich schnell ändern. Terroranschläge in Europa und den USA durch die Iranische Führung sind zu vermuten.

Die Iranische Führung rüstet munter weiter auf und bestreitet alle gegen sie erhobenen Vorwürfe und kontert gar dreist mit Drohungen. Die Stellvertreterkriege von Hamas, Hisbollah und Islamischer Dschihad gegen Israel sind ein Zeugnis für die Aggressivität des Iranischen Regimes. Die Ausweitung des islamischen Machtgebietes auf weitere afrikanische Staaten scheint nicht ausgeschlossen.

14. Fazit

In dieser Monografie habe ich ausführlich die politischen Verhältnisse im Iran und die Lebensverhältnisse der iranischen Bürger untersucht. Ich habe danach die Entstehungsgeschichte des Atomprogramms des Irans erläutert.

Es kann kein Zweifel daran bestehen, dass der Iran ein autoritäres religiöses Regime ist, das die Menschenrechte mit Füßen tritt. Außerdem wird eine Politik der militärischen Aufrüstung betrieben.

Ich habe die Raketenarsenale und die weiteren militärischen Kapazitäten des Irans untersucht und dabei einen Zusammenhang zum Nuklearprogramm hergestellt. Import von Waffen, aber auch eigene Produktion und Export in andere Länder sind festzustellen. Alles deutet auf ein militärisches Großmachtstreben hin. Viele der Langstreckenraketen des Irans sind atomar bestückbar.

Danach wurden von mir die iranischen Atomanlagen dargestellt und die Funktionsweise von Atomwaffen erläutert. Dabei bleibt für mich ein eindeutiges Fazit zur Thematik bestehen: Ja. Der Iran nutzt die Kernenergie für friedliche Zwecke im Inland. Die Anreicherung und gar die Wiederaufbereitung von Uran und die Herstellung von Plutonium ist eine Technologie, die im Iran bereits zur Verfügung steht. Ein militärisches Atomprogramm kann nicht eindeutig nachgewiesen werden, aber alle Indizien deuten darauf hin, dass dies ein angestrebtes Ziel der Iranischen Führung ist.

Wäre ausreichend angereichertes Uran vorhanden, könnte der Iran binnen kürzester Zeit alle vorhandenen Raketen atomar bestücken und hätte damit womöglich ein größeres Potential an Massenvernichtungswaffen als Israel. Das Bedrohungsszenario ist eindeutig nicht unrealistisch.

Es drängt sich der Eindruck auf, als ob die Staaten der Europäischen Union, Russland, China und die USA nicht nur an Waffenexporten an den Iran enorm verdient haben, sondern jetzt in trauter (Un-)Einigkeit Israel den Mullahs als Testopfer auf dem Silbertablett servieren, fast als solle der Moslem nun die Drecksarbeit verrichten, die Hitler mit der Shoa und Stalin mit den Säuberungen nicht geschafft haben.

Vor einem Erstschlag durch Israel und die USA sollte dennoch gewarnt werden. Zunächst hat Israel dafür keine ausreichende Rückendeckung, weder durch die US-Administration, noch durch die Europäische Union, noch durch Russland. Auf der anderen Seite ist der Iran für Russland, die Europäische Union und die afrikanischen Länder eine enorme Bedrohung durch das massive Arsenal an Langstreckenraketen, das durch die Iranische Führung ausgebaut wird.

Ich habe die militärische Strategie der Iranischen Führung untersucht und dabei festgestellt, dass neben diplomatischen Bemühungen mit anderen islamischen Staaten zu kooperieren, eine Defensivstrategie umgesetzt wird und kontinuierlich die Waffenarsenale aufgefüllt werden.

Sanktionen gegen das Regime, Handelsblockaden und außenpolitische Isolierung sind notwendig. Aber: Der Iran ist durch seine zentral gesteuerte Wirtschaft durchaus in der Lage, sich ökonomisch weitestgehend autark zu machen und kann auf höchstem Niveau die Versorgung der Truppen und der Bevölkerung sicherstellen.

Ebenfalls habe ich die Sabotage-Versuche gegen das Iranische Atomprogramm dargestellt. Letztlich ist diese Sabotage in jedem Fall die bessere Option, um das Iranische Atomprogramm zu verhindern, als eine militärische Intervention gegen den Iran.

Ich habe die Antisemitismus des Regimes untersucht und musste feststellen, dass nicht nur der Holocaust in Zweifel gezogen und geleugnet wird, sondern mit einem neuen Holocaust gedroht wird. Es kann kein Zweifel daran bestehen, dass die Iranische Führung liebend gerne Israel vernichten will. Politische Positionen zu dieser iranischen Politik aus anderen Ländern habe ich dargestellt.

Letztlich empfehle ich folgende Vorgehensweise der westlichen Welt inklusive Russland, Indien und Israel: In jedem Falle ein gemeinsames Vorgehen. Nach der militärischen Kooperation zwischen Russland und der NATO in Afghanistan, sollte ebenfalls ein gemeinsamer Generalsstab bestehend aus Europäern, US-Amerikanern, Indern, Israelis und Russen gebildet werden mit dem Ziel ein neues militärisches Bündnis der demokratischen Staaten zu bilden, das eben aus der Europäischen Union, Russland, Indien, Israel und den USA besteht.

Vor allem würde ich empfehlen, einen zentralen gemeinsamen Geheimdienst durch Wissenschaftler zu bilden, die ihre Werturteile mit Logik fällen und nicht mit Ethik ihre Gesinnung predigen. So würde die CIA fortan nicht mehr alleine agieren, sondern es gäbe mehr wirksame internationale Kontrolle von autoritären Regimen. Es wäre ein richtiger Schritt, fortan über den Sicherheitsrat eine Politik der ökonomischen und politischen Inklusion und der sozialen Umverteilung gegenüber den Ländern der Dritten Welt zu vertreten, um eine Ausstrahlungskraft für die unterdrückten Bevölkerungen dieser Länder zu haben. Dieses Bündnis könnte nach dem Muster der Europäischen Einigung erweitert werden auf Staaten, die Kriterien der Menschenrechte, der Demokratie, der friedlichen Außenpolitik usw. erfüllen.

Für die Europäische Union heißt die Bedrohungslage durch die Politik der Iranischen Führung, dass eine Aufrüstung der militärischen Kapazitäten unausweichlich ist. Aber diese ist nicht wahllos in allen Bereichen zu empfehlen. Wichtig ist vor allem Forschung und Instandhaltung von Flugabwehr gegen drohende feindliche Luftschläge des Irans, dazu auch Jagdflugzeuge, Abwehr von Satelliten-Aufklärung, Abwehr von Raketenangriffen, die zeitnahe Entwicklung eines interkontinentalen Raketenabwehrschildes für die gesamte Europäische Union, um alle Angriffe möglichst frühzeitig abblocken zu können und Systeme zur Abwehr von Kampfdrohnen und Spionagedrohnen. Daneben gilt es die Techniken zur ABC-Abwehr zu verbessern.

Diese Technik sollte möglichst vor allem in der Türkei, in Italien oder etwa auch Rumänien stationiert werden, damit kein Schaden auf dem Gebiet der EU durch ABC-Waffen entstehen kann und Angriffe frühzeitig abgewehrt werden können. Ebenfalls gilt es, Israel durch Defensivmaßnahmen bestmöglich zu schützen.

Die Beitritte der Ukraine und der Türkei zur Europäischen Union sollten jeweils zu beiderseitigem Interesse forciert werden. Dabei sollten enge Kontakte zu Russland beibehalten und ausgebaut werden. Es gilt die alte NATO zu überwinden und diese in ein gemeinsames Verteidigungsbündnis der Demokratien zu überführen. Letztlich kann angesichts der neuen Bedrohungslage durch den Iran und den gesamten Islamischen Block, insbesondere auch durch asymmetrische Kriegsführung, terroristische Gruppen, drohenden Nuklearterrorismus, niemand ein Interesse daran haben, die Militärblöcke EU, Russland und die USA zu trennen, jedenfalls kann dies nicht im ökonomischen Interesse und im Sicherheitsinteresse der Bevölkerungen in diesen Staaten liegen. Dies erfordert aber, dass die USA sich von ihrem Alleinherrschaftsanspruch über die gesamte Welt verabschieden und die Russen zu einer kooperativeren Haltung im UN-Sicherheitsrat und anderen internationalen

Gremien finden. Ein solches Bündnis der demokratischen Staaten zu bilden wäre ein enormer Fortschritt für den Weltfrieden. Israel, die USA, Russland und Indien könnten mit den Staaten der Europäischen Union einen zentralen gemeinsamen Geheimdienst bilden, um die eigene Sicherheit zu gewährleisten und dem Weltfrieden dienlich zu sein. Die autoritären Regime lachen über die politische Uneinigkeit der demokratischen Staaten.

Ich möchte zum Ende des Buches mir einmal eine moralistische Argumentation an die Adresse der Iranischen Führung erlauben. Man muss die Protagonisten des Politischen Islam doch fragen dürfen: Sollte es wirklich das Ziel der Politik sein, das Mohammed mit dem Koran offenbaren wollte, die Juden zu vernichten? Man könnte sie doch durch Überzeugung friedlich bekehren. Soll es wirklich dem Geiste des Korans und einer guten Lebensführung als Moslem entsprechen, die eigene Bevölkerung zu terrorisieren? Hass zu predigen und in der Umma Gewalt zu verbreiten? Sollte es wirklich das Ziel Mohammeds gewesen sein, das Land atomar zu verstrahlen, das das Heilige Land für Juden, Christen und Moslems gleichermaßen war? Ich denke nein!

Man muss die Islamisten zur Vernunft zwingen. Ist es nicht auch das, was Allah tun würde? Ich denke, wer den Juden nach dem Leben trachtet, ist ein schlechter Moslem, ein unseliger Häretiker, dem Allah Dschahannam bescheren wird, so wie es in Sure 11, 106-107 geschrieben steht.

„Die Unseligen werden dann im Höllenfeuer sein, wo sie laut aufheulen und hinausschreien, und wo sie weilen, solange Himmel und Erde währen, – soweit es dein Herr nicht anders will. Dein Herr tut, was er will."[335]

Wer etwa vom Papst zurecht erwartet, er möge Mohammed und den Islam nicht diskreditieren und sich Karikaturen des Propheten verbietet, der muss auch den Juden ihr Leben und ihre Freiheit lassen. Von dieser Iranischen Führung ist dies offenbar leider nicht zu erwarten.

Dem geneigten Leser, der hiermit das Ende des Buches erreicht hat, danke ich für die Aufmerksamkeit.

---

[335] Koran, Sure 11, 106-107, online unter: http://www.koransuren.de/koran/surenvergleich/sure11.html

15. Quellenverzeichnis

260 Kilometer hoch: Iran schießt Satellit in Erdumlaufbahn, in: spiegel.de vom 15. Juni 2011, online unter: http://www.spiegel.de/wissenschaft/weltall/260-kilometer-hoch-iran-schiesst-satellit-in-erdumlaufbahn-a-768670.html

Afrasiabi, Kaveh L.: How Iran will fight back, in: Asia Times vom 16. Dezember 2004, atimes.com, online unter: http://www.atimes.com/atimes/Middle_East/FL16Ak01.html

Ahmadinejad: Israel, U.S. trying to sabotage Iran's relations with Saudi Arabia, in: haaretz.com vom 13. Juni 2010, online unter: http://www.haaretz.com/news/world/ahmadinejad-israel-u-s-trying-to-sabotage-iran-s-relations-with-saudi-arabia-1.295932

Ali Akbar Salehi: "Eine Atombombe verstößt gegen islamische Prinzipien", in: de.euronews.com vom 03. März 2011, online unter: http://de.euronews.com/2011/03/03/ali-akbar-salehi-eine-atombombe-verstoesst-gegen-islamische-prinzipien/

American Jewish Committee Berlin Office: Antisemitismus "Made in Iran": Die Internationale Dimension des Al-Quds-Tages, Berlin, 2006, S. 16, in: ajcgermany.org, online unter: http://www.ajcgermany.org/atf/cf/%7B46AEE739-55DC-4914-959A-D5BC4A990F8D%7D/Neuauflage%20Al%20Quds%20Okt%202006%20FINAL.pdf

Amirpur, Katajun: Frauen und Frauenbewegung in Iran: Zwischen Regierung, Religion und Tradition, in: bpb.de vom 20. Juli 2009, online unter: http://www.bpb.de/themen/J2O8MM,0,0,Frauen_und_Frauenbewegung_in_Iran.html

Amirpur, Katajun: Geistliche in Iran: „Eine Regierung, die sich auf Lügen stützt", in Spiegel Online vom 24. Juni 2009, online unter: http://www.spiegel.de/politik/ausland/0,1518,631962,00.html

Arendt, Hannah: Elemente und Ursprünge totaler Herrschaft, 1986, S. 958

Atomenergiebehörde: IAEA fordert Aufklärung von Iran, in: Frankfurter Allgemeine Zeitung vom 18. November 2011, faz.net, online unter: http://www.faz.net/aktuell/atomenergiebehoerde-iaea-fordert-aufklaerung-von-iran-11533600.html

Atomprogramm: IAEA stellt Iran Ultimatum, in: zeit.de vom 18. November 2011, online unter: http://www.zeit.de/politik/ausland/2011-11/IAEA-Iran-Atomprogramm

Atomstreit: China stuft Sanktionen gegen Iran als wirkungslos ein, in: de.rian.ru vom 10. November 2011, online unter: http://de.rian.ru/politics/20111110/261353269.html

http://www.au.af.mil/au/aul/bibs/Iranmilstrat.htm

Backfisch, Michael: Iran: Iranische Gesellschaft tief gespalten, in handelsblatt.com vom 15. Juni 2009, online unter: http://www.handelsblatt.com/iranische-gesellschaft-tief-gespalten/3197970.html?p3197970=all

Beljanski, Sascha: Das Nuklearprogramm der Republik Iran: Eine Analyse des Status Quo und seiner Auswirkungen auf Israel, Bremen: Salzwasser-Verlag, 2008, ISBN 978-3-86741-030-4, online unter: http://books.google.de/books?id=8A3o7_UeLH0C&printsec=frontcover&hl=de

Blitz, James/Bozorgmehr, Najmeh/Buck, Tobias/Dombey, Daniel/Khalaf, Roula: The sabotating of Iran, in: ft.com vom 11. Februar 2011, online unter: http://www.ft.com/cms/s/2/7d8ce4c2-34b5-11e0-9ebc-00144feabdc0.html

Borgstede, Michael: Israels Vize-Außenminister – "Iran ist antiwestlich, antisemitisch und gefährlich", in welt.de vom 05. Februar 2010, online unter: http://www.welt.de/politik/ausland/article6270552/Iran-ist-antiwestlich-antisemitisch-und-gefaehrlich.html

Borgstede, Michael: Nukleare Waffen: IAEA-Bericht Iran arbeitete an Atombombe, in: www.welt.de vom 08. November 2011, online unter: http://www.welt.de/politik/ausland/article13705986/IAEA-Bericht-Iran-arbeitete-an-Atombombe.html

Broad, William J./Sanger, David E.: Relying on Computer, U.S. Seeks to Prove Iran's Nuclear Aims, in: nytimes.com vom 13. November 2005, online unter: http://www.nytimes.com/2005/11/13/international/middleeast/13nukes.html?_r=3&pagewanted=print&

von Bruchhausen, Philipp-Henning: Iranische Bedrohung oder bedrohter Iran?: Das neue Kräftegleichgewicht in der Region des Nahen Ostens nach dem Irakkrieg, Norderstedt: GRIN, 2009, ISBN 978-3-640-34215-0, online unter: http://books.google.de/books?id=ayCEHxTPGGEC&printsec=frontcover&hl=de

Buchta, Wilfried: Die Islamische Republik Iran, in bpb.de vom 14. Mai 2009, online unter: http://www.bpb.de/themen/80FM5X,0,Die_Islamische_Republik_Iran.html

Chimelli, Rudolph: Iran ist anders, in: bpb.de vom 10. Juni 2011, online unter: http://www.bpb.de/themen/BVLHFH,0,Iran_ist_anders.html

Chossudovsky, Michel: Gefälschte Geheimdienstinformationen sollen Krieg gegen Iran legitimieren, in: kopp-online.com vom 10. November 2011, online unter: http://info.kopp-verlag.de/hintergruende/geostrategie/prof-michel-chossudovsky/gefaelschte-geheimdienstinformationen-sollen-krieg-gegen-iran-legitimieren.html

https://www.cia.gov/library/publications/the-world-factbook/geos/ir.html

Closing Ranks on Tehran: No More Business With Iran, Says Siemens, in: spiegel.de vom 27. Januar 2010, online unter: http://www.spiegel.de/international/world/closing-ranks-on-tehran-no-more-business-with-iran-says-siemens-a-674320.html

Computervirus "Stars" - Iran: Neuer Fall von Cyber-Sabotage, in: sueddeutsche.de vom 25. April 2011, online unter: http://www.sueddeutsche.de/digital/computervirus-stars-iran-neuer-fall-von-cyber-sabotage-1.1088882

Dahlkamp, Jürgen/Mascolo, Georg/Stark, Holger: Das Vertriebsnetz des Todes, in: spiegel.de vom 13. März 2006, online unter: http://www.spiegel.de/spiegel/print/d-46236990.html

Daniel Leon Schikora interviewt Wahied Wahdat-Hagh: Wahlsystem in Iran eine Fiktion, in: FreieWelt.net vom 04. August 2009, online unter: http://www.freiewelt.net/nachricht-1675/wahlsystem-in-iran-eine-fiktion---interview-mit-dr.-wahdat-hagh.html

Die Atomanlagen im Iran, in: diepresse.com vom 06. Dezember 2010, online unter: http://diepresse.com/home/politik/aussenpolitik/616225/Die-Atomanlagen-im-Iran

Dokumentationen und Diagramme zur Atombombe, online unter: http://www.safog.com/home/atombombe.html

Drakonische Strafe in Iran: Dieb wird vor Publikum Hand amputiert, in: spiegel.de vom 14. Oktober 2010, online unter: http://www.spiegel.de/politik/ausland/drakonische-strafe-in-iran-dieb-wird-vor-publikum-hand-amputiert-a-725011.html

Druck vom Pentagon: Thyssen-Krupp löst Iran-Connection, in: spiegel.de vom 20. Mai 2003, online unter: http://www.spiegel.de/wirtschaft/druck-vom-pentagon-thyssenkrupp-loest-iran-connection-a-249381.html

Eich, Andreas: Von der Atombombe zum Quarkmodell - Richard Feynman als engagierter Physiker, Universität Hamburg, 2006, online unter: http://www.hs.uni-hamburg.de/~st2b102/seminare/ss06/eich_ausarbeitung.pdf

Erster Satellit des Iran im All, in: derstandard.at vom 03. Februar 2009, online unter: http://derstandard.at/1233586505577/Start-erfolgreich-Erster-Satellit-des-Iran-im-All

Erstes Atomkraftwerk im Iran eröffnet: Russische und iranische Ingenieure bestücken Kraftwerk, in: abendblatt.de vom 21. Oktober 2010, online unter: http://www.abendblatt.de/politik/ausland/article1606933/Russische-und-iranische-Ingenieure-bestuecken-Kraftwerk.html

Explosion in iranischer Militärbasis ein Ergebnis von Stuxnet?, in: politaia.org vom 19. November 2011, online unter: http://www.politaia.org/israel/explosion-in-iranischer-militarbasis-ein-ergebnis-von-stuxnet-debkafile/ mit Verweis auf: http://www.debka.com/article/21496/

German companies enable Iran's nuclear program and infrastructure, in: honestly-concerned.info vom 14. Januar 2010, online unter: http://honestlyconcerned.info/bin/articles.cgi?ID=IR75910&Category=ir&Subcategory=19

Geyer, Christian: Zum Tod von Samuel P. Huntington: Der Ohrwurm, in: faz.net vom 29. Dezember 2008, online unter: http://www.faz.net/aktuell/feuilleton/zum-tod-von-samuel-p-huntington-der-ohrwurm-1745797.html

Ghasseminejad, Saeed: The roots of Anti-Semitism in Iran, in: roozonline.com vom 02. August 2010, online unter: http://www.roozonline.com/english/news3/newsitem/article/the-roots-of-anti-semitism-in-iran.html

Gronke, Monika: Geschichte Irans: Von der Islamisierung bis zur Gegenwart, München: C.H. Beck, 2003, ISBN 978-3-406-48021-8, online unter: http://books.google.de/books?id=PZmhuRFtPS0C&printsec=frontcover&hl=de

Hahnenkampf, Hans: Das Iranische Atomprogramm und der Einfluss der Vereinten Nationen, Norderstedt: GRIN, 2010, ISBN 978-3-640-75134-1, online unter: http://books.google.de/books?id=KXnZ3wSXU-cC&printsec=frontcover&hl=de

Halliday, Josh: WikiLeaks: US advised to sabotage Iran nuclear sites by German thinktank, in: guardian.co.uk vom 18. Januar 2011, online unter: http://www.guardian.co.uk/world/2011/jan/18/wikileaks-us-embassy-cable-iran-nuclear

Harnisch, Sebastian: Das Proliferationsnetzwerk um A. Q. Khan, in: bpb.de vom 25. November 2006, online unter: http://www.bpb.de/apuz/28661/das-proliferationsnetzwerk-um-a-q-kahn?p=all

Harter Kurs im Atomstreit: IAEA stellt Iran Ultimatum, in: n-tv.de vom 18. November 2011, online unter: http://www.n-tv.de/politik/IAEA-stellt-Iran-Ultimatum-article4810661.html

Hauck, Mirjam/Kuhn, Johannes: Computer-Virus Duqu entdeckt – Wie gefährlich ist der Stuxnet-Bruder?, in: sueddeutsche.de vom 19. Oktober 2011, online unter: http://www.sueddeutsche.de/digital/computervirus-duqu-entdeckt-wie-gefaehrlich-ist-der-stuxnet-bruder-1.1168324

Heupel, Monika: Das A.Q.-Khan-Netzwerk: Transnationale Proliferationsnetzwerke als Herausforderung für die internationale Nichtverbreitungspolitik, SWP-Studien 2008, Mai 2008, in: swp-berlin.org, online unter: http://www.swp-berlin.org/fileadmin/contents/products/studien/2008_S14_hpl_ks.pdf

Homosexualität unter Strafe: Iran will 18-Jährigen trotz falscher Vorwürfe hinrichten, in: spiegel.de vom 08. August 2010, online unter: http://www.spiegel.de/panorama/justiz/homosexualitaet-unter-strafe-iran-will-18-jaehrigen-trotz-falscher-vorwuerfe-hinrichten-a-710753.html

Hider, James: Computer virus used to sabotage Iran's nuclear plans 'built by US and Israel', in: theaustralian.com.au vom 17. Januar 2011, online unter: http://www.theaustralian.com.au/news/world/computer-virus-used-to-sabotage-irans-nuclear-plans-built-by-us-and-israel/story-c6frg6so-1225989304785

IAEA fordert Antworten: Israel droht Iran weiter mit Militärschlag, in: n24.de vom 17. November 2011, online unter: http://www.n24.de/news/newsitem_7426354.html

International - Teheran simuliert israelischen Angriff bei Manöver, in: zeit.de vom 18. November 2011, online unter: http://www.zeit.de/news/2011-11-18/international-teheran-simuliert-israelischen-angriff-bei-manoever-18225002

Interview mit Dr. Wahdat-Hagh: Wahlsystem in Iran eine Fiktion, in: freiewelt.net vom 04. August 2009, online unter: http://www.freiewelt.net/nachricht-1675/wahlsystem-in-iran-eine-fiktion---interview-mit-dr.-wahdat-hagh.html

Iran: Atomanlage in Fordo bald fertig, in: faz.net vom 12. April 2011, online unter: http://www.faz.net/frankfurter-allgemeine-zeitung/politik/iran-atomanlage-in-fordo-bald-fertig-1624415.html

Iran droht Israel vorsorglich mit Vergeltung, in tagesanzeiger.ch vom 02. November 2011, online unter: http://www.tagesanzeiger.ch/ausland/naher-osten-und-afrika/Iran-droht-Israel-vorsorglich-mit-Vergeltung-/story/17653376

Iran has material for 1-2 atom bombs, in: army-base.us vom 26. August 2010, online unter: http://www.armybase.us/de/2010/08/iran-has-material-for-1-2-atom-bombs/

Iranischer General bei Explosion getötet, in: wienerzeitung.at vom 14. November 2011, online unter: http://www.wienerzeitung.at/nachrichten/welt/weltpolitik/410995_Iranischer-General-bei-Explosion-getoetet.html

Iran: Menschenrechtsanwältin zu elf Jahren Haft verurteilt, in: spiegel.de vom 10. Januar 2011, online unter: http://www.spiegel.de/politik/ausland/iran-menschenrechtsanwaeltin-zu-elf-jahren-haft-verurteilt-a-738607.html

Iran probt den Ernstfall: Israelischer Angriff simuliert, in: tageblatt.lu vom 18. November 2011, online unter: http://www.tageblatt.lu/nachrichten/story/Iran-probt-den-Ernstfall-13872841

Iran ready to close Strait of Hormuz: General, in: emirates247.com vom 04. Juli 2011, online unter: http://www.emirates247.com/news/world/iran-ready-to-close-strait-of-hormuz-general-2011-07-04-1.405814

Iran says nuclear programme was hit by sabotage, in: bbc.co.uk vom 29. November 2010, online unter: http://www.bbc.co.uk/news/world-middle-east-11868596

Irans Kriegsschiffe im Mittelmeer: Israels Marine in Alarmbereitschaft, in: n-tv.de vom 22. Februar 2011, online unter: http://www.n-tv.de/politik/Irans-Kriegsschiffe-im-Mittelmeer-article2672351.html

Irans vermeintliche Bombe von Sowjetgelehrtem gebaut?, in: aktuell.ru vom 07. November 2011, online unter: http://www.aktuell.ru/russland/politik/irans_vermeintliche_bombe_von_sowjetgelehrtem_gebaut_4247.html

Iran Shows Home-Made Warfare Equipment at Military Parade, in: farsnews.com vom 22. September 2007, online unter: http://english.farsnews.com/newstext.php?nn=8606310435

Javedanfar, Meir: Iran – Defensive Strategies: Part 1 – Protecting Iran's Southern Flank, in: meepas.com, online unter: http://www.meepas.com/Iraniandefensivestrategiespart1.htm

Javedanfar, Meir: Iran – Defensive Strategies: Part 2 – Protecting Iran's Eastern and Western Flanks, in: meepas.com, online unter: http://www.meepas.com/Iraniandefensivestrategiespart%202.htm

Joffe, Josef: Nahost: Israel im Alleingang gegen Iran?, in: zeit.de vom 11. August 2010, online unter: http://www.zeit.de/politik/ausland/2010-08/israel-iran/komplettansicht

Joffe, Josef: USA und Israel drohen Iran - aber bombardieren nicht, in: handelsblatt.com vom 08. November 2011, online unter: http://www.handelsblatt.com/politik/international/kommentar-usa-und-israel-drohen-iran-aber-bombardieren-nicht-seite-all/5810946-all.html

Jungholt, Thorsten: IAEA-Bericht: Westerwelle lehnt Militärschlag gegen Iran strikt ab, in: welt.de vom 09. November 2011, online unter: http://www.welt.de/politik/deutschland/article13707903/Westerwelle-lehnt-Militaerschlag-gegen-Iran-strikt-ab.html

Kalnoky, Boris: Urananreicherung: Im Dienste der iranischen Mullahs, in: welt.de vom 10. April 2007, online unter: http://www.welt.de/politik/article802276/Im-Dienste-der-iranischen-Mullahs.html

Kamp, Karl-Heinz: Kernwaffen im 21. Jahrhundert: Welche Rolle spielt das westliche Nuklearpotenzial heute?, in: Internationale Politik, November 2005, in: kas.de, online unter: http://www.kas.de/db_files/dokumente/7_dokument_dok_pdf_7505_1.pdf

Kamp, Karl-Heinz: Nuklearterrorismus: Fakten und Fiktionen, Interne Studien Nr. 96/1994, in: kas.de, online unter: http://www.kas.de/db_files/dokumente/7_dokument_dok_pdf_1130_1.pdf

Keller, Patrick/Schreer, Benjamin: Von der nuklearen Teilhabe zur europäischen Abschreckungsstrategie?, in: Analysen & Argumente, Ausgabe 72, Dezember 2009, Konrad-Adenauer-Stiftung, in: kas.de, online unter: http://www.kas.de/wf/doc/kas_18295-544-1-30.pdf?100205112243

Kfir, Isaac: Iran-Pakistan Relations and their Effect on Afghanistan and the U.S., in: instinct.org vom 25. Oktober 2011, online unter: http://insct.org/commentary-analysis/2011/10/25/iranian-pakistani-relations-and-their-effect-on-afghanistan-and-the-us/

Kheirallah, Samira: Das iranische Nuklearprogramm: Sicherheitspolitische Auswirkungen auf die Staaten des Golfkooperationsrates, Norderstedt: GRIN, 2007, ISBN 978-3-638-94493-9, online unter: http://books.google.de/books?id=WPZzk6jLBQ8C&printsec=frontcover&hl=de

Klimas, Mirko: Das iranische Atomprogramm: Energie- vs. Sicherheitspolitik, Norderstedt: BoD, 2007, ISBN 978-3-8370-2875-1, online unter: http://books.google.de/books?id=XaOzM9NQKx0C&printsec=frontcover&hl=de

Knop, Carsten/Peitsmeier, Henning: Siemens und die Kernkraft: Was bedeutet KWU?, in: faz.net vom 07. April 2011, online unter: http://www.faz.net/aktuell/wirtschaft/wirtschaftspolitik/energiepolitik/siemens-und-die-kernkraft-was-bedeutet-kwu-1623666.html

Koran, Sure 11, 106-107, online unter: http://www.koransuren.de/koran/surenvergleich/sure11.html

Kuhlmann, Jan: Achmadinedschad ist nicht allein der Iran, in: dradio.de vom 14. November 2011, online unter: http://www.dradio.de/dlf/sendungen/andruck/1604744/

Küntzel, Matthias: Adolf Ahmadinejad, in: matthias-kuentzel.de vom 26. September 2008, online unter: http://www.matthiaskuentzel.de/contents/adolf-ahmadinejad-vor-den-un

Küntzel, Matthias: Iran / EIH-Bank: "Nichts hat sich verändert!", IGFM- Report: Menschenrechte im Iran, 3/2011, in: igfm.de, online unter: http://www.igfm.de/Iran-EIH-Bank-Nichts-hat-sich-veraendert.2956.0.html

Lau, Jörg: Die Wurzeln des iranischen Antisemitismus, in: blog.zeit.de vom 03. Oktober 2010, online unter: http://blog.zeit.de/joerglau/2010/10/03/die-wurzeln-des-iranischen-antisemitismus_4201

Leopold, Jason: Powell Denies Intelligence Failure: In Buildup To War, But Evidence Doesn't Hold Up, in: globalresearch.ca vom 10. Juni 2003, online unter: http://globalresearch.ca/articles/LEO306C.html

Lerch, Wolfgang Günter: Irans Institutionen: Wer im Iran das Sagen hat, in: faz.net vom 15. Juni 2009, online unter: http://www.faz.net/aktuell/politik/irans-institutionen-wer-in-iran-das-sagen-hat-1812734.html

http://liportal.inwent.org/iran/wirtschaft-entwicklung.html

Lohse, Eckart: Waffenexport: Deutsche U-Boote für Islamabad, in: faz.net vom 13. Juni 2009, online unter: http://www.faz.net/aktuell/politik/ausland/waffenexport-deutsche-u-boote-fuer-islamabad-1811635.html

McKowski, Kuba: Der Iran – Eine Bedrohung für Israel?, Norderstedt: GRIN, 2010, ISBN 978-3-640-93591-8, online unter: http://books.google.de/books?id=wTjV6_aTugkC&printsec=frontcover&hl=de

Mord Und Computer Virus Bremst Irans Atomprogramm. Saudi Arabien Verbündet sich Nun Mit Teheran. "USA Wollen Nahost Herunterfahren, Um Russland Und China Herunterzufahren"!, in: euro-med.dk vom 24. Februar 2011, online unter: http://euro-med.dk/?p=21137, unter Berufung auf und nach Übersetzung von zahlreichen internationalen Zeitungs-Quellen

Mullah-Hitler – In 6 Monaten hat er die Bombe, in: Berliner Kurier vom 08. November 2011, S. 3

Nach Bericht über Atomprogramm: IAEA beschließt Resolution gegen Iran, in: sueddeutsche.de vom 18. November 2011, online unter: http://www.sueddeutsche.de/politik/nach-bericht-ueber-atomprogramm-iaea-beschliesst-resolution-gegen-iran-1.1194293

Nasseri, Aydin: Internet und Gesellschaft im Iran, S. 32, online unter: http://books.google.com/books?id=PZNEYu9e7KQC

NAVY, in: globalsecurity.org, online unter: http://www.globalsecurity.org/military/world/iran/navy.htm

NAVY Bases, in: globalsecurity.org, online unter: http://www.globalsecurity.org/military/world/iran/navy-base.htm

Netanjahu: "Aufrüstung mit nuklearen Waffen stoppen", in: diepresse.com vom 13. November 2011, online unter:
http://diepresse.com/home/politik/aussenpolitik/708184/Netanjahu_Aufruestung-mit-nuklearen-Waffen-stoppen

Neufeld, Johannes: Der Atomkonflikt mit Iran - Lösungsansätze und Perspektiven aus neorealistischer Sicht, Norderstedt: GRIN, 2006, ISBN 978-3-638-75531-3, online unter: http://books.google.de/books?id=zE-5xAXFrrIC&printsec=frontcover&hl=de

Niederlande schließen Angriff nicht aus: EU streitet über Militärschlag gegen Iran, in: rp-online.de vom 14. November 2011, online unter: http://www.rp-online.de/politik/ausland/eu-streitet-ueber-militaerschlag-gegen-iran-1.2588581

Pak plans to acquire 6 submarines from China, in: thehindu.com vom 09. März 2011, online unter: http://www.thehindu.com/news/international/article1522886.ece

Parhisi, Parinas: Frauenrechte - ein Dauerthema bei den Mutmassungen über Iran, in: nzz.ch vom 11. März 2006, online unter: http://www.nzz.ch/2006/03/11/zf/articleDMJ5Z.html

Pasdaran - Iranian Revolutionary Guard Corps (IRCG), in: globalsecurity.org, online unter: http://www.globalsecurity.org/military/world/iran/pasdaran.htm

Patrick Gensing im Interview mit Semiramis Akbari: Expertin zu den Protesten im Iran: "Der Machtkampf in Teheran tobt hinter den Kulissen", in: tagesschau.de vom 25. Juni 2009, online unter: http://www.tagesschau.de/ausland/iran582.html

Perrimot, Guy: The Threat of Theatre Ballistic Missiles, 2002, online unter: http://web.archive.org/web/20071016094525/http://www.ttu.fr/site/english/endocpdf/24pBalmissile english.pdf

Porter, Gareth: The Mysterious Laptop Documents: "Evidence" of Iran Nuclear Weapons Program May Be Fraudulent, in: gloalresearch.ca vom 18. November 2010, online unter: http://www.globalresearch.ca/the-mysterious-laptop-documents-evidence-of-iran-nuclear-weapons-program-may-be-fraudulent/21994

Putz, Ulrike: Irans Atomprogramm: Israels mörderische Sabotage-Strategie, in: spiegel.de vom 01. August 2011, online unter: http://www.spiegel.de/politik/ausland/irans-atomprogramm-israels-moerderische-sabotage-strategie-a-777197.html

Reaktion auf Massenproteste: Iran verbietet Bürgern Kontakt zu westlichen Medien, in: spiegel.de vom 05. Januar 2010, online unter: http://www.spiegel.de/politik/ausland/reaktion-auf-massenproteste-iran-verbietet-buergern-kontakt-zu-westlichen-medien-a-670210.html

Reissner, Johannes: Wie gefährlich wäre ein Militärschlag gegen Iran?: Israelisches Vormachtstreben als Hindernis bei der Suche nach Gleichgewicht, in: Neue Zürcher Zeitung vom 26. Juli 2008, online unter: http://www.swp-berlin.org/fileadmin/contents/products/medienbeitraege/080726_NZZ_Iran_Israel_Militaerschlag_Rsn_Verf.ks.pdf

Riecke, Henning: The Most Ambitious Agenda - Amerikanische Diplomatie gegen die Entstehung neuer Kernwaffenstaaten und das Nukleare Nichtverbreitungsregime, FU Berlin, 2002, online unter: http://www.diss.fu-berlin.de/diss/servlets/MCRFileNodeServlet/FUDISS_derivate_000000000603/1_Kap1.EINLEITUNG.pdf?hosts und http://www.diss.fu-berlin.de/diss/servlets/MCRFileNodeServlet/FUDISS_derivate_000000000603/4_Kap2-3IRAN.pdf?hosts

Rötzer, Florian: Hat die CIA Iran die Bauanleitung zu einer Atombombe gegeben?, in: heise.de vom 05. Januar 2006, online unter: http://www.heise.de/tp/artikel/21/21717/1.html

Sanktionen gegen Iran verschärft, in: neues-deutschland.de vom 29. November 2011, online unter: http://www.neues-deutschland.de/artikel/211718.sanktionen-gegen-iran-verschaerft.html

"Sanktionsdruck weiter erhöhen": Experte warnt vor Militärschlag gegen Iran, in: rp-online.de vom 09. November 2011, online unter: http://www.rp-online.de/politik/ausland/experte-warnt-vor-militaerschlag-gegen-iran-1.2546459

Schneeweis, Erik: Das iranische Atomprogramm und die Handlungsoptionen der USA, Norderstedt: GRIN, 2010, ISBN 978-3-640-80931-8, online unter: http://books.google.de/books?id=4InbuyOTf_kC&printsec=frontcover&hl=de

Schwarzkopf, Christopher: Teherans Griff nach der Bombe – Die drohende Eskalation? Der Konflikt um das iranische Atomprogramm als vorläufiger Höhepunkt der krisenhaften Beziehung zwischen den USA und dem Iran, Norderstedt: GRIN, 2007, ISBN 978-3-638-73312-0, online unter: http://books.google.de/books?id=k4eZqp1JqnIC&printsec=frontcover&hl=de

SCUD-B Shahab-1, in: fas.org, online unter: http://www.fas.org/nuke/guide/iran/missile/shahab-1.htm

SCUD-C Shahab-2, in: fas.org, online unter: http://www.fas.org/nuke/guide/iran/missile/shahab-2.htm

Shahab-3 / Zelzal-3, in: fas,org, online unter: http://www.fas.org/nuke/guide/iran/missile/shahab-3.htm

Shahab-4, in: fas.org, online unter: http://www.fas.org/nuke/guide/iran/missile/shahab-4.htm

Shahab-6 IRSL-X-4, in: fas.org, online unter: http://www.fas.org/nuke/guide/iran/missile/shahab-6.htm

Shapir, Yiftah: Iran's Efforts to Conquer Space, in: Strategic Assessment, November 2005, Vol. 8, No. 3, online unter: http://www.inss.org.il/publications.php?cat=21&incat=&read=160

Shuster, Mike: Inside The United States' Secret Sabotage Of Iran, in: npr.org vom 09. Mai 2011, online unter: http://www.npr.org/2011/05/09/135854490/inside-the-united-states-secret-sabotage-of-iran

Speckmann, Thomas: Israel & Iran: Der Feind meines Feindes, in: zeit.de vom 19. April 2010, online unter: http://www.zeit.de/2010/16/GES-Iran-Israel/komplettansicht

Steiner, Stefan: Die geostrategische Bedeutung des Nahen Ostens, Norderstedt: GRIN, 2010, ISBN 978-3-656-01517-8, online unter: http://books.google.de/books?id=BnivTxRilt8C&printsec=frontcover&hl=de

Stiftung Wissenschaft und Politik rät zu geheimer Sabotage im Iran, in: freitag.de vom 20. Januar 2011, online unter: http://www.freitag.de/autoren/gsfrb/stiftung-wissenschaft-und-politik-rat-zu-geheimer-sabotage-im-iran

Strategiewechsel beim iranischen Militär: Der Blick in den Himmel, in: german.china.org.cn vom 02. Dezember 2010, online unter: http://german.china.org.cn/international/2010-12/02/content_21468932.htm, Quelle: China Daily

Süsskind, Lala: Juden als Feindbilder des politischen Islams, in: POLICY – Politische Akademie Nr. 27, online unter: http://library.fes.de/pdf-files/akademie/berlin/05925.pdf

Technik: Wie man eine Atombombe baut, in: sueddeutsche.de vom 17. Mai 2010, online unter: http://www.sueddeutsche.de/wissen/technik-wie-man-eine-atombombe-baut-1.612395

TREATY ON THE NON-PROLIFERATION OF NUCLEAR WEAPONS, in: iaea.org, online unter: http://www.iaea.org/Publications/Documents/Infcircs/Others/infcirc140.pdf

'US planning anti-Iran acts of sabotage', in: presstv.ir vom 05. November 2011, online unter: http://www.presstv.ir/detail/208666.html

Verfassung der Islamischen Republik Iran, Iran – Constitution, online unter: http://www.servat.unibe.ch/icl/ir00000_.html

Vick, Charles P.: SCUD B Shahab-1, in: globalsecurity.org vom 01. Februar 2007, online unter: http://www.globalsecurity.org/wmd/world/iran/shahab-1.htm und Vick, Charles P.: Shahab-2, in: globalsecurity.org vom 01. Februar 2007, online unter: http://www.globalsecurity.org/wmd/world/iran/shahab-2.htm

Vick, Charles B.: Shahab-3, 3A/ Zelzal-3, in: globalsecurity.org vom 21, Mai 2010, online unter: http://www.globalsecurity.org/wmd/world/iran/shahab-3.htm

Wagner, Elisabeth Maria: Die Sicherheitsstrategie / Sicherheitspolitik der Islamischen Republik Iran seit der Benennung ein Teil der "Achse des Bösen" zu sein mit besonderer Berücksichtigung der Atompolitik, Norderstedt: GRIN, 2007, ISBN 978-3-640-17576-5, online unter: http://books.google.de/books?id=AQ7pZxyqU0cC&printsec=frontcover&hl=de

Wahdat-Hagh, Wahied: Der Antisemitismus des iranischen „Parlaments", in: honestlyconcerned.info vom 12. August 2011, online unter: http://honestlyconcerned.info/bin/articles.cgi?ID=IR92811&Category=ir&Subcategory=19

Wahdat-Hagh, Wahied: Die islamische Republik Iran. Die Herrschaft des politischen Islam als eine Spielart des Totalitarismus., online unter: http://books.google.de/books?id=-6LcjA4OWs4C

Wahdat-Hagh, Wahied: Iran: Die Antworten auf die Raketenabwehr, in: spme.net vom 26. Oktober 2007, online unter: http://spme.net/cgi-bin/articles.cgi?ID=3097

Wahdat-Hagh, Wahied: Iran: Die zerrissene Gesellschaft, in: welt.de vom 12. Oktober 2007, online unter: http://www.welt.de/debatte/kolumnen/Iran-aktuell/article6061621/Iran-Die-zerrissene-Gesellschaft.html

Wahdat-Hagh, Wahied: Iran lehnt die Erklärung der Menschenrechte ab, in: spme.net vom 19. August 2011, online unter: http://www.spme.net/cgi-bin/articles.cgi?ID=8322 und http://europeandemocracy.org/media/european-media/iran-rejects-universal-declaration-german.html

Walker, Mark: Eine Waffenschmiede? Kernwaffen- und Reaktorforschung am Kaiser-Wilhelm-Institut für Physik, Max-Planck-Gesellschaft zur Förderung der Wissenschaften, 2005, online unter: http://www.mpiwg-berlin.mpg.de/KWG/Ergebnisse/Ergebnisse26.pdf

Wergin, Clemens: Wikileaks-Depesche: Deutscher Stiftungschef für Sabotage gegen Iran, in: welt.de vom 21. Januar 2011, online unter: http://www.welt.de/politik/specials/wikileaks/article12280475/Deutscher-Stiftungschef-fuer-Sabotage-gegen-Iran.html

Wett, Gunnar: Der Iran: Hegemon im Nahen Osten?: Anwendung der Theorie der Hegemonialen Stabilität auf den Iran, Norderstedt: GRIN, 2008, ISBN 978-3-656-02300-5, online unter: http://books.google.de/books?id=L19HPAH2DeQC&printsec=frontcover&hl=de

Wetzel, Hubert: Irans Atomprogramm – Teherans Arbeit an der Bombe, in: sueddeutsche.de vom 10. November 2011, online unter: http://www.sueddeutsche.de/politik/iranisches-atomprogramm-teherans-arbeit-an-der-bombe-1.1185300

Wikipedia: Ghadr-110, online unter: http://en.wikipedia.org/wiki/Ghadr-110

Wikipedia: Ronong-1, online unter: http://de.wikipedia.org/wiki/Rodong-1

Wikipedia: Shahab-1, online unter: http://de.wikipedia.org/wiki/Shahab-1

Wikipedia: Shahab-2, online unter: http://de.wikipedia.org/wiki/Shahab-2

Wikipedia: Shahab-3, online unter: http://de.wikipedia.org/wiki/Shahab_3 und http://en.wikipedia.org/wiki/Shahab-3

Wikipedia: Sofreh Mahi, online unter: http://en.wikipedia.org/wiki/Sofreh_Mahi

Wikipedia: Stuxnet, online unter: http://de.wikipedia.org/wiki/Stuxnet

Wikipedia: Totalitarismus, online unter: http://de.wikipedia.org/wiki/Totalitarismus

Wirz, Christoph: Ist der Iran auf dem Weg zur Atombombe, in: Labor Spiez, Hintergrundinformationen zu einem aktuellen Thema, Januar 2004, online unter: http://www.labor-spiez.ch/de/dok/hi/pdf/dedokhiir_0401.pdf

Zarei, Alireza: Die iranische Wirtschaft und europäische Interessen, in: iranicum.com vom 16. März 2011, online unter: http://iranicum.com/2011/03/die-iranische-wirtschaft-und-europaische-interessen/711.html

Zolfagharieh, Mehran: Das iranische Nuklearprogramm aus neorealistischer Sicht, Norderstedt: GRIN, 2009, ISBN 978-3-640-53978-9, online unter: http://books.google.de/books?id=QAPnRkME-N8C&printsec=frontcover&hl=de

Abbildungsverzeichnis

Abbildung 1: A map of civilizations, based on Huntington's "Clash of Civilizations". Western (dark blue), Hispanidad/Latin American (purple), Japanese (bright red), Sinic (dark red), Hindu (orange), Islamic (green), Orthodox (medium-light blue), African (Brown), Buddhist (yellow). Other colors should indicate (light green, turquoise) the cultural fault lines where the clash of civilizations will occur. Note on the Eastern European level; Transylvania (from Romania), Western Ukraine, northern Serbia and others are in the "Western world" according to the original work of Huntington., Quelle: http://upload.wikimedia.org/wikipedia/commons/c/ca/Civilizations_map.png. 8

Abbildung 2: Regierungssystem des Iran, Quelle: http://upload.wikimedia.org/wikipedia/commons/thumb/5/52/Regierungssystem_Iran.svg/1000px-Regierungssystem_Iran.svg.png...11

Abbildung 3: Die Macht der Mullahs im Iran, Quelle: http://www.spiegel.de/politik/ausland/0,1518,grossbild-1558035-631962,00.html.......................13

Abbildung 4: Wirtschaftszahlen, Quelle: http://de.wikipedia.org/wiki/Iran..............................17

Abbildung 5: Im- und Exporte EU-Iran, Quelle: http://iranicum.com/wp-content/uploads/Graphik4.png, siehe auch: http://trade.ec.europa.eu/doclib/docs/2006/september/tradoc_113392.pdf..........................19

Abbildung 6: Statistische Daten, Quelle: http://www.weltalmanach.de/staaten/details/iran/............25

Abbildung 7: Die Entwicklungsstufen der Shahab-Rakete, Quelle: http://1.bp.blogspot.com/-aJiRoV6OFtk/TWMQS_oGsYI/AAAAAAAApg/hapg82fZbJw/s1600/Iran%2527s+upward+march.jpg..47

Abbildung 8: Das gesamte Raketenarsenal im Überblick, Quelle: http://www.globalsecurity.org/wmd/world/iran/shahab-4.htm...48

Abbildung 9: Technische Daten der SCUD-B Shahab 1, Quelle: http://www.fas.org/nuke/guide/iran/missile/shahab-1.htm..49

Abbildung 10: Technische Daten der SCUD-C Shahab-2, Quelle: http://www.fas.org/nuke/guide/iran/missile/shahab-2.htm..50

Abbildung 11: Technische Daten der Shahab-3 / Zelzal-3, Quelle: http://www.fas.org/nuke/guide/iran/missile/shahab-3.htm..51

Abbildung 12: Raketen des iranisches Arsenals, Quelle: http://www.globalsecurity.org/wmd/world/iran/shahab-4.htm...52

Abbildung 13: Shahab-3/4 und Taepodong-I, Quelle: http://www.globalsecurity.org/wmd/world/iran/shahab-4.htm...53

Abbildung 14: Technische Daten der Shahab-4, Quelle: http://www.fas.org/nuke/guide/iran/missile/shahab-4.htm..54

Abbildung 15: Reichweite der Shahab-4, Quelle: http://www.fas.org/nuke/guide/iran/missile/shahab-4.htm..54

Abbildung 16: Technische Daten der Shahab-5, Quelle: http://www.fas.org/nuke/guide/iran/missile/shahab-5.htm..55

Abbildung 17: Der Radius der Rakete Shahab-3 in der geografischen Ansicht, Quelle: http://upload.wikimedia.org/wikipedia/commons/c/cb/Shahab-3_Range.jpg..................58

Abbildung 18: Reichweite der iranischen Raketen inklusive Taepodong, Quelle: http://www.fas.org/nuke/guide/iran/missile/map-long.gif..59

Abbildung 19: Luft- und Seestützpunkte der US-Amerikaner in der Umgebung des Irans, Quelle: http://rt.com/s/tmp/i8d26b802545383c1793c0a31e2b8a868_map.jpg...............................61

Abbildung 20: Oil- und Gasressourcen, Quelle: http://en.wikipedia.org/wiki/File:CIAIranKarteOelGas.jpg...62

Abbildung 21: Iranian Ground Forces Equipment, Quelle: http://www.globalsecurity.org/military/world/iran/ground-equipment.htm........................65

Abbildung 22: Iranian Ground Forces Equipment, Quelle:

http://www.globalsecurity.org/military/world/iran/ground-equipment.htm..........66
Abbildung 23: Iranian Ground Forces Equipment, Quelle:
http://www.globalsecurity.org/military/world/iran/ground-equipment.htm..........67
Abbildung 24: Iran Air Force Equipment, Quelle:
http://www.globalsecurity.org/military/world/iran/airforce-equipment.htm..........70
Abbildung 25: Iran Air Force Equipment, Quelle:
http://www.globalsecurity.org/military/world/iran/airforce-equipment.htm..........70
Abbildung 26: Iran Air Force Equipment, Quelle:
http://www.globalsecurity.org/military/world/iran/airforce-equipment.htm..........71
Abbildung 27: Iran Air Force Equipment, Quelle:
http://www.globalsecurity.org/military/world/iran/airforce-equipment.htm..........71
Abbildung 28: Die iranischen Atomanlagen, Quelle:
http://www.welt.de/politik/ausland/article13705986/IAEA-Bericht-Iran-arbeitete-an-Atombombe.html..........77
Abbildung 29: Genese des Nuklear(waffen)programms 1970-2009, S. 7, online unter:
http://www.uni-heidelberg.de/md/politik/harnisch/person/vortraege/harnisch-tutzing-iran2011.pdf..........78
Abbildung 30: Das iranische Nuklearprogramm und eine potentielle iranische Nuklearwaffenkapazität, S. 9, online unter: http://www.uni-heidelberg.de/md/politik/harnisch/person/vortraege/harnisch-tutzing-iran2011.pdf..........79
Abbildung 31: Zentrifugenentwicklung in Natanz, Quelle: S. 11, online unter: http://www.uni-heidelberg.de/md/politik/harnisch/person/vortraege/harnisch-tutzing-iran2011.pdf..........79
Abbildung 32: Wege zur Atombombe, Quelle: Wirz, Christoph: Ist der Iran auf dem Weg zur Atombombe, in: Labor Spiez, Hintergrundinformationen zu einem aktuellen Thema, Januar 2004, S. 2, online unter: http://www.labor-spiez.ch/de/dok/hi/pdf/dedokhiir_0401.pdf..........84
Abbildung 33: Brennstoffproduktion für Kernkraftwerke, Quelle: http://www.znf.uni-hamburg.de/Folien2811.pdf..........86
Abbildung 34: Wiederaufarbeitung von Brennelementen zur Abtrennung von Plutonium, Quelle: http://www.znf.uni-hamburg.de/Folien2811.pdf..........87
Abbildung 35: Little Boy, Quelle: http://www.znf.uni-hamburg.de/PhysGrundlagenFF_5_Kernwaffen_WS2010.pdf..........87
Abbildung 36: Atomare Kettenreaktion, Quelle: http://www.znf.uni-hamburg.de/PhysGrundlagenFF_5_Kernwaffen_WS2010.pdf..........87
Abbildung 37: Implosionsbombe, Quelle: http://www.znf.uni-hamburg.de/PhysGrundlagenFF_5_Kernwaffen_WS2010.pdf..........88
Abbildung 38: Funktionsweise einer Fusionsbombe (Wasserstoffbombe), Quelle:
http://www.znf.uni-hamburg.de/PhysGrundlagenFF_5_Kernwaffen_WS2010.pdf..........88
Abbildung 39: Ablauf einer Kernwaffenexplosion, Quelle: http://www.znf.uni-hamburg.de/Folien1411.pdf..........89
Abbildung 40: Iranische Raketen als Gefahr für Europa, Quelle: http://4.bp.blogspot.com/-Oe1dgAKJoOI/TrZnbHtHJVI/AAAAAAAAzU/CHooRHY1Nx4/s1600/iranmapweb1aa.jpg.....91
Abbildung 41: Infiltration durch das Stuxnet-Virus, Quelle: http://im.ft-static.com/content/images/967423a8-34cc-11e0-9ebc-00144feabdc0.img..........115

www.ingramcontent.com/pod-product-compliance
Lightning Source LLC
Chambersburg PA
CBHW081046170526
45158CB00006B/1877